安価な石油に依存する文明の終焉
―蘇る文明と社会―

著 若林 宏明 ［流通経済大学教授］

流通経済大学出版会

本著書を、わが人生のパートナー、妻・泰子に捧げる。

著　者

謝　辞

　本書は、「エネルギー・環境・社会」をテーマに研究を進めてきた著者の長年に及ぶ研究・教育の過程より生まれたものであって、国内外を問わず、研究者や学生諸君のみならず、親しくしてくださった方々、同僚諸氏のご指導・ご鞭撻の賜物である。

　本書をまとめるに当たっては、多くの専門家の直接・間接の示唆、ならびに研究成果が役立ったが、中でも共同研究者であった故Prof. David Rose（MIT原子力工学科）、現在も研究連絡を取り合うDr. Richard C. Duncan（Director of the Institute on Energy and Man, Seattle Wa, USA）、Dr. Amory B. Lovins （Chairman of Rocky Mountain Institute, Snowmas Co, USA）、ならびに元同僚として、今も多くの指導を受ける安成弘東大名誉教授、長島賢二、浜田好通両名誉教授（流通経済大学）等よりの示唆、直接のコンタクト、メール交換、論文の引用等が、本書の内容を形成するに役立った。さらに、渡部恒彦教授（流通経済大学経済学部）には、原稿の段階で、経済学的立場より多くの有益な意見を賜ることができた。

　なお、本書の出版にあたっては、流通経済大学学園長・同出版会会長、佐伯弘治名誉教授をはじめ、出版会前事業部長加治紀男氏、ならびに現事業部長池澤昭夫氏の心温まる激励とご支援を受けることができた。

　ここに、これらすべての方々に、深甚の敬意と謝意を表すものである。

平成19年10月1日
著者　若林　宏明

目　次

序 ……………………………………………………………………… 1

I　安価な石油と天然ガスに依存する文明 ……… 9

第1章　エネルギー・石油・天然ガス ……………… 11
Ⅰ．エネルギー概論 …………………………………………… 11
　1.1　エネルギーとは ……………………………………… 11
　1.2　エネルギーの定義と種類 …………………………… 16
　1.3　エネルギー関連の単位について …………………… 18
　1.4　石油・天然ガスの単位換算 ………………………… 19
Ⅱ．石油の基礎知識 …………………………………………… 20
　2.1　石油とは ……………………………………………… 20
　2.2　原油の起源について ………………………………… 22
　2.3　石油利用の歴史 ……………………………………… 23
　2.4　原油確認可採埋蔵量・生産量 ……………………… 27
　　2.4.1　原油確認可採埋蔵量 …………………………… 27
　　2.4.2　世界の原油生産動向 …………………………… 28
　　2.4.3　世界の原油消費動向 …………………………… 29
　2.5　新規油田の探査・採掘の可能性 …………………… 29
Ⅲ．天然ガスの基礎知識 ……………………………………… 30
　3.1　天然ガスとは ………………………………………… 30
　3.2　天然ガスの資源性 …………………………………… 31
　3.3　エネルギー資源としての天然ガス ………………… 34
　3.4　天然ガス確認可採埋蔵量・生産量 ………………… 36
　　3.4.1　天然ガス確認可採埋蔵量 ……………………… 36

3.4.2　世界の天然ガス生産動向 …………………… 36
　　3.4.3　世界の天然ガス消費動向 …………………… 38
　3.5　天然ガスの新規探査・採掘技術の進歩の見通し …… 39
　　3.5.1　新規ガス田の探査・採掘の可能性 …………… 39
　　3.5.2　新しい液化天然ガス生産技術 ………………… 40
Ⅳ．各種化石燃料と水素燃料の特性比較 ………………… 40
Ⅴ．枯渇に向う原油・天然ガス時代の経済 ……………… 43
文献 ………………………………………………………… 46

第2章　縮小する世界の原油生産 …………………… 49

Ⅰ．序論 ……………………………………………………… 49
　1.1　緒言 ……………………………………………… 49
　1.2　20世紀末における原油可採埋蔵量評価 ………… 51
　1.3　OPECの動きとその影響 ………………………… 54
Ⅱ．原油可採埋蔵量と原油生産量の将来見通し ………… 57
　2.1　概要 ……………………………………………… 57
　2.2　推定究極埋蔵量の評価の問題点 ………………… 59
　2.3　埋蔵量の下方修正 ………………………………… 62
　2.4　生産量ピーク時点の決定 ………………………… 63
Ⅲ．埋蔵量の大幅増加の見通し …………………………… 68
Ⅳ．世界の原油生産の新しい予測 ………………………… 70
　4.1　原油生産の新しい予測手法 ……………………… 70
　4.2　ダンカン予測の結果 ……………………………… 72
Ⅴ．原油需給と国際関係 …………………………………… 77
　5.1　原油生産ピークの発生とその影響 ……………… 77
　5.2　2003〜2004年における原油高騰の原因 ………… 79
　5.3　OPEC支配力増加の影響 ………………………… 81
　5.4　世界原油生産量予測と米国の石油外交 ………… 81

 Ⅵ．結論 …………………………………………………… 83
 文献 ……………………………………………………… 85

第3章　天然ガスの生産予測と利用の課題 ……… 87
 Ⅰ．緒言 …………………………………………………… 87
 Ⅱ．世界の天然ガス生産の将来予測 …………………… 88
  2.1　増大する世界の天然ガス生産 ………………… 88
  2.2　増大する米国の天然ガス輸入 ………………… 90
  2.3　主要生産国と世界各地域の生産予測 ………… 90
  2.4　世界各地域の天然ガス資源状況 ……………… 93
  2.5　世界の天然ガス供給の現状 …………………… 97
  2.6　天然ガス予測モデルの特徴と埋蔵量の比較 … 98
 Ⅲ．北米の天然ガス動向予測 ……………………………101
  3.1　米国における天然ガス不足問題 ………………101
  3.2　北米の天然ガス消費動向 ………………………102
  3.3　北米の天然ガス生産予測 ………………………103
   3.3.1　米国の天然ガス生産 ………………………103
   3.3.2　カナダの天然ガス生産 ……………………105
   3.3.3　メキシコの天然ガス生産 …………………106
 Ⅳ．天然ガス供給の安定性と電力供給の関係 …………108
  4.1　北米の天然ガス生産と電力 ……………………108
  4.2　停電波及の恐れ …………………………………109
 Ⅴ．結び ……………………………………………………110
 文献 ………………………………………………………111

II エネルギー資源争奪と富の偏在により不安定化する世界と日本 ……113

第4章 21世紀テロリズム世界誕生の背景とその行方 ……115

I. 緒言 ……115
II. 戦争の必然性 ……116
III. 終わりなき戦争とその根源 ……119
IV. 資源獲得を巡る"壮大なゲーム" ……121
V. 原油需給と国際関係 ……123
 5.1 原油生産ピーク（ピーク・オイル）現象と地政戦略 ……123
 5.2 石油・戦争・平和 ……125
 5.3 湾岸における米国外交 ……126
VI. 4年がかりで計画された戦争 ……129
VII. 壮大なチェス盤 ……133
VIII. ブレジンスキー地政戦略の行方 ……138
IX. ゲームの展開―中央アジアを中心とするユーラシア― ……138
 9.1 北京の動向―エネルギー獲得へ挑戦する中国― ……139
 9.2 テヘラン（イラン）の動向 ……149
 9.3 カザフを中心に中・ロ台頭―エネルギー争奪過熱― ……151
 9.4 米を牽制する求心力「上海協力機構」
  ―複雑な利害関係の衝突も― ……153
 9.5 戦略的敗北をたどるワシントン ……155
 9.6 「集団安全保障条約機構」ウズベク復帰を承認
  （ロシアへの傾斜的加速） ……157
 9.7 「上海協力機構」首脳共同宣言
  ―米の一極支配を暗に批判― ……159
 9.8 ロシアSCOにエネルギークラブ創立提唱 ……161

  9.9　「21世紀のグレートゲーム」への日本の参加 ………………162
  9.10　中国と北朝鮮の海洋石油開発協力 ……………………………162
Ⅹ．まとめ―テロリズム世界での覇権の推移― …………………………164
Ⅺ．結び ………………………………………………………………………166
附録1．「戦争の根本的原因を緩和する」
  （デービッド・ローズ講演録、1981年11月11日）………………167
文献 ……………………………………………………………………………172

第5章　イラク戦争の原因と
　　　　世界と米国への影響 …………………………………175

Ⅰ．序論 ………………………………………………………………………175
  1.1　緒言 ……………………………………………………………175
  1.2　イラク戦争の背景 ……………………………………………175
Ⅱ．イラク戦争前夜 …………………………………………………………178
  2.1　米国の抱く脅威―ドルからユーロへの移行― ……………179
  2.2　イラク戦争開戦前の暗黙の真実―オイルダラーの死守― …196
Ⅲ．イラク戦争の原因と今後の米国と世界 ………………………………203
（補足）新しい戦争（テロ戦争）が世界と米国都市に及ぼす影響について
  ………………………………………………………………………213
Ⅳ．結論 ………………………………………………………………………215
附録1．「エルサレム帰属問題に譲歩なし」
  （バーレーン・トリビューン、2000年8月30日）………………216
附録2．開戦直前、ジョージ W. ブッシュ宛書簡
  （マイケル・ムーア、2003年3月17日）…………………………218
附録3．ドル・ユーロ・石油
  （コイリン・ヌナン寄稿、2003年2月6日）……………………221
附録4．「米国の実験」を維持する
  （ビル・クラーク寄稿、2003年3月10日）………………………226

文献 …………………………………………………………………… 228

第6章　富の偏在と福祉国家の持続可能性 ……… 231
　Ⅰ．序論 …………………………………………………………………… 231
　Ⅱ．福祉国家の概要 ……………………………………………………… 236
　　2.1　福祉国家の成立と発展 ………………………………………… 236
　　2.2　福祉国家成立の理論的側面 …………………………………… 240
　Ⅲ．宿命的に衰退する福祉国家 ………………………………………… 243
　　3.1　現代福祉国家の危機 …………………………………………… 243
　　3.2　石油文明衰退下の福祉 ………………………………………… 245
　　3.3　福祉国家における自立精神の衰弱 …………………………… 246
　　3.4　公共福祉危機の諸要因 ………………………………………… 248
　　　3.4.1　公共福祉費の増加要因 …………………………………… 248
　　　3.4.2　人口統計的要因 …………………………………………… 250
　　　3.4.3　経済的要因 ………………………………………………… 250
　　　3.4.4　政治的要因 ………………………………………………… 251
　　　3.4.5　社会システム的要因 ……………………………………… 252
　Ⅳ．福祉国家再興の方法 ………………………………………………… 253
　　4.1　強力な市民参加の必要性 ……………………………………… 253
　　4.2　高度情報化技術の役割 ………………………………………… 255
　Ⅴ．結論 …………………………………………………………………… 256
　文献 ……………………………………………………………………… 258

Ⅲ　終焉する石油文明より蘇る文明と社会 ……… 259

第7章　蘇る福祉国家
　　　　　―全生涯学習システムと雇用― ………………………… 261
　Ⅰ．緒言 …………………………………………………………………… 261

Ⅱ．新しい福祉形態創造の必要性 262
Ⅲ．欧州における新しい学習システム
　　―既成の教育・訓練を超えて― 263
　　3.1　概要 263
　　3.2　欧州型市民教育の歴史的背景 263
　　3.3　新しい「全生涯学習（LLL）」システム 265
　　3.4　雇用戦略としての汎世代型学習システム 266
　　3.5　欧州横断型生涯学習プログラム 269
　　3.6　「全生涯学習（LLL）」に対する欧州市民の期待 270
　　3.7　欧州型「全生涯学習（LLL）」の将来性 272
Ⅳ．結び 273
附録1　欧州における青少年雇用機会提供の現状 274
文献 276

第8章　終焉に近づく石油文明の姿 277

Ⅰ．序論 277
　　1.　緒言 277
　　1.2　オルドバイ仮説 280
　　1.3　電力文明 282
　　1.4　恒常的停電発生の可能性 284
Ⅱ．世界の一次エネルギー生産 285
　　2.1　世界の一次エネルギー生産の歴史 285
　　2.2　世界の原油生産予測 286
Ⅲ．世界人口の推移 287
　　3.1　政府・国際機関の公的シナリオ 287
　　3.2　エネルギー消費と人口 289
　　3.3　世界人口モデル 292
　　　　3.3.1　「成長の限界」モデル 292

3.3.2　「オルドバイ」仮説モデル ………………………294
　　　3.3.3　「エネルギー・人口仮説」モデル ………………296
　　3.4　シナリオに基づく世界人口予測の比較 ………………296
　Ⅳ．平衡状態より減衰に向かう石油文明の指標 ………………297
　　4.1　世界の一次エネルギー生産と一人当たり一次エネルギー生産
　　　　 …………………………………………………………297
　　4.2　「オルドバイ仮説」による説明 ………………………299
　　4.3　石油文明の崩壊過程 ……………………………………301
　Ⅴ．安価な石油文明の終焉—"ピーク・オイル"発生以降の世界
　　　 ……………………………………………………………303
　Ⅵ．結び ……………………………………………………………308
　附録1　電気エネルギーの特徴 …………………………………308
　文献 …………………………………………………………………310

第9章　新しい文明の誕生と育成 ……313
　Ⅰ．緒言 ……………………………………………………………313
　Ⅱ．終焉する石油文明より蘇生する文明 ………………………313
　　2.1　"ピーク・オイル"問題と地球温暖化防止対策 ………313
　　2.2　パーマカルチャー社会 …………………………………315
　　2.3　人やものの移動：旅行と物流 …………………………317
　　2.4　都市の中に農場をつくる ………………………………318
　Ⅲ．中心場配置理論 ………………………………………………319
　　3.1　中心場配置理論 …………………………………………319
　Ⅳ．"ピーク・オイル"後の世界システム設計指針と実践
　　　 ……………………………………………………………322
　　4.1　地球世界と自然との共生 ………………………………322
　　4.2　パーマカルチャーシティー松戸 ………………………325
　Ⅴ．結び ……………………………………………………………330

附録1　パーマカルチャー設計手法の具体的枠組み ……………331
文献 ……………………………………………………………………336

補　章　21世紀の科学技術は人間を救えるか
　　　　―社会の僕(しもべ)としての21世紀科学技術― ……………337

1．はじめに ……………………………………………………………337
2．科学技術の進化 ……………………………………………………337
3．ファウスト的契約 …………………………………………………340
4．パンドラの箱 ………………………………………………………341
5．ハイデガーの技術論による現代技術文明 ………………………342
6．宗教と科学技術 ……………………………………………………344
7．21世紀後の科学技術と世界 ………………………………………345
8．新しい哲学と人間性の回復 ………………………………………346
9．おわりに ……………………………………………………………348
文献 ……………………………………………………………………348

結び …………………………………………………………………351

索引 …………………………………………………………………355

序

　最近、世界の原油生産にピークが既に見られるようになったといわれる。今後、上下に変動しつつも石油製品の価格上昇は必至になるであろう。そのような状況の下では、いずれの石油消費国においても、多くの人々が不安に駆られ、買占めや、防衛に走るであろうことは容易に推測できる。事実、我々の身近には、昨今見られる原油高騰に端を発するガソリンや灯油、ひいてはトイレットペーパーに至るまで、諸物資が値上がりし、需要が急落しつつある状況よりその推移がよく分かる。その結果、世界経済も、勢い投機マネーにより支配されるようになる。21世紀の初頭の現在、世界中多くの産油国で、すでに原油生産のピークの兆候がはっきりと見えている。

　原油や天然ガスの生産がピークを打つという現象は、かつて経験したバブル経済に似ている。バブル経済で経験されたように、右肩上がりの成長が永遠に持続することはない。必ず、いずれバブルは弾け、衰退期に入ることは避けられない。そのような変動の時代にあっては、単に代替石油を新エネルギーに求める視点を超えて、素材資源・都市構造・流通・物流・通信などの側面を、長期的な視野で見通して、社会・経済開発を進めていく視点が必要である。したがって、本書では、石油文明の終焉の姿と合わせ、可能性のある新しい文明の蘇生とその育成についても論ずる。

　本書の内容は、多くの専門家による長時間に及ぶ研究の成果に基づいており、その内容は必ずしも易しいというわけでなく、読者にとって、理解し難いところもあろう。そのような場合は、パソコンを手許に、インターネット情報（特に、フリー百科事典であるWikipediaなど）を活用して、内容検索により、検索項目の理解を進めていただきたい。

21世紀世界の政治経済のシナリオは一通りではないことは言うまでもないが、現在の石油文明が駆動する原油の生産がピークを打ち、下降局面に入るとすると、出現する様相には二面ある。一つは、文明進行の減速である。この場合は、エネルギーや資源の厳しい節約を伴わざるをえない。もう一つは、多極化する富の偏在に伴う摩擦を避けるような文明の転換である。これらはいずれも痛みを伴う。本書では、世界がおかれた諸条件に鑑みて、可能性が高いと考えられるシナリオについて説明する。いずれにしても、今後の世界文明は、石油文明からの転換が必至である。それなくしては、世界経済・社会・政治の安定はないと考えられるからである。

　本書は、石油バブルの崩壊に相当する「石油文明の終焉」が、第2章で述べるように、かりに2007年頃より始るとする前提に立つと、その後の世界と日本の文明がどのように推移するであろうかという「未来のシナリオ」に関する物語である。

　本書の狙いは、その経緯と根拠のみならず、可能性の高いシナリオを読者に伝えることにある。著者による最新のデータとその分析が、エネルギー問題に関心を寄せられる読者が携わる企業の活動や、個人の日常的な社会生活の基礎として、役立つに違いないと考えたからである。以上が本書の基本的立場である。

　以下に、本書の要約を示す。なお、本書は、興味を持たれる読者がご自身の興味に応じ、いずれの章から読み始められても、大丈夫であるように、各章独立に、理解し易く書かれている。

　第1部（I）は本書の導入部として、エネルギー全般、並びに石油と天然ガスの概要について説明してある。

まず、第1章では、エネルギー問題の概論として、関連の基礎知識の概要を述べたあと、量と質においてその価値を代替できる燃料が他に存在しない流体燃料である「石油」と「天然ガス」について、基礎データを提供している。

　第2章では、世界の原油生産の現状を、地質学者による最新のデータに基づきながら、原油の生産・消費に関する過去・現在を踏まえ、未来予測モデルにより、今後の世界の原油生産動向が世界経済に及ぼす影響を分析する。そこでは、今後、世界は石油文明からの転換が必至であり、それなくしては、世界の経済・社会・政治の不安定化が避けられないことを伝える。なお、第2章の内容は、2001年3月に出版された流通経済大学流通情報学部紀要（以下「紀要」と略す）(Vol.5, No.2)のレポート「安価な石油に依存する文明の終焉―縮小する世界の原油生産―」の内容に、最新のデータを追加し、新しく書き換えたものである。

　第3章では、石油と並ぶ流体燃料である天然ガス開発と、その利用に関する課題について述べている。天然ガスは、埋蔵量が豊富であること、石油に比べ環境保全性が良いことなどの特性から、1990年頃より、石油代替品であるとともに、主として発電用として大規模に使われてきた。本章では、天然ガスの埋蔵量・生産量・消費量の推移および将来動向を整理した。世界各地の天然ガス生産の予測をするとともに、具体的な事例として、北米を対象に発電用燃料としての天然ガス生産とその影響について分析した。なお、第3章の内容は、2001年10月に出版された紀要(Vol.6, No.1)のレポート「世界の天然ガス利用開発動向」の内容をもとに、天然ガスに関する最新情報を含めて、全面的に書き換えたものである。

　第2部（II）では、枯渇性資源である石油や天然ガス、その他鉱物資源などの争奪と富の偏在により、不安定化しつつある世界と日本社会の状況について、その歴史的経緯・背景と現状について述べている。ここでは、世界史に特筆さ

れるべき歴史的転換点として、2001.9.11をとりあげている。米国ニューヨークの世界貿易センタービル他のテロ攻撃を契機に、オサマ・ビンラディンを求めて、米国はアフガニスタンとの対テロ戦争に突入し、さらに2003年にはサダム・フセイン率いるイラクとの戦争が始まったが、その状況に至る経緯と背景について述べている。9.11をうけて始まったこれらの戦争の真の原因が何であったのか？　開戦前を含め、それ以降の5年間に公表された情報を基に、この課題を分析した。その後の推移をみると、世界の政治と経済が陥穽(かんせい)に陥り、覇権主義的な米国とその同盟国と対決するその他の勢力の間で戦われるエネルギーや資源獲得競争の世界に迷い込んだものとも言える。

　まず第4章では、新しい世紀に入り、かつての冷戦構造が変容し、世界は利権の争奪、覇権の確立を目指す地域戦争と、世界全体を戦場とするテロ戦争の時代に入ったことを説明する。9.11に始まり、アフガニスタン戦争を経て、イラク戦争に突入した経緯は、究極的には、石油戦略と基軸通貨覇権維持を目指す米国と、同盟国による世界覇権獲得目的の"ゲーム"であることを論証した。そこでは、資源支配のために一国主義を目指した米国の世界戦略が一貫したものであり、その戦略がいかに21世紀世界を"テロリズム"を日常とする世界に導いたかを説明している。最近では、2006年10月9日、北朝鮮が核実験の実施に踏み切り、北アジアにおいて、事実上の核保有国の一つになり、"壮大なるゲーム"は新しい進展をみせたのである。なお、第4章の内容は、2006年10月出版の紀要（Vol.11, No.1）のレポート「安価な石油に依存する文明の終焉Ⅲ—21世紀テロリズム世界誕生の背景とその行方—」に基づいている。

　第5章では、あらためて、"大義無き戦争"に変貌したイラク戦争の原因が何であったのか？　そして、その内容が時とともに如何に変質したかについて述べている。イラク戦争の原因として、工業先進国のための資源確保と、基軸通貨ドルによる、米国の世界経済支配のための覇権維持に集約されている。なお、第5章の内容は、2005年3月出版の紀要（Vol.9, No.2）のレポート「安価

な石油に依存する文明の終焉II―イラク戦争の原因―」に基づいている。

　第6章では、"格差"のために多極化する先進国福祉社会の特徴をまとめている。今後、顕在化する石油文明の衰退現象は、国民や企業を、衰退に耐えられるセクターと、それ以外のセクターに二分化するという傾向をもっている。その結果、福祉国家では、その健全な維持が弱体化せざるを得ないという、基本的宿命に拍車をかける傾向がある。事実、21世紀に入り、いずれの先進国でも、国家レベルの福祉行政が、人口動態の変化、社会の複雑化、低い経済成長、高い失業率等の要因により、教育、医療、介護など、いずれの分野においても一定水準の維持が困難になっている。そして、社会の構成員が互いに助けあうべく、NPOやコミュニティービジネスの活動が盛んになっている。幸い、インターネットを始めIT（情報通信技術）をベースとする高度情報化技術を活用することにより新しい展開に期待が持てる時代になった。社会システムの基本理念により、持続可能な社会開発を福祉機能の強化により捉え直す時代になったことを説明している。なお、第6章の内容は、「福祉国家の持続可能性維持」（環境経営学会学会誌、サスティナブルマネジメント（Sustainable Management）、第3巻第2号16-31、および、平成15年3月出版の紀要（Vol.7, No.2）の報告内容を加筆・修正したものである。後者には、引用したRöpke教授の論文が同紀要の付録で紹介されているので、読者は必要に応じ参照されたい。

　第3部（III）では、石油文明の終焉とともに不安定化しつつある世界と日本が向かう新しい文明と社会にどのような可能性があるかをテーマにしている。

　まず第7章では、衰退する福祉国家の問題解決を国民の人材教育に求めるべきことを主張している。科学技術の発展、グローバリゼーション、高齢化、低成長経済、価値観の変容等、いずれの側面からも、今日、旧来の義務教育である初等中等教育のみで人生を全うすることが困難な文明社会に入った。教育の不足が機会均等に格差を与え、かつての中流意識を主流とする社会より、多極

化社会に向かう中、わが国でも、欧州型生涯学習システムに倣って、市民社会に中高年者義務教育システムを盛り込むべき可能性を指摘している。さらに、蘇るべき文明にむけた「福祉の基本は雇用にある」との前提の下に、現在すでに成熟化をみせた高度情報化福祉社会における市民教育は全世代的生涯教育にあることを詳述した。なお、第7章の内容は、2003年10月出版の紀要（Vol.8, No.1）のレポート「高度情報化福祉社会における市民教育―欧州型生涯学習システム―」の内容に加筆・修正したものである。同紀要付録A-1には、包括的にEU横断的教育活動プログラムが紹介されているので、読者は必要に応じ参照されたい。

　第8章では、本書の主題である「石油文明の終焉」がどのようなイメージであると理解されるかについて、多くの専門家の意見をまとめている。要約すると、人口減少が必至の世界で、同一でないにしても、過去の石油文明に至る以前の世界を、より高度化させるべき道筋と考えれば分かり易い。なお、第8章の内容は、2007年3月出版の紀要（Vol.11, No.2）のレポート「安価な石油に依存する文明の終焉Ⅳ―終焉に近づく石油文明の姿―」に基づいている。

　第9章では、石油文明に変わる新しい文明にどのような可能性があるのか、人口減少世界の中にあって、人類の生存にとって不可欠の食糧生産の農業を中心とした分散型居住形態すなわち、石油文明以前の世界を全く新しく再発展させたものになるということを、具体例を含めて説明している。なお、第9章の内容は、2007年3月出版の紀要（Vol.11, No.2）のレポート「安価な石油に依存する文明の終焉Ⅴ―新しい文明の誕生と育成―」に基づいている。

　以上、本書の三部にわたる各章の概要より、今後、石油文明終焉の過渡期である半世紀におよぶ世界と日本の進むべき道が読み取れることであろう。それらが、企業と社会の今後の経営方針と発展への指針になることが望まれる次第である。

最後の章は、西欧文明に基礎をおく現代文明がたどってきた現状を説明するための補章であり、我々の考え方の「枠組み（パラダイム）」の限界について述べている。石油文明が文字通り「科学技術社会」であることを考えると、問題解決にあたり、「科学技術」に期待をかけたいところであるが、それが石油エネルギー多消費を前提にするものであることを考えると、結局は自己矛盾に陥るため、これ以上の発展への成功は難しいと考えられる。今後、世界が科学技術至上主義の方針にこだわり続けるかぎり、先進国であると途上国であるとを問わず、生態系も人間も甚大な影響を受けるので、今後は方針変更が必然である。補章では、21世紀科学技術を我々に奉仕すべき道具であり、我々の僕（しもべ）として位置付けるべきとする論拠を整理した。補章の内容は、2000年3月出版の紀要（Vol.4, No.2）の論考「21世紀の科学技術は人間を救えるか？―社会の僕（しもべ）としての21世紀科学技術―」）に基づいている。

　以上、本書では、一貫して、石油文明が終焉を迎えるにあたり、これからの世界と日本における政治・経済・社会の動向を予測し、シナリオを探索すると言うアプローチがとられた。その理由は、この手法が、国際問題、国内問題を問わず、政治・経済の最新のデータとその分析が政治・経済・社会を専門にする機関（大学、研究所）の関係者にとって教育・研究活動の基本データとして役立つに違いないと考えたからである。

　なお、本書は、研究者・学生諸君のみならず、「石油文明の終焉」という、現在最もホットなテーマに関心を寄せられる関係者にとっても、基本的認識が得られるようにとの特別の配慮がなされている。多くの人に本書を読んでいただき、その内容より、未来のあるべき姿を自分達なりにイメージしていただければ幸いである。そのための指針として、本書が読者にとって参考となることを、切に祈念する次第である。

平成19年6月18日
流山市松ヶ丘の寓居にて、若林　宏明

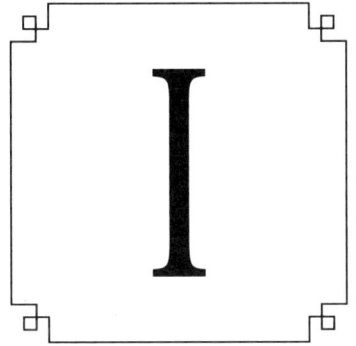

安価な石油と天然ガスに依存する文明

第1章

エネルギー・石油・天然ガス

I．エネルギー概論

1．1　エネルギーとは

　現在、世界中どこに行っても、人々が住んでいる場所では、程度の違いはあるものの、料理や暖房など生活の維持にとって必要な"火"がかまどで燃やされ、夜には"明かり"が灯っている。また、世界各地で水力発電や火力発電により、電気が発電され使われている。薪炭の採取より始まり、現代の原子力発電までを見れば分かるように、人類の歴史において、場所や時代、さらに、開発・発展の段階にかかわらず、"エネルギー"は、人々の並々ならぬ努力により獲得され、利用され続けてきたものである。人類が生きていくためには、食糧や水とともに、エネルギーが絶対的に必要であり、不可欠である。エネルギーは人類の生存に欠く事が出来ない要素の一つである。

　もちろん、古代の人々や社会を、現代の人々や社会と比べると、使用されるエネルギーの'質'と'量'が極端に違っているにしても、'エネルギーの必要性'の点では両者に相違はなく、その本質は基本的に共通であり、共有されている。人類が利用してきたエネルギー源（または燃料）は、枯渇することがない再生型自然エネルギーであるソーラー（光と熱）・水力・風力・波力、バイオマス（木など生物由来エネルギー資源）から始まり、石炭や石油など、いずれ枯渇する化石燃料の利用がそれに次ぎ、主役を交代してきた。化石燃料の大幅な利用は、18世紀中期よりの産業革命を支えた石炭の利用から始まり、19世

紀に入って石油・天然ガスが発見されたが、20世紀中期より工業先進国の基盤を支えるべく、石炭とともに次第に多用されるようになった。それらに続いて、ウランを核燃料として用いる原子力発電が始まったが、その技術は改良され、次第に成熟化し、今日に至っている。

　これら多種・多様な燃料の中にあって、本書がテーマとする"石油（原油）"と"天然ガス"は他の燃料にはない特異な特徴を有している。第一に、両者はいずれも'流体（液体ないし気体）'であるため、技術的に輸送や移動が最も容易である。つまり、ポンプの働きにより、パイプを通して、タンカー船・タンクローリーなどへの積み込みや、積み下ろしが容易であるので、長距離にわたり、容易に輸送できる。第二に、これら燃料の着火は簡単であり、燃焼制御も比較的簡単である。第三に、炭酸ガス（CO_2）を除くと、燃焼に付随し排出される廃棄物が比較的少なく、処理も比較的容易である。これらの特徴のために、石油・天然ガスは他の化石燃料である石炭やウラン核燃料と比較すると、より'安価'で、かつ比較的'安全'に利用できるという優れて有利な長所を持っている。しかしながら、「石油」と「天然ガス」は、世界において、その賦存（埋蔵状態）が地域的に偏在しており、埋蔵量も限られている。今後、利用可能な期間は、比較的短く、安価に入手可能なものに限ると、50年程度とみられるが、その間も供給量は時間と共にゆっくりと減少（減退）するので、いずれ需要が供給を追い越し、逼迫（ひっぱく）するという問題がある。さらに、地球の温暖化に寄与する温室効果ガスである炭酸ガスの大量放出はもとより、少量とはいえ、公害物質として大気を汚染する硫黄酸化物や窒素酸化物を排出するという欠点がある。

　現在、欧米や日本のような工業先進国では、石油・天然ガスが大量に利用されている。それらは、市場の動きや季節的影響を受けて、価格に変動はみられるものの、供給が途絶した例を聞かない。しかし、前世紀末より今世紀に入り、このように恵まれた状況が、今後いつまでも続かないであろうことが多くの専

門家により指摘され始めた。第2章で詳しく述べるが、地質学的な多くの傍証をもとに、専門家である地質学者を中心に、世界の原油生産は2007年頃にもピークをうつ（「ピーク・オイル」現象と呼ばれる）のではないかとも言われている。厳しい見方によると、その後生産は次第に減少し、2060〜2080年頃にも安価な石油と天然ガスの生産は事実上ゼロになるとみられている。勿論、楽観的な見方によると、新しい油井が発見されるので、それ以後も石油や天然ガスの利用が続くとの意見もある。しかし、それらの資源は、もはや、安価なものではなく、現在の石炭やウランよりも高価なものになるだろうと言われる。

　このような中にあって、現在、2007年2月時点、65.7億人を超した世界人口は、増大を続けている。かりに、石油・天然ガスの消費量が人口レベルに比例すると仮定すると、それらの生産が減れば一人当たり消費が減るから、世界中で、地域や国、都市と農村レベルにおいて、人々の間に著しい"格差の発生"を避けることが不可能となる。つまり、具体的な'資源争奪戦'の発生のみならず、格差の発生が必然的になる。昨今のイラク情勢発生の根本原因や、お隣の中国の例に見るまでも無く、石油や天然ガスの資源獲得競争において、すでに国レベルの競争が熾烈に行われていることをみると、以上の論拠の妥当性を認めざるを得ない。

　かりに、今後、石油や天然ガスが事実上の枯渇に向かうとすると、これらの"代替燃料"として何か他に適当なものがあるのだろうか？　結論的に言って、最初から流体燃料である点で、両者に優る代替燃料はない。世界中で古くから使われてきた石炭自身も、直接燃焼ではなく、ガス化や液化により、利用し易くできるが、石炭鉱山での探鉱・採炭に伴う安全性確保や炭鉱労働者にとって過酷である技術への依存を考えると、決して使い易い燃料であるとは言えない。事実、日本の場合、これらの理由で石炭産業は、すでに衰退している。

　一見華やかにみえる「原子力（発電）」もその事情は類似している。放射性

廃棄物の長期にわたる管理も含めて、その安全性確保には、社会的な環境側面を含めて、多大のコストを要する。今後とも代表的な発電方式の一つとして、差し当たり、原子力発電が利用されつづけるであろう。しかし、経済性の面でも原子力設備は初期投資が大きく、その建設運転に当たり、少なからず、石油・天然ガスのお世話にならざるをえないという矛盾がある。つまり、石油・天然ガスの利用ができなくなると、原子力発電所を建てることは困難となり、その利用も制限されざるをえなくなる。そこで、今後、安価で安全な原子力発電技術の開発が望まれている。

今日、「太陽エネルギー（ソーラー）」にも多大の期待が掛けられている。「太陽光発電（ソーラー・パワーシステム）」は電気的半導体として加工されシリコン素子などに光を当てて、プラス・マイナスの電気を発生させ（ソーラー電池）、それを外部装置につないで利用するものである。しかし、ソーラーは広大な空間に薄く拡散した状態のエネルギーであるので、昼間の照明という優れた役割はともかく、たとえ比較的集中した空間で発電できたとしても、大型発電所に比べると、小規模であり、比肩できる経済性確保は困難である。とは言え、"ソーラー発電"は既に実現しており、家庭用など一部限られた条件では今後ともその利用には期待が持てる。大規模発電の経済性の点では「EPR (Energy Profit Ratio)：エネルギー生産効率（産出エネルギー／投入エネルギー）」の必要条件、EPR＞1を満たさなくてはならないので、パネルの製造時の化石燃料消費や広大な敷地面積など設備費投資の制約を受け、大規模ソーラ発電については、その経済性が石炭やウラン燃料による発電を凌駕することは容易ではないと考えられる。

"風力発電"も類似の事情にある。ふつう需要地は風の強い発電地より離れている場合が多く、経済的に成立する立地条件は限られているという制約がある。

このような背景にあって、最近、将来可能性のある代替燃料として、バイオマス資源（トウモロコシ、サトウキビ、廃材など）より"アルコール燃料"の増産の努力が図られている。資源を大量に栽培するには、広大な土地とともに大量の灌漑用水を必要とする。栽培や収穫に投入されたエネルギー（その多くは石油と天然ガス）に対する「エネルギー生産効率」の条件、EPR＞1を満たし、なお且つ、流体燃料にくらべ、量的確保の有意性を保証し、コスト的にも見合うことが基本条件であるが、原料が食糧でもあるため、世界的に人口増加が続く中、食糧高騰による競合関係が生じ、そのバランス確保は容易ではない状況にある。

　このように見てくると、量・質ともに石油や天然ガスの優位性を揺るがすような代替燃料は、現在のところ皆無であると言える。したがって、これらの利用を節約することが、今後ますます重要になってくる。

　世界史をみるとわかるように、各種エネルギーの出現のたびに、社会・経済の変革が起こった。同時に、それのもたらす富の増大が人口増加へとつながっていった。中世に至るまで、人類が利用した「エネルギー」または「動力」は、人力、家畜力、風力、水力、薪炭であったが、18世紀初期に蒸気機関が発明され、その中頃よりは石炭を燃料とする第一次産業革命が始まった。このように、新しいエネルギー利用技術の発明とともに、社会が革新的に変化することを「（エネルギー）産業革命」と呼ぶが、19世紀末よりは石油や電力を利用する第二次産業革命に移行した。さらに、20世紀後半にはジェットエンジンや原子力発電の開発が進み、第三次産業革命が始まった。しかし、20世紀後半よりは、エネルギーの選択に、環境問題が社会経済的な発展の制約として付け加わった。

　本書では、安価で使い易い燃料でありながら、枯渇しつつある石油や天然ガスのもっている有利な特徴より、現代文明が如何なる影響を受けているかにつ

いて、技術面だけでなく、社会・経済面を含む現代史と21世紀の予想される展開を、巨視的（マクロスコピック）・微視的（ミクロスコピック）の両面より論じていくことにする。それに先立ち、第1章では、その基礎としてのエネルギーにつき、全般的知識を整理すると共に、第2章以下の議論に必要な石油と天然ガスに関する基礎知識について整理する。

1．2　エネルギーの定義と種類

あらためて、「エネルギーとは何か？」について考えてみよう。

「エネルギーとは、知的情報を駆使する人間が、機械的な技術を利用して、対象とする材料や生物に向けて働きかけるにあたり、経済的価値のある具体的な仕事を成しあげる能力の源である」と定義できる。

元来、エネルギーの源は、基本的に「太陽エネルギー」と「地熱エネルギー」である。我々が自由に利用できるエネルギーの大元である「燃料」は、もともと自然現象として発生した太陽エネルギーが地上で姿を変え、太古における植物の炭酸同化作用（光合成）により、化石燃料に姿を変えて出来た石炭や、太古の動物の死骸よりできた原油、さらにはウラン鉱石を精製して人工的に生産した「核燃料 (nuclear fuel)」などである。エネルギーには、それらの'燃焼'を'源（出発点）'とするものと、薪炭などのバイオマス、水力・風力・波力・地熱がある。前者は、生物起源の化石燃料および、46億年前、地球とともに生まれたウランを精製した核燃料から作られるが、利用すると共にいずれ枯渇するという特徴がある。後者は、量的に膨大であるため、その利用にもかかわらず、事実上枯渇することが無いので、「再生可能エネルギー」または「自然エネルギー」と呼ばれる。化石燃料の利用に比べると、自然エネルギーの経済的利用は必ずしも容易ではないものの、近年の技術進歩の結果、太陽エネルギーにより発電をする大規模のソーラ発電や、海岸や洋上において大型の風車を多数並べる「ウインド・ファーム（風農園）」での風力発電システムを利用

すれば、自然環境など一定の条件が整うもとでは、経済性が期待できる時代になった。原油高騰の時代にはいり、再生資源である木材等、植物を主体とするバイオマスなどにも期待が膨らんでいる、

　自然エネルギーが経済的であり、環境保全型である場合、「クリーン・エネルギー」と呼び、太陽光や風力、波力などを利用する発電による電気エネルギーを特に「グリーン電力」と呼ぶ。しかし、地熱の利用による発電は硫黄酸化物の発生などの環境汚染を伴い、景観を壊し、風力発電機の振動の発生が環境的に問題になるようであれば、必ずしもクリーンとは言えない。

　ウランを含む化石燃料や、各種自然エネルギーを総称して、「一次エネルギー」と呼ぶ。古くから利用されてきた薪炭（バイオマスの一種）と同様、化石燃料では、化学的燃焼（酸化）により高温の状態を作り出し、熱・機械エネルギーを得ることができる。すなわち、高温の状態の水蒸気や気体状物質により、経済的に意味のある仕事がなされる。一次エネルギーからエネルギー転換されたエネルギーである"電気"や人工的に作られた燃料"水素"などは、「二次エネルギー」と呼ばれる。電気をつくりだす発電所には化石燃料を利用する火力発電所、原子燃料としてウランによる"核分裂反応"や現在開発が進められているヘリウムや重水などを燃料とする"核融合反応"に基づく原子力発電所がある。しかし、後者は開発途上にあり、現在のところ開発の見通しは明確でない。

　「一次エネルギー」と類似の名称に「主要一次エネルギー（Primary Energy）」があるが、これは石炭、石油、天然ガス、水力（発電）、原子力（発電）の5種類のエネルギーを指す。これらを総称して、単に"一次エネルギー"、又は、"エネルギー"と呼ぶ場合も多い。

1.3 エネルギー関連の単位について

各種エネルギー量評価には、目的に応じ、さまざまな単位が使われるが、互いに換算できる。それらを表1に整理するので、必要に応じ活用されたい。

表1 エネルギー関連単位換算表

(1) 発熱量換算表

メガジュール (MJ=10^{6}J)	キロワット時 (kWh)	キロカロリー (kcal)	石油換算キロリットル (kl)	石油換算トン (TOE)	英国熱量単位 (BTU)
1	0.278	239	0.0258 × 10^3	0.0239 × 10^3	948
3.60	1	860	0.0930 × 10^3	0.0860 × 10^3	3412
0.00419	0.00116	1	1.08 × 10^7	10^7	3.97
3.87 × 10^4	1.08 × 10^4	9.25 × 10^6	1	0.925	3.67 × 10^7
4.19 × 10^4	1.16 × 10^4	10^7	1.08	1	3.97 × 10^7
0.00106	2.93 × 10^4	0.252	2.72 × 10^8	2.52 × 10^8	1

出典:資源エネルギー庁長官官房企画調査課:総合エネルギー統計(平成12年度版)

(2) 各種エネルギーの発熱量

エネルギー	単位	単位当たりの平均発熱量 (単位:kcal)	MJ
石炭	kg		
原料炭(国内)		7,700	32.2
〃　(輸入)		7,600	31.8
一般炭(国内)		5,800	24.3
〃　(輸入)		6,200	26.0
無煙炭(国内)		4,300	18.0
〃　(輸入)		6,500	27.2
亜炭		4,100	17.2
コークス	kg	7,200	30.1
石油	l		
石油		9,250	38.7
NGL		8,100	33.9
ガソリン		8,400	35.2
ナフサ		8,000	33.5
ジェット油		8,700	36.4
灯油		8,900	37.3
軽油		9,200	38.5
A重油		9,300	38.9
B重油		9,600	40.2
C重油		9,800	41.0
潤滑油		9,600	40.2
その他石油製品	kg	10,100	42.3
LPG	kg	12,000	50.2
天然ガス	m^3	9,800	41.0
LNG	kg	13,000	54.4
都市ガス	m^3	10,000	41.9
電力	kWh	2,250 (熱効率38.1%で換算)	9.42

注:1kcal=4.18605kJ (http://www.iae.or.jp/energyinfo/energydata/data6011.html)
表1の読み方:電力の場合、1kWh:2,250kcal=9.42MJと読む((1)の発熱量換算表と数値が(2)と異なるのは、(2)では発電時の熱効率を考慮しているためである)。
出典:資源エネルギー庁長官官房企画調査課:総合エネルギー統計(平成12年度版)

(3) 単位の倍数

名称	記号	大きさ	名称	記号	大きさ
エクサ	E	10^{18}	アト	a	10^{-18}
ペタ	P	10^{15}	フェムト	f	10^{-15}
テラ	T	10^{12}	ピコ	p	10^{-12}
ギガ	G	10^{9}	ナノ	n	10^{-9}
メガ	M	10^{6}	マイクロ	μ	10^{-6}
キロ	k	10^{3}	ミリ	m	10^{-3}
ヘクト	h	10^{2}	センチ	c	10^{-2}
デカ	da	10	デシ	d	10^{-1}

1.4 石油・天然ガスの単位換算

石油・天然ガスは性状の違いに応じ、各種の単位が使われる。ここで、それらの間の換算係数について整理しておく[1]。

石油の主要単位：

1 kl（キロリットル）=6.29b（バレル）、1b=159l、1 l（=0.26USgal米国ガロン）=約9250kcal、1ton（=0.92kl）=10^7kcalに相当、比重は約0.92（エネルギーよりの換算値）である。

天然ガスとLNGの主要単位：

天然ガス1立方米（=35.3立方フィート）は9,000～9,500kcalに相当する。1tonLNG=天然ガス1,400立方米、液比重は0.425、体積圧縮比は1/595である。これらより、天然ガス1立方米（9,400kcal）は、ほぼ石油1 l（リットル）=0.00629boe（石油等価バレル）に相当する。従って、2002年現在の世界の天然ガス埋蔵量は156・10^{12}立方米といわれ、これを石油換算すると、156・10^{12}×0.00629bo=0.981・10^{12}bo=981Gbo（ギガ・バレル・オイル）に相当する。つまり、現在、天然ガスの原油換算埋蔵量は、原油の埋蔵量と同じ程度であることがわかる。

II. 石油の基礎知識

2.1 石油とは

「石油」とは、精製された物を言い、炭化水素を主成分として、ほかに少量の硫黄・酸素・窒素などさまざまな物質を含む液状の油である。精製されていないものを特に「原油（crude oil）」という。石油は、英語ではPetroleumという。これはラテン語の「Petra（岩石）」と「Oleum（油）」を語源とする。狭義には石油のことを指すが、より広い意味では液状天然ガス（NGLコンデンセート）[注]1や固体のアスファルトなどを含める場合もある。社会・経済問題を論ずるにあたっては、"石油"と"原油"はほとんど同義語である。

石油を構成する成分である化学物質は、水素と炭素だけから構成される脂式炭化水素を要素とし、分留によって分けられる。石油にはそれを精製した製品として、灯油、ベンゼン、ガソリン、パラフィンワックス、アスファルトなどが含まれる。

表2は、分子量が最小の4種の炭化水素で、すべて常温で気体（石油ガス）である。

表2　分子量が最小4種の石油炭化水素

炭化水素	沸点
CH_4（メタン、methane）	−162℃
C_2H_6（エタン、ethane）	−89℃
C_3H_8（プロパン、propane）	−42.1℃
C_4H_{10}（ブタン、butane）	−0.5℃

炭素数5～7の範囲の鎖状炭化水素は、完全に軽質で蒸発しやすい透明な性

（注）1　天然ガス田や油田において天然ガスの採掘・生成過程で得られる常温・常圧で液体状形質（ガスコンデンセート）の炭化水素製品

質のナフサになる。ナフサの留分は溶媒やドライクリーニングの溶剤あるいはその他の速乾性の製品に用いる。

C_6H_{14}から$C_{12}H_{26}$までの鎖状炭化水素は配合調整され炭素数5～10のガソリン（沸点、30～200℃）に用いられる。炭素数10～15の範囲の炭化水素からケロシンが作られ、ジェット燃料として用いられる。炭素数10～20の範囲からディーゼル燃料（軽油：沸点、200～350℃）と灯油（沸点、150～250℃）が、そして船舶のエンジンに用いられる炭素数20以上の重油（沸点、350℃以上）と続く。これらの石油製品は常温で液体である。

潤滑油と半固体の油脂（ワセリンを含む）は、炭素数16から炭素数20の範囲である。炭素数20以上の鎖状炭化水素は固体であり、パラフィンワックス、タール、アスファルトなどに分類される。

表3に石油の常圧蒸留成分の名称と沸点（℃）を示す。

表3　石油の常圧蒸留成分と沸点

成分	沸点（℃）
石油エーテル	40～70（溶媒用）
ナフサ／ガソリン	30～200（石油化学工業原料／自動車用燃料）
灯油／ケロシン	150～250（家庭用燃料／ジェット機用燃料）
軽油	200～350（ディーゼル燃料）
重油	>350（ボイラー燃料、潤滑油）
残留分	タール、アスファルト、残余燃料

石油を原料として製造された「石油製品」としての燃料や物質を利用する石油化学製品が作られる。このうち、石油製品は「連産品」と呼ばれる。これは石油を精製してガソリンや灯油などを作る場合、ある特定の製品のみを作ることは出来ず、必ず全製品が生産されてしまうことを意味している。主要な連産品は、ガソリン、灯油、軽油、重油、アスファルトである。

一方、石油化学製品には、化学繊維、合成樹脂、合成洗剤などが含まれ、50

万アイテムに及ぶおびただしい種類と量の石油製品により、現代の石油文明が支えられている。(表4参照)

表4　50万点に及ぶ石油化学製品(一部)

サッカリン、屋根材、アスピリン、染髪剤、人工心臓弁、クレヨン、落下傘、電話機、ブラジャー、セロテープ、消毒剤、財布、防臭剤、パンスト、シャワーカテニー、エアコン、靴、バレボール、絶縁テープ、床ワックス、口紅、セータ、スポッシューズ、ガム、車体、タイア、外壁塗装、ヘアードライヤ、ギター弦、ペン、アンモニア、メガネ、コンタクトレンズ、救命胴着、防虫剤、肥料、映画フィルム、冷凍箱、拡声器、バスケットボール、サッカボール、櫛／ヘアーブラシ、床合成材、釣竿、ゴム長靴、水道管、粉薬カプセル、バイクヘルメット、釣りルアー、ワセリン、リップバーム、抗ヒスタミン剤、ゴルフボール、サイコロ、断熱材、グリセリン、プリンター・リボン、ゴミ箱、接着剤、コールドクリーム、傘、インク、油性紙、塗装刷毛、補聴器、CD、モップ、包帯、人工芝、カメラ、接着剤、靴墨、コーキング材、テープレコーダ、ステレオ、合板糊、TVキャビネット、トイレ台座、乗用車蓄電池、蝋燭、冷蔵庫気密材、カーペット、副腎皮質ホルモン(コルチゾン)、揮発油、溶媒、爪光沢材、義歯固定剤、風船、ボート、洋服、非綿ワイシャツ、香水、練り歯磨き、ローラスケート回転部、プラスチックフォーク、テニスラケット、毛髪用カールクリップ、プラスチックのコップ、電気毛布、油用フィルター、床用ワックス、卓球ラケット、カセットテープ、食器用洗剤、水上スキー、室内装飾品、チューインガム、魔法ビン、プラスチック椅子、OHP透明紙、プラスチック包装紙、ゴムバンド、コンピュータ機器、ガソリン、ディーゼル油、ケロシン、灯油、アスファルト、エンジンオイル、ジェット燃料、船舶用ディーゼル油、ブタン

原データ：Gary L. Stringer, North Louisiana University

2.2　原油の起源について

生物由来説(有機成因論)：

　大部分の地質学者は「生物由来説」を信じており、石炭や天然ガスのように、原油は太古の生物が地質学的タイムスケールで圧縮されてできたと見ている。この説によると、原油は有史以前(古生代から中生代)の海洋生物や陸上の植物の遺骸から形成される。百万年以上の長期間にわたって厚い土砂の堆積層の下に埋没した生物遺骸は、高温と高圧によって化学変化を起こす。最初は「油母(kerogen)」として知られているワックス状の物質に変わり、次いで液体やガスの炭化水素へと変化した。これらは岩盤内の隙間を移動し、貯留層と呼ばれる多孔質岩石に捕捉されて、油田を形成する。この液体が石油で、ボーリング(井戸掘り)の後、ポンプにより汲み上げられる。

無機成因説：

　少数ながら、原油の起源は無生物であると論じている科学者がいる。この説によれば、惑星（地球）内部には膨大な量の炭素が存在するのが自然であり、一部分は炭化水素の形で存在している。炭化水素は岩石よりも軽いので、地表へと染み出してくる。この無機成因説に基づけば、一度枯れた油井もしばらく放置すると再び原油産出が可能となる現象を説明することができるという。しかし、たとえこの説が正しいとしても、生成速度が遅いので、現在の生産量レベルを満たすことはできない。

2．3　石油利用の歴史

　世界の原油の創生にあたり、自然は5億年を要したが、人類はエネルギー浪費時代のほぼ2世紀余りの間に安い在来原油のすべてを消費することになる。商用の原油生産は1850年頃アゼルバイジャンのバクー（Baku）で実際に始まったとされるが、現存する最も古い記録では1857年ブカレストの近くで事実上原油生産業が始まった。その後、米国では1859年ドレーク（Edwin L. Drake）がペンシルベニア州タイタスヴィル（Titusville, PA.）で試掘をし、石油（原油）を発見した。次章に紹介するエネルギーアナリスト、ダンカン（Richard. C. Duncan）は、1857年ルーマニアで始まった世界の原油生産は2110年中東で終わると予測する。もしその通りだとすると、石油文明は地球の悠久の流れにあってごく一瞬に過ぎない253年間の一幕ということになる。

19世紀までにおける石油利用：

　地下から湧く、燃える水の存在は、古代から各地で知られていた。産地で燃料や照明に用いた例も多い。17世紀にはルーマニア産の石油が灯油用に用いられており、品質の点で他の油より良いとされていた。

　機械掘りの油井の出現が、原油生産にとって画期的であった。ドレークが1859年8月に米国ペンシルベニア州タイタスビルの近くのオイル・クリークで

採掘を始めたのが世界最初と言われる。1863年、ロックフェラー（John D. Rockefeller）がオハイオ州クリーブランド（Cleveland, OH）で石油精製業に乗り出し、1870年、スタンダード石油社を設立した。同社は、事業統合を重ね、1884年には、アメリカ合衆国全体の石油精製能力の77%、石油販売シェアは80～85%に達した。しかし、あまりに巨大化したスタンダード石油社に対し、世論の反発が起き、1890年に成立したシャーマン反トラスト法により、同社は解体された。ただし、完全に消滅したわけではなく、分割されただけである。スタンダード石油社が前身となって、現在のエクソンモービル社、シェブロン社などが生まれた。

第二次世界大戦までの石油利用：
　19世紀から20世紀半ばにかけて、生産だけでなく、消費側にも石油普及を促す技術革新が続いた。内燃機関の開発・利用である。19世紀末の自動車の商業実用化、20世紀初めの飛行機の発明は、ガソリンエンジンと切り離しては考えられない。船舶でも重油を汽缶（ボイラー）用燃料にするようになった。

　石油（原油）自体は殊更珍しいものでなかったものの、大量生産できる油田は少なく、原油産地は地理的に偏在し、発見が困難であった。一方、戦車、軍用機、軍艦などの燃料でもあったことから、20世紀半ばから後半にかけて、石油は戦略資源となり、第二次世界大戦勃発の原因となった。

第二次世界大戦後の石油利用：
　第二次大戦後、石油の新たな用途として、既に戦前に登場した化学繊維やプラスチックが多くの工業製品の素材として利用されるようになった。また、発電所の燃料としても石油が利用され始めた。

　戦後しばらくして、中東で大規模な油田が発見された。中東は優れた油田が多いだけでなく、人口が少なく現地消費量が限られているため、今日において

も世界最大の石油輸出地域となっている。

　石油（原油）の探査には、莫大な経費と高い技術が必要となるが、成功時の見返りもまた莫大である。必然的に石油産業では企業の巨大化が進んだ。独自に採掘する技術と資本を持たない国では、巨大資本を持った欧米の少数の石油会社に独占採掘権を売り渡した。これによって、石油開発の集中化はさらに進み、石油メジャーと言われる巨大な多国籍企業が誕生した。石油の大量産出によって安価な石油はエネルギー源の主力となり、エネルギー革命と呼ばれるエネルギー源の変化により社会経済の大幅な変革が生まれた。

　1970年代に資源ナショナリズムが強まると、石油を国有化する国が相次いだ。1973年から1974年には、第四次中東戦争で石油輸出国機構（OPEC）がイスラエル支持国への石油輸出を削減したため、第一次オイルショックと原油価格高騰に基づく世界的な不況をもたらした。その後も、中東地域の政治的不安定や戦争の発生を契機にオイルショックが発生し、今では後述する「ピーク・オイル」の発生にともなう原油価格高騰の時代が続いている。

　ここ暫くはなお、石油文明の時代である。石油は安価な燃料としてのみならず、石油製品は構造材や薬剤として我々の生活を支える一方、結果的に多様な環境汚染化学物質を派生する原物質でもある。化石燃料の中にあって、石油は、天然ガス・石炭とともに地球温暖化物質である炭酸ガスを副産物として派生する。今日（2007年）のところ、石油供給は在来通り安定しており、供給の展望が特に暗いという訳ではない。しかし、その年間生産量が間もなくピークを迎え、世界の経済・社会を一変させることが懸念されている。

　本書では、第2章以下で、20世紀末より21世紀の前半に焦点を当て、石油を巡る世界の政治・経済の激動と将来をテーマとしてとりあげる。

OPEC（石油輸出国機構）の台頭と挫折：

　第四次中東戦争勃発を機に、アラビア湾岸の石油輸出国の主導するイスラエル支援国に対する禁輸政策に端を発した1973年の第一次オイルショック（石油危機）をかわきりに、その後1978年、イラン革命に端を発した1979年、第二次オイルショック、湾岸戦争（Gulf War）時の1990年の「石油禁輸出（embargo）」に伴う第三次オイルショックを経験し、世界は先進工業国の文明が如何に石油に依存しているかを再認識することとなった。カルテル組織である「石油輸出国機構（Organization of Petroleum Exporting Countries）」（OPECメンバー国：アルジェリア、イラン、イラク、サウジアラビア、クウェート、ベネズエラ、カタール、インドネシア、リビア、アラブ首長国連邦、ナイジェリア、エクアドル、ガボン13カ国、2000年現在は脱退したエクアドル、ガボンを除く11カ国）のうち、湾岸5カ国の禁輸により、1973年原油価格は約3倍となり、さらに1979年、イランの政変を機にさらに倍増し、世界経済は不況に陥った。これの原因は、OPECが市場の36％を支配する事態が発生したためであって、当時、多くの人々が懸念した石油資源の枯渇が原因ではなかった。事実、1980年代に入り、需要が弛み、アラスカや北海よりの新規原油が市場参入で明らかになったように、新しい石油資源の開発が成功すれば、OPECの一方的主導で石油供給や価格が決まるものでもないことが分った。1980年代後半より1990年代末までの間、OPECによる経済的締め付けは弛み、ショック時の価格は崩壊し、原油価格の下落退潮が続いた。この間、1990年8月には「湾岸戦争」が勃発し、イラク、クウェートからの輸出が停止したが、サウジアラビアなどが需給安定のために供給補填したため、大事に至らなかった。

　現在（2007年）、第一次石油危機発生より30年以上を経過した。この間、石油資源の枯渇が遠からず起こるならば、現代文明の崩壊につながるとの懸念のもとに、石油に替わる新エネルギーの開発とエネルギー利用効率向上・省エネルギー促進の努力が払われてきた。しかし、原子力であれ、再生可能型新エネルギーであれ、開発・利用には数十年という長期間が必要であり、省エネルギー技術開発

もまた技術的・経済的に容易でないことも明らかとなった。一方、途上国での人口増加と経済発展にともない、世界的にエネルギー需要の増大が続いている。

2．4　原油確認可採埋蔵量・生産量
2．4．1　原油確認可採埋蔵量

英国石油（BP）会社が2006年に発表した2005年末時点での世界の原油確認可採埋蔵量（経済的、技術的に十分な確率で採取が可能と考えられる原油の埋蔵量,単に埋蔵量とも言う）は1200.7Gboとなっている[2]。幸いなことに、この値はやや高めであるが、ほんの暫くの間であっても、一息つけるという印象を与えてくれたことはありがたい。年間生産量は、29.6Gboであるので、このレベルの生産は40.5年にわたり、維持可能ということになる。

図1に、地域別の原油埋蔵量を示す。これを見て分るように、中東地域の埋蔵量（742.7Gbo）が格段に多く、ロシアを含めた欧州・ユーラシア（140.5Gbo）の5倍を越えている。今後とも中東地域の石油が世界を支配し続けることにな

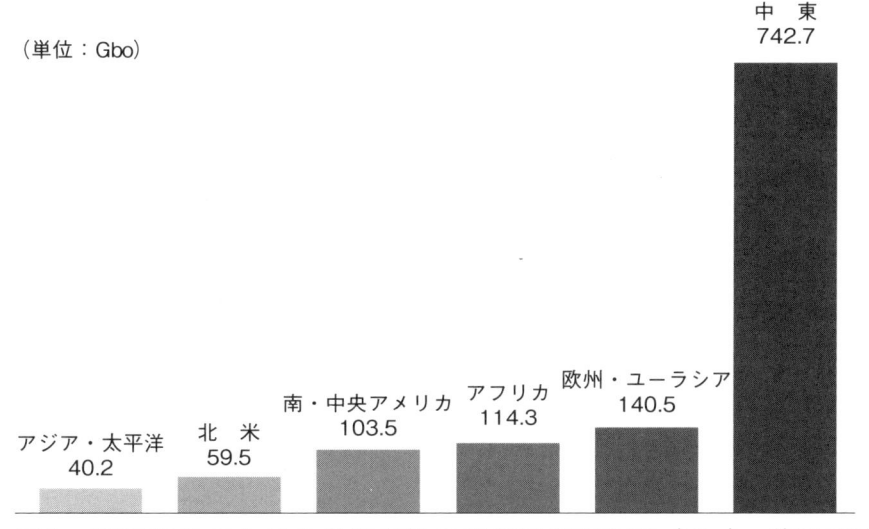

（単位：Gbo）

中 東　742.7
欧州・ユーラシア　140.5
アフリカ　114.3
南・中央アメリカ　103.5
北 米　59.5
アジア・太平洋　40.2

図1　2005年末における世界原油の確認可採埋蔵量（Gbo）：英国石油（BP）会社発行2006年版「世界のエネルギー統計概観（BP Statistical Review of World Energy 2006）」

ることは疑いない。しかし、もし、それにのみ依存した場合、現在の年間消費量（約30Gbo）より推測すると、その期間は25年程度に過ぎない。

2．4．2　世界の原油生産動向

図2に、世界原油の地域別歴年生産量（1980～2005年）を示す。2002～2004年の増加は2004～2005年において鈍化しつつある。2005年度原油生産は90万バレル/日増加したが、これはOPECの増産によるものである。ロシアの増産速度は鈍った。北海油田における、ノルウェーと英国の減産分はアンゴラ、ブラジル、中国の増産で賄われた。米国の生産も低下した。その原因には、2005年8月末、米国南部を襲ったハリケーン・カトリーナ（Katrina）およびリタ（Rita）による施設運転停止の影響が含まれる。[2]

以上に見られる最近の生産鈍化は、世界的に原油生産が"ピーク"を迎えつつある予兆であると見られる。

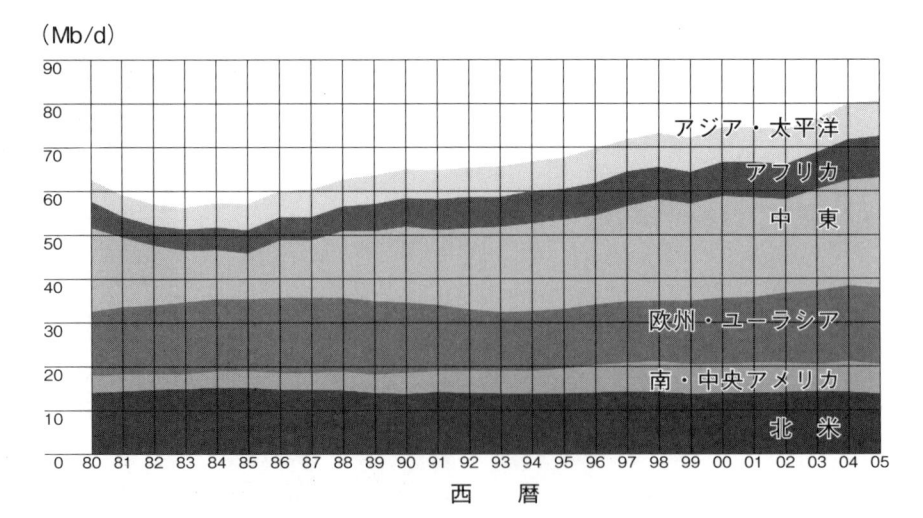

図2　世界原油の地域別歴年生産量（1980～2005年）（Mb/d）：英国石油（BP）会社発行2006年版「世界のエネルギー統計概観（BP Statistical Review of World Energy 2006）」

2．4．3　世界の原油消費動向

図3に、世界原油の地域別消費量（1980～2005年）を示す。世界における消費は2002～2003年に増加がみられたが、2004～2005年には鈍化した。2005年における世界の原油消費は100万バレル/日減量した。主要国である中国の消費は、2004年の100万バレル/日より20万バレル/日に鈍化した。大消費国である米国、ドイツ、インドでも消費は減少した。[2]

2．5　新規油田の探査・採掘の可能性

近年、新規油田発見低下の傾向には歯止めがかからず、新規発見量は増加していない。すなわち、今後の新規開発投資の効果は薄いとみられている。現在、未探査の地域は深海・極地等であるが、地質学的知見によると、新発見の期待性は薄く、ほとんど絶望的である（文献(3)、64～65．）。また、1990年代中期ないし後期以来、話題になっている中央アジア・カスピ海油田の資源量は、2010年まで産油増加が見込めるものの、全資源量はたかだか、北海油田規模の50Gbo

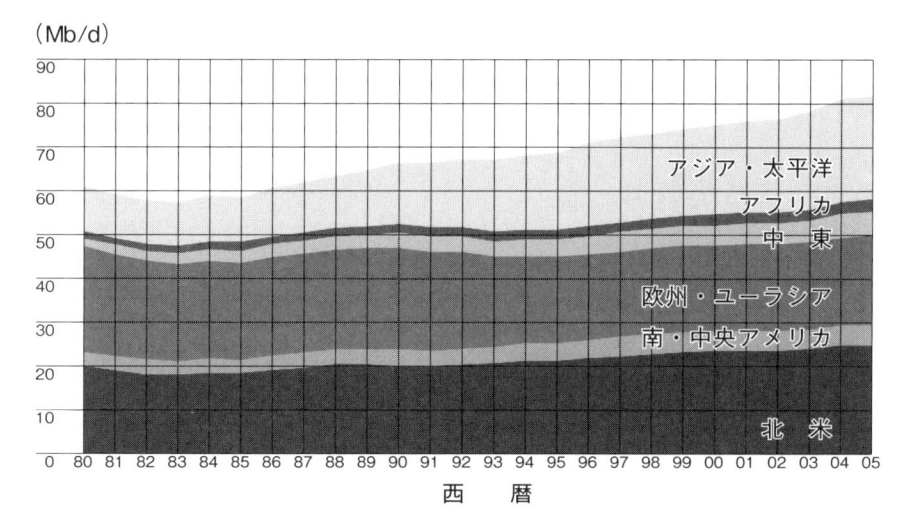

図3　世界原油の地域別消費量（1980～2005年）(Mb/d)：英国石油（BP）会社発行2006年版「世界のエネルギー統計概観（BP Statistical Review of World Energy 2006）」

程度であって、一時言われた規模、186Gbo（これはサウジアラビアの埋蔵量に匹敵する）は一桁大き過ぎることが判明した（文献(4)、1130）。また、日本に近いロシア樺太近海油井サハリン（Sakhalin）Ⅰ～Ⅵは大規模の天然ガスを埋蔵するが、原油のみでみると、一油井あたり、1Gbo程度であって、規模的にはさらに一桁小さい。[5]

　一方、エネルギー経済の専門家は、原油価格が上昇すると、シェール（油母頁岩）油等液状原油以外の石油に経済的価値が生れると主張する。たとえばベネズエラのオリノコ油田帯には1.2Tbo（兆（テラ）バレル原油換算）の重油を含むオイルシェールがある。また、カナダと旧ソ連には300Gbo相当の重油を含むオイルサンドとオイルシェールがある。しかし、遠い将来においてはともかく、差し当って石油企業にはこれら開発の資金的余裕はない。しかも、開発には法外な環境修復コストもかかる。したがって、一試算では、今後60年間に700Gboの産油にとどまるといわれる。しかし、近年、すでに原油高騰を見込んで、カナダ・アルバータ州ではオイルサンドの試掘技術開発が続いている。[6]

Ⅲ．天然ガスの基礎知識

3．1　天然ガスとは
　「天然ガス（Natural Gas）」は、天然に産する有機性ガスで石炭、石油と並ぶ化石燃料の一つである。

　天然ガスの主成分はメタンである。さらにエタン、プロパン、ブタンなどが含まれる。その他の成分は産地によって異なるが、水分、二酸化炭素、硫化水素などの不純物が含まれている。自動車燃料、火力発電所などの燃料や工業製品の原料として利用され、燃焼したときの二酸化炭素排出量は石油より少ない。10～15m^{3}の天然ガスから１リットル程度のガソリンが採取できるガスを「湿性ガス（wet gas）」、そうでないガスを「乾性ガス（dry gas）」と呼び区別される。

身近なものでは、都市ガス12Aや13Aと名づけられたものがある。

　一般的に、「石油（Petroleum）」と呼ばれているものは、天然に産出する炭化水素類の混合体であって、そのうち液体を「原油」、気体を「天然ガス」、固体を「アスファルト」と呼んでおり、普通の理解より幅広い要素を含んでいる。原油と共に、天然ガスが噴出することが多い。炭化水素を主とするものには、「油田ガス（oil field gas：石油鉱床中に含まれる気体炭化水素）」「炭田ガス（coal field gas：石炭から熱分解により発生したメタンを主成分とする）」「水溶性天然ガス（natural gas dissolved in water：有機物がバクテリアにより分解されて発生したメタン）」「地球深層ガス（deep earth gas：地球深部で炭素と水素が直接反応して生成したもの）」がある。ここで、"天然ガス"と呼ぶものは、事実上油田ガスであるが、最近は"メタンハイドレード"も注目を集めている。[7]

3．2　天然ガスの資源性

　"天然ガス（メタン主成分）"は"原油"に比べ、硫黄分や一酸化炭素など公害物質の排出が少なく、カロリーあたりの炭酸ガス放出も少ないという意味でクリーンである。また、資源的には偏在しているものの、世界中に広く分布している。その埋蔵量は、原油と同規模の相当量（約1,000Gboe）であり、豊富である。したがって、世界的に見られる、今後の原油枯渇化傾向と、地球環境保全志向からして、天然ガスへの転換シフトが顕著である。しかし、現在の石油文明とは異なる技術も必要であり、開発にコストを伴う。たとえば、輸送にはパイプラインが使われることが多いので需要が大きくなっても供給が間に合わなかったり、政情が不安定になったときの供給保証の問題がある。そこで、天然ガスを化学的に転換し、代替石油として、液化することが進んでいる。この天然ガスは、「ガス・ツー・リキッド（Gas to Liquids：GTL）」と呼ばれる。

　天然ガスの一部は液化天然ガス（LNG、－162℃）の形で輸送・貯蔵・再ガス化後、利用される。2005年におけるわが国への輸入量は世界のLNG貿易量

の約43％を占め、5,600万トンである。日本のLNG消費は電力・都市ガス用がほとんどで、1997年度で98％に達しており、発電（69％）、都市ガス（30％）として利用され、すでに身近な存在である。[8]

さらに、天然ガスは「メタンハイドレード（メタンの分子を20個ほどの水分子が包み込んだ結晶構造のシャーベット状水和化合物）」として、メタンと水が低温高圧条件で生成する。特徴は世界各地の沿岸に広く分布していることである。日本近海では、我国の天然ガス消費量の130年分、8.7Gtoe（原油87億トン分）のメタンハイドレードが賦存している。しかし、これは海底の比較的浅いところにあるため、圧力が弱く、ガス田のように自噴しない。そのために在来天然ガスの約200倍の採掘コストがかかるといわれており、わが国では、このコストを下げる技術開発が平成13年度から経済産業省で始められている。一方、LNGの代わりに、常圧でも冷蔵庫ほどの簡単な設備で安定な状態のメタンハイドレードにして輸入・貯蔵することが可能である。LNGの場合は、液化設備や特殊なタンカーで数千億円規模の設備が必要であるが、この場合はその必要がなく、25％ぐらい安く輸入できると言われる。[9]

天然ガスの輸送方法と貿易

たとえ天然ガスの全地球上の賦存が巨大であるとしても、ふつうガス田の多くはエネルギー需要地から遠隔地にある場合が多いため、原油の場合同様、需要地までの長距離輸送が必要になる。ところが、天然ガスは、原油にくらべ単位体積当たりのエネルギー密度が小さいので、パイプライン輸送では、約4倍の輸送費がかかる。そこで、孤立遊離状況にある天然ガスは、冷却されて液体に圧縮され、液化天然ガス（LNG）として、タンカーによって出荷される。

以上、天然ガスの輸送方法には大別して2つある。1つがパイプラインによる気体での輸送で、1930年代頃からアメリカ国内で行われている。もう一つがタンカー輸送である。天然ガスの国際貿易は、これらパイプラインによる直接

輸送と、液化天然ガス（LNG）のタンカー輸送の2つの輸送モードにより行われている。パイプライン輸送モードの貿易量は輸出国としてのロシアならびにノルウエーから、ヨーロッパ諸国への輸出が大部分を占めている。輸入国として代表的な国は、フランス、ドイツ、イタリアである。さらに、現在で北アフリカから南欧への天然ガス輸送や、カナダからアメリカへの輸出も規模が大きく、見逃せない。

　一方、LNGタンカーによる輸送モードの天然ガス貿易量は、主として、中東、オーストラリア、東南アジア（インドネシア、マレーシア、ブルネイ）から、日本、韓国、台湾に輸出に多用されている。あいにくLNGは扱いづらく、必要な転換設備は大型かつ複雑であり、石油に較べ応需が制限されてきた。しかし、かりに、天然ガスを常温常圧で液状に転換できる安価な技術が開発されれば事情が変わる。その場合、天然ガスが原油同様パイプ輸送が可能になり、市場に安価に供給できる。[10]

　従って、原油生産が漸減しはじめると予想される2007、2008年頃に、天然ガス由来の液体燃料の生産が全体的に増加することが期待される。すでに、1990年代末より米国カリフォルニア州では、多くの自動車運転者が意識することがないまま利用が始まり、環境浄化に協力する傾向にある。運転者のほとんどは、ガソリンスタンドでディーゼル車の燃料補給時、特別な燃料を給油していることに気づいていない。しかし、天然ガスから作られたこの特製ディーゼル油は、既にカリフォルニア州で販売中であり、アメリカの石油代替政策に寄与し始めている。その排気ガス中には、有害な汚染物質硫黄・窒素・および重金属物質が非常に少ない。天然ガスから合成ディーゼル油（たとえば、インドネシアで、シェル社により商業生産されている）と普通のディーゼル油の混合油が、「カリフォルニア州大気資源局（California Air Resources Board＝CARB）」の世界で最も厳しい「1990年排出規制基準（Zero Emission Vehicle＝ZEV：カリフォルニア州で自動車を販売する場合、電気自動車などの低公害車・無公害車にするこ

とを義務づける法律）で、2001年までに 5 ％、2010年までに10％導入の義務付）を満たしている。[11]

わが国でも平成13年度より、政府の資源開発政策の見直しに伴い、天然ガス開発に力を入れる方針にあわせ、旧「石油公団」では、天然ガスを灯油や軽油に転換する「GTL（gas to liquids）」技術開発プロジェクトを進めた。これは、天然ガスを常温で液体のまま、運べる石油代替製品に転換することにより、LNGにして運ぶには採算の合わないような中小ガス田での実用化を目的としている。

3．3　エネルギー資源としての天然ガス

2005年末現在、世界の天然ガスの確認可採埋蔵量は約179.8兆立方メートル（6,348兆立方フィート）といわれており、産出国別には旧ソ連が一番多く、イラン、カタールなどがそれに続く。今後採鉱が盛んになることで、確認可採埋蔵量の増加が期待されている。[2]

天然ガスは、ガス田で生産されるか、油田において"原油随伴ガス"として副産される。深海底に存在するメタンハイドレードは、まだ採掘技術が確立されていないため、現時点では未利用資源の範疇にとどまっている。

因みに、LNG船の海難事故は極めて少なく、幸いなことに、大規模なガス爆発やガス漏洩を含む環境破壊事故は一度も発生していない。

「LNGタンク搭載LNGタンカー」（日本版Wikipedia［天然ガス］より引用）

液化天然ガス（LNG）：

　「液化天然ガス（LNG, *Liquefied Natural Gas*）」とは、天然ガスを−162℃に冷却し、液体にしたものである。LPG（*Liquefied Petroleum Gas*）と異なり常圧で液体である。体積は気体の1/600しかない。輸送・貯蔵を目的として液化される。

　LNGを利用するためには、ガス井、パイプライン、液化プラント、LNGタンカー、受け入れ設備、気化設備など、「LNGチェーン」と総称される一連の設備が必要である。

　LNGは、産地により、その成分は異なるが、主成分はメタンである。都市ガスや化学工業の原料、火力発電所の燃料などに利用される。LNGによるガス焚きの火力発電は各電力会社の主力となりつつあり、東京電力は東事業所の中核発電所である袖ヶ浦火力発電所に東京ガスと共同で、大型のLNG受け入れ施設を建設した。その主要な設備は三菱重工が建設した巨大な地下式断熱LNGタンクである。また副次的に冷熱を利用した業務用冷凍庫が存在する。しかし、ごく最近、タンカー船内でLNGを気体に戻し、洋上のブイで海底パイプラインにより、直接発電所や工場に供給できる新型LNG船を商船三井とノルウェー企業が開発した。この場合は、洋上の施設建設が軽減されるメリットがある。

　天然ガスを液化する際には、前段として脱硫・脱水等を行うため、LNGを燃料として燃焼させる際、硫黄酸化物の排出が皆無であるという利点は基本的に有利な特長といえる。

　また、その他の特徴として、揮発性が高く常温では急速に蒸発し、空気よりも軽いので大気中に拡散することが挙げられる。この点、常温では空気より重く、低い場所に滞留しやすいプロパンやブタンガスに比べて安全性が高い。しかし、主成分であるメタンの地球温暖化に寄与する温室効果が、CO_2の200倍と格段に高いため、大気への放出は是非避ける必要がある。

圧縮天然ガス（CNG）：

「圧縮天然ガス（CNG, *Compressed Natural Gas*）」とは、高い気圧で圧縮された天然ガスのことである。CNGは近年環境に優しい自動車の燃料として注目を浴び、タクシーなどで利用されている。

3．4　天然ガス確認可採埋蔵量・生産量
3．4．1　天然ガス確認可採埋蔵量

2005年末時点の世界の確認可採埋蔵量（単に埋蔵量とも言う）は、約180兆立方米（6,348兆立方フィート）である。天然ガスの確認可採埋蔵量の桁違いに大きな国は、ロシア（26.6％）とイラン（14.9％）であり、旧ソ連（33％）と中東諸国（40％）に偏在している。[2]

全世界の天然ガス確認可採埋蔵量は、2006年末現在、エネルギー量での原油換算では約1,100Gboeであり、現在の原油確認可採埋蔵量とほぼ同レベルである。しかし、両者の特性は大幅に相違するので、意味合いは異なっている。（なお、各地域、各国の天然ガス関連データ予測の詳細については、第3章の評価モデル計算結果を参照のこと。）

図4に、地域別の確認可採埋蔵量を示す。これを見て分るように、中東地域の確認可採埋蔵量が最大であるが、欧州・ユーラシアと互角の状況である。[2]

3．4．2　世界の天然ガス生産動向

米国の天然ガス生産は、1995年以来ほぼ5,200〜5,600億立方米で安定していたが、2005年現在、5,260億立方米で、前年比2.3％の減少である。欧州では2000年以来、オランダと英国での衰退が著しく、2005年には前年比マイナス8％にも及んでいる。これは、北海油田が枯渇に近づいているためと考えられる。一方、旧ソ連は、1971〜1990年までは約270億立方米/年で増大したあと、ソ連崩壊とともに、経済的混乱のため生産は1991年一時ピークを打った。しか

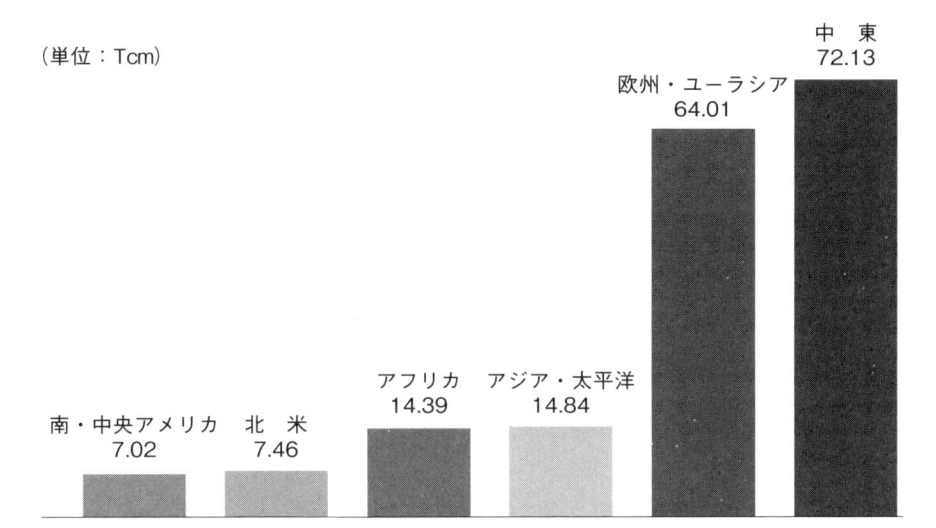

図4 世界天然ガスの地域別確認可採埋蔵量（Tcm：兆立方米）：英国石油（BP）会社発行2006年版「世界のエネルギー統計概観（BP Statistical Review of World Energy 2006）」

（単位：Tcm）

- 南・中央アメリカ 7.02
- 北米 7.46
- アフリカ 14.39
- アジア・太平洋 14.84
- 欧州・ユーラシア 64.01
- 中東 72.13

し、2005年現在、ロシアの生産は5,980億立方米に達するとともに、1.5%/年で増加し、自国の経済開発用輸出に向けている。

図5に示すように、世界の天然ガスの生産の伸び率は過去10年間ほぼ一定であった。しかし、2005年のハリケーン・カトリーナ（Katrina）とリタ（Rita）の影響で北米での生産は低下した。中国は世界最大の生産増大し、LNGの生産を再開したエジプトでは29％生産増大が見られる。[2]

1999年時点で、天然ガス生産の代表的な国は、米国（541.6Bcm、シェア23.2％）、ロシア（551.0Bcm、シェア23.0％）であったが、2005年時点では、米国（525.7Bcm、シェア19.0％）、ロシア（598.0Bcm、シェア25.4％）になった。米国では自国内消費が大きいが、ロシアを含め、他の生産国では輸出用が多い。[02]（天然ガス生産予測の詳細データについては、第3章を参照のこと。）

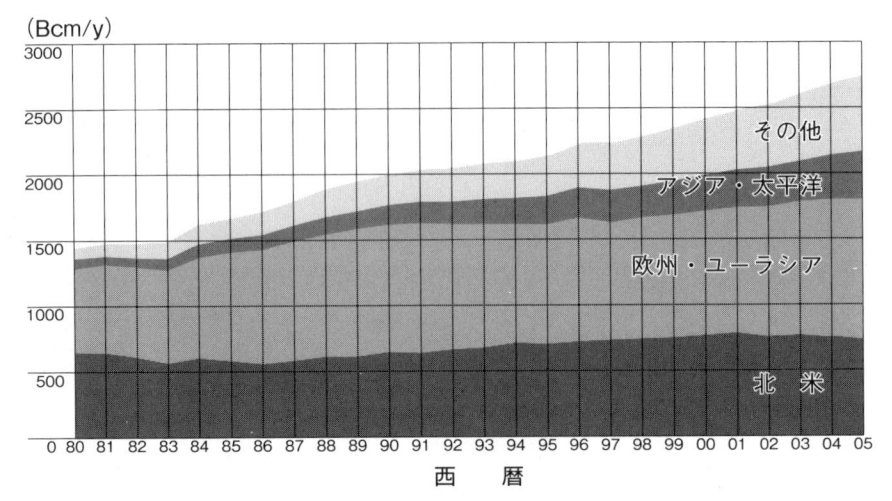

図5 世界天然ガスの歴年生産量（Bcm/y 10億立方米/年）：英国石油（BP）会社発行2006年版「世界のエネルギー統計概観（BP Statistical Review of World Energy 2006）」

3．4．3　世界の天然ガス消費動向

　天然ガスの利用には石油に較べると、パイプラインや低温液化など複雑な技術システムが必要で、大規模利用が始まってからまだ歴史は浅い。中でも、北米ではパイプライン網が整備されており、一貫して約5,000～7,000億立方米/年で利用されており、世界に先駆け、利用技術が確立している。各国での天然ガスの消費割合は、旧ソ連で約50％で、米国は27％、欧州連合21％であるが、日本では11％に過ぎない。日本における天然ガスの広範囲な利用は今後の課題である。[12]

　図6より分るように、2005年度北米を除き世界的に、天然ガス消費は増大した。アジア太平洋地域では特段の増加がみられた（7.8％）ものの、世界全体の増加率は過去10カ年の平均値（2.3％/年）に近いものであった。中国の増加率は20.8％/年であった。エネルギー資源に乏しい南欧での消費増加（イタリア、7.7％、スペイン、18.2％）にも堅調なものがあった。[2]

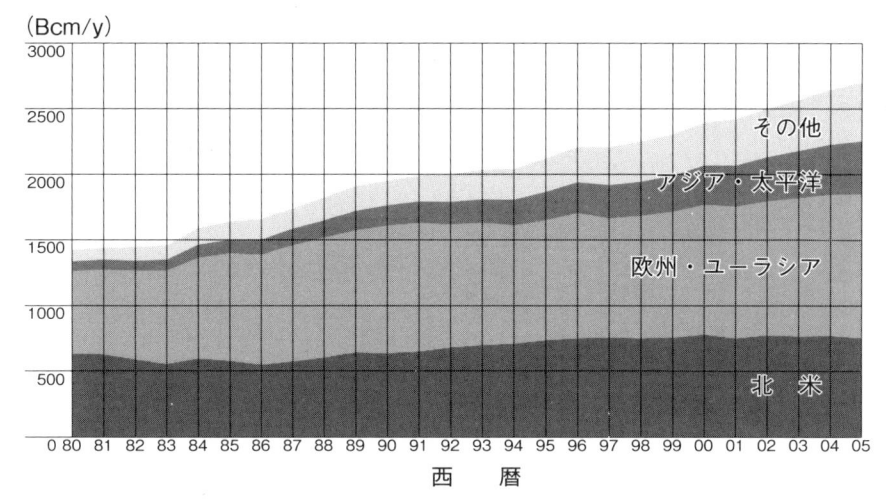

図6 世界天然ガスの歴年消費量（Bcm/y 10億立方米/年）：英国石油（BP）会社発行2006年版「世界のエネルギー統計概観（BP Statistical Review of World Energy 2006）」

3．5．　天然ガスの新規探査・採掘技術の進歩の見通し
3．5．1　新規ガス田の探査・採掘の可能性

　原油の場合と同様に、天然ガスの探鉱・開発は米国で最も進んでいるが、原油にくらべると、世界的には遅れている。今後、米国並に世界の天然ガス開発が行われれば、大幅な埋蔵量増加が見込まれる。[13]（天然ガスの埋蔵量評価については、第3章を参照のこと。）

　一例として、現在、日本に近いロシア樺太近海油井サハリンⅠ～Ⅵは大規模の天然ガスを埋蔵するが、天然ガス埋蔵量は全体で1,300Bcm（10億立方米）で米国の埋蔵量4,650Bcmの28％であり、ロシア、米国、日本、韓国などの共同開発が進んでいる。[5] 1991年5月末時点で、サハリンⅡプロジェクトで、国際石油資本ロイヤル・ダッチ・シェル社、三井物産、三菱商事の作るサハリンエナジー社が共同開発するロシア・サハリン沖の油田から日本向けに同年6月65万バレルが船積みされる予定がきまった。2006年以降、同社はサハリンⅡプ

ロジェクトのピルトン・アストフスコエ鉱区（Piltun-Astokhskoye）からの天然ガス生産を目指し、また米エクソンモービル社の石油資源開発、伊藤忠商事などが、同鉱区南側に位置するサハリンIプロジェクトからの原油、天然ガスの生産を目指している。これらはともに、推定埋蔵量は石油が日本の年間需要の約1年分、天然ガスが約6年分と膨大で、将来性が期待されている。[14]

3．5．2　新しい液化天然ガス生産技術

　天然ガスを化学的に転換（合成）して液体燃料にする新技術により、遠からず液化合成天然ガスが石油と同程度の価格で自動車など移動体燃料として利用されるようになる。この合成液体燃料が既存の自動車燃料として、ガソリンとディーゼル油を代替する可能性がある。多くの場合、原油生産者も「付随ガス（flare gas）」を原料として、液体燃料のみならず、化学薬品を製造販売し、貴重な利益が得られる可能性がある。

　現状、世界油田の油井より原油と同時に放出する随伴ガスの多くは、ほとんどその価値が認められず、現地で燃焼されるか、油田に再注入されている。アラスカだけでも、製油会社は地球温暖化ガスである二酸化炭素とメタンの大気放出を避けるために、約2億立方米（約70億立方フィート）の天然ガスのほとんど大部分をポンプで地中に再注入している。しかし、最近の技術進歩により、いくつかの製油会社がアラスカ・パイプラインを利用して、経済的に輸送できる天然ガス液化プラントの建設計画を立案した。アラビア半島では、カタールが世界のガス確認可採埋蔵量の1割を占める莫大な洋上のガス田を利用するガス液化プラント建造に向けて、石油化学会社3社との協議が進んでいる。

Ⅳ．各種化石燃料と水素燃料の特性比較

　各種化石燃料と水素について、燃料性能および環境保全性の特徴を表5に比較する[15]。

第1章　エネルギー・石油・天然ガス　　41

表5　化石燃料の特性比較

	石炭（一般炭）	石油	天然ガス	水素
発熱量［kcal/kg］	7,000	10,890	12,800	23,850
H／C比［atom/atom］	0.93	1.77	3.93	
CO_2発生量［g/kcal］	0.408	0.286	0.212	0.0
対石油CO_2発生量比	1.43	1.0	0.74	0.0

出典：文献(15)

　表5より、同じエネルギーを得るときに発生する地球温暖化物質CO_2は、石炭では石油の約1.4倍、天然ガスでは石油の0.7倍となっている。したがって、地球温暖化防止の観点のみからでも、天然ガスの利用が有利であることがわかる。なお、参考までにあげた水素は一次エネルギーより生産される二次エネルギーであって、水の電気分解、化石燃料の改質（熱分解など）、原子力利用による化学反応などによって得られるが、最もクリーンな製造方法はソーラーエネルギー利用によるものである。しかし、現在のところ経済性が十分ではない。

　そこで、先ず石炭・石油から天然ガスへの移行が考えられるところであるが、製品が最終的に燃焼される限り、炭素は全て二酸化炭素として大気中に放出されるので、二酸化炭素の低減に寄与しない。さらに水素利用を考える場合、軽質化に必要なエネルギー分だけ二酸化炭素排出はふえる。したがって、水素燃料による温暖化防止策に意味があるのは、太陽エネルギーや原子力エネルギーを利用して水素を製造する場合に限られる。

　環境影響を評価する際、単純に燃焼に伴う炭酸ガス発生量だけで比較はできない。すなわち、天然ガスの温室効果は炭酸ガスに比べて一桁大きく、ごく僅かもれる場合でも無視できない。ある試算（Dean E. Abrahamson、ミネソタ大名誉教授による）では産出、輸送過程で主成分のメタンは約0.7％漏出し、さらに最終消費段階までに1〜3％の漏れがある。温室効果寄与度が石油より低く抑えられるのは漏出の合計が2.6％以下の場合である。したがって、漏洩抑

制技術が確立されない限り、天然ガスが石油にくらべ環境保全上有利であるとは言えない。この点は注意が必要である。

1993年米国の公害原物質排出規制を受けて、自動車燃料の組成調整により、有害な排気がある程度低下した。これは、「調整ディーゼル油（reformulated diesel oil)」である。これに比べ、「フィッシャー・トロプシュ（Fischer-Tropsch）合成法」を使った「天然ガス液化燃料」は、在来ディーゼル油に較べ、排気が格段に少なく、有利な条件となる。図7に既存のディーゼル油と比較した排気量比を示す。[9]

技術開発によりクリーンな石油代替液体燃料が提供できるようになったので、たとえ技術の改善が限られていても、天然ガスから製造される特色ある石油代替液体燃料のうち、経済性のある燃料利用が今後数年で幅広く伸びるであろう。そして在来石油から精製されたより環境汚染度の高い製品をこの燃料で希釈す

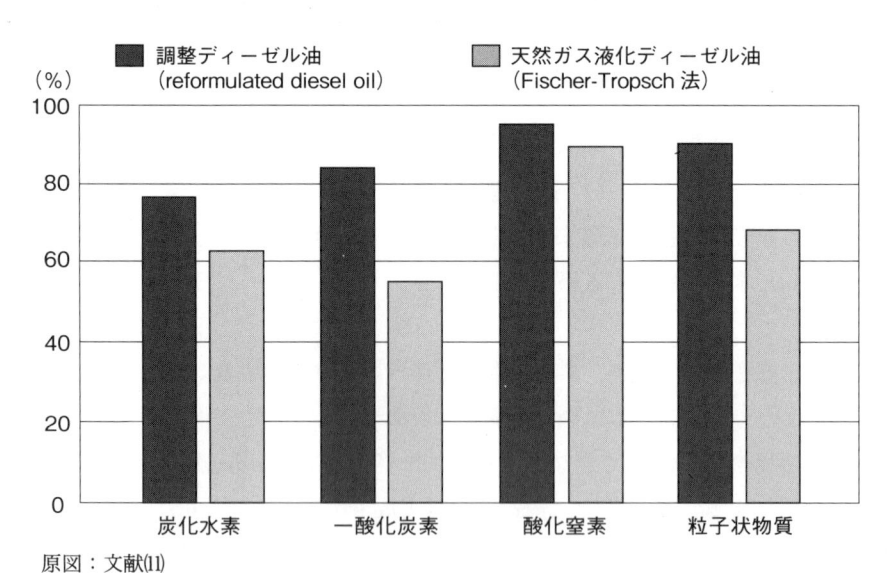

原図：文献(11)

図7　ディーゼル車からの有害排気物質（在来ディーゼル油比較、％）

る方式により、今後、ますます厳しくなる環境基準が満たせるようになる。そのとき、人々は天然ガスの利用が台所での料理以外にもあると認識するようになり、新しい燃料の社会への浸透が始まると考えられる。[10]

　最終需要における技術進歩も極めて著しい。また、水素と酸素を燃料とする「燃料電池」が最もエネルギー効率が高い。代表的な利用は燃料自動車である。水素の入手法は多岐にわたるが、燃料スタンドのことを考えると、さしあたり天然ガスより可搬性のあるメタノールをつくり、さらに水素に転換し、燃料とする方法が有利である。ダイムラークライスラー社では、累計20億マルク（1999年時点、1,400億円）を投じ、米国フォード・モーターと提携し、開発している。彼等は、先ず欧州でメタノール燃料電池バスを開発後、乗用車を開発する予定である。[06] 2006年の原油高騰を受けて、現在ブラジルを中心にバイオエタノール車（FLEX車：燃料の選択にフレキシビリティーのある車）の開発・利用も進んでいる。

V．枯渇に向う原油・天然ガス時代の経済

　本書の第2・3章で述べるように、かりに、世界の原油生産が2007年にピークを打ち、また、天然ガス生産は2019年にピークを迎えるとすると、次期の石油危機は疑いもなく本物で、2010年を待たずして、石油需給は逼迫し、2020年にも天然ガス需給は逼迫する。時間的余裕は、今後、10年あまりに過ぎない、この短期間にとれる、有効な代替エネルギー開発は限られる。基本的には、第9章で述べるような、非石油・ガス燃料に向けた"省エネルギー社会システム"への移行、再生可能自然エネルギー開発・利用促進、効率向上などが残される。以下、現在すでに進みつつある効率向上の技術開発と自然資源を資本とみなす新しい資本主義理念を紹介する。

(1) 天然ガス／新エネルギー経済への推移

　天然ガスは地球上各地域で豊富で、石炭・石油に比べ環境保全的であり、埋蔵量も原油と同じ程度ある。今日では、コンバインドサイクル（複数のガスタービンと発生する排ガスをボイラーで熱回収し蒸気タービンで発電する方式で熱効率が50％以上の高いエネルギー効率システム）の天然ガス火力発電所が最新型発電所である。しかし、米国では大型発電所の建設はあまり伸びず、需要地における局所的供給方式「熱電併給（コージェネレション）」で置き換えられ始めている。これは暖房・給湯用熱供給と同時に10～50％も安価に自家発電の電力を同時に供給できるためである。[17]

　一例として、米国ニューヨーク州ホワイトプレインズ（White Plains）のトライゲン・エネルギー（Trigen Energy Corporation）社は多数の高効率熱電併給システムの運営を全国的に営業している。米国オクラホマ州タルサ（Tulsa）とペンシルベニア州フィラデルフィア（Philadelphia）に大規模なプラントがある。タルサでは政府機関・ホテル・住宅・オフィスを含む31棟のビルに地域冷暖房を提供している。このシステムは89％の変換効率、年あたり燃料費66万ドルの節約と1.6万トン以上の二酸化炭素削減を達成した。[18]

　さらに、90％以上のシステム効率によってヨーロッパで最も成長著しいエネルギー源として、風力やソーラーなど、再生可能燃料がますます競争力をつけており2050年までに世界の全エネルギーの半分を占める可能性が高い。[19]

(2) 超高効率の技術開発

　最終需要における技術進歩は極めて著しい。「超軽量ハイブリッド自動車（ハイパーカー：www.hypercar.com）」は、性能を犠牲にせず、しかも経済競争力をもつ企業の参加が見込める数10億ドル規模の産業として市場性がある。これにより、今日のOPECより供給される石油の大部分が節約される。また、水素を燃料とする"燃料電池"は最も熱効率が高い。さらに、現在すでに、石油、

石炭、原子力の一部を水力、天然ガス、ソーラー発電、バイオマスに代替可能な技術レベルにあり、経済的にも有利に置き換えられる時代に入った。

今後、原油生産が縮小するなら、原油価格は上昇するので、これらの選択肢採用が加速するであろう。事実、これら石油代替技術の多くが今日すでに競争力を持ちつつある。最終需要の他にも、効率の高い優れたサービス提供性、再生可能エネルギーと燃料電池の持つ分散性の長所などが評価されれば、益々利用が促進されるであろう。[17]

(3) 新しい資本主義経済

いずれにせよ、石油代替エネルギーの開発が必須であり、中でも再生可能自然エネルギー利用やITを活用した細やかな省エネルギー技術の活用などが文字通り重要である。

エモリー・ロビンス（Amory B. Lobins）等は次のように述べている：

「重要なことは、1988年、バレル約13ドルの時、最終需要熱効率の向上努力があれば、米国の石油消費の80％が節約されたであろう。しかし、これら省エネルギー技術の大部分が市場で不利なままに置かれ、「市場の失敗」の好例となった。現在では時代が変わり、各々の障壁が取り払われれば、ビジネスチャンスが生れると考えられるようになった。すなわち、革新技術と障壁破壊の結果、条件によっては、安値の石油でさえ競争力が失われつつある。今後、原油が高騰すればなおさら、石油利用の魅力さえ失われるであろう。地球環境保全の観点からみると、かつてのウランはもとより、また石炭ではなお更のこと、石油でさえ、もはや生産価値のある燃料とは言えなくなった。しかし、この「豊饒の角（ギリシャ神話のゼウス神に授乳した"ヤギ（Amalthaea）"の"角（Cornucopia）"が花、果物、穀物を豊かに産する）」の点火は電動スイッチによる自動起動ではない。かっての我々が経験したように、手でクランクを回さなければならないという特徴がある。しかし、最先端企業の中には、既に将来

を見越して、これを経営慣行とし始めた企業も少なくない。」[20]

　今後起るであろうことは、原油価格が高騰を続けるので、それを抑えるべく、"天然ガス経済"さらに、石炭・バイオマスを含む石油代替燃料の導入への転換であると考えられる。しかし、21世紀において、石油を当てにできない経済が前提になるとすると、それ以上に大切なことは、国際経済や社会システムの認識の大幅な変更と新しい戦略の採用である。エネルギー危機意識を伴う厳しい経済社会にあって、企業体であれ、個人であれ、地球の未来を守る責任感とそれをみたす貢献への参加を日常生活や職業生活のなかで具体的に実践し、率先して協力する意思ではなかろうか。あらゆる他のシステムと同様、地球システムもそれを具体的に支える必死の力を発揮するような"国際協力"がなければ自立できない。

　以下、第2章で詳細に述べるが、ここで結論として言えることは、原油生産のピーク予測に、10年内外の違いはあるものの、今日すでに、安価な石油を燃料とする文明の終焉がすでに目に見えており、石油文明から天然ガス文明へ、さらにバイオマス、自然エネルギーを含むソーラー文明への移行期にある。できるだけ石油を使わないで、世界を安定化する技術と経済の開発に着手すべき時がきたといえ、それには逞しい構想力と、その実践力が求められる。

文献

(1) 松井賢一、新エネルギーデータの読み方使い方、16-17、45、電力新報社、1994.
(2) P Statistical Review of World Energy 2006.
(3) The End of Cheap Oil, Colin J. Campbell and Jean H. Laherrere: Scientific American, March 1998, 6065.
(4) Richard A. Kerr（The Next Oil Crisis Looms Largeand Perhaps Close）, Science, 21 Aug., 1998, 1128-1131.
(5) Dinty Miller et al. Sakhalin Oil and Gas Status and Prospect, Oct., 1998, http://russia.shaps.hawaii.edu/energy/sakhalinog981001.html）
(6) Richard L. George, Scientific American, March 1998, 67.
(7) 茅陽一他編：天然ガス、地球環境工学ハンドブック、オーム社、192-193、1993.

(8) 小山茂樹、石油は何時なくなるのか、時事通信社、1998、243.
(9) メタンハイドレード：採掘コスト課題　輸送・貯蔵革新狙う、2001年3月4日「朝日」
(10) Safaa A. Fouda, Liquid Fuels from Natural Gas, Scientific American, March 1998, 74-77.
(11) 既出(10)、75.
(12) 既出(8)、221-222.
(13) 既出(8)、228.
(14) サハリン沖油田、日本向け石油初の輸出、2001年5月31日付、「朝日」
(15) 化石資源の消費に伴う二酸化炭素排出の抑制、天然ガスへの移行、茅陽一他編：天然ガス、地球環境工学ハンドブック、オーム社、1993、497-498.
(16) 燃料電池車熱意に濃淡、2001年4月6日付「朝日」
(17) Amory B. Lovins, Is Oil Running Out?, Science VOL.282, 2 October 1998, 48-49.
(18) J.J. Romm, Trigen Energy Corporation, Book of "Cool Companies", Island Press, 121-123, 1999.
(19) Shell International Petroleum Co., London, 1994.
(20) P. Hawken, A. B. Lovins, L. H. Lovins, Natural Capitalism, Little Brown, New York, 1999.

第2章

縮小する世界の原油生産

　'幽霊'が世界を彷徨っている−'石油飢饉'という'幽霊'である。世界の先進主要国は、この'幽霊'を追い出すために、国際エネルギー機関（IEA：International Energy Agency）をスタートさせたものの、その効果は限られていた。'幽霊'は、長年にわたり、世界中に彷徨い続けるおそれがある。失った支配力を回復するために、いま米国は経済戦争の時代に入った。この戦争の矛先は、OPEC産油国、非OPEC産油国、先進国世界である。

—Shaffer.（1983）

I．序論

1．1　緒言

　1998年3月、サイエンティフィック・アメリカン（Scientific American）誌に、エネルギーアナリストにとって衝撃的とも言える論文が発表された。著名な石油地質学者であり、元OECD／IEA評価担当顧問キャンベル（Colin J. Campbell）と石油探査技師のラエレール（Jean H. Laherrere）の論文、「安価な石油の終焉（The End of Cheap Oil）」[1]である。原油生産の将来に関する彼等の予測分析結果と、それに基づく暗い世界経済の将来見通しが、世界の注目を引いた。これを受けて、同年8月サイエンス（Science）誌に、カー（Richard A. Kerr）が、今後の原油生産に関する多くの専門家の見通しを対象に、論文「次期石油危機がぼんやりながら巨人のように現れ、近づいてくる（The Next Oil Crisis Looms Large and Perhaps Close）。」[2]と題して、"悲観論"と"楽観論"の双方の見解を分析・整理した。さらに、これらを受けて、サイエンス誌は、「石油は枯渇に向かっ

ているか？（Is Oil Running Out?）」[3]と題して特集を組んだ。

　2007年現在、それらから10年近くが経過した。この間、代表的なエネルギーアナリスト、ダンカン（Richard C. Duncan）が2000年に、論文「発見的手法による原油生産予測（Heuristic Oil Forecasting Method）[4]」で、ダンカン予測#4を、また、論文「原油生産と価格：OPEC意思決定の見通し（Crude Oil Production and Prices: A Look Ahead at OPEC Decision Making Process）[5]」で、ダンカン予測#5を発表した。

　本章では、原油可採埋蔵量（原油確認可採埋蔵量：高い確率で採取可能な原油の埋蔵量）に関する最新の認識を整理するとともに、最近、数次に及ぶ原油高騰をうけている原油需給について、今後の原油生産見通しを予測することにより、世界経済の向かう方向を分析する。

　キャンベル論文に対する評価については賛否が分かれた。一つには、彼等の経歴が地質学者として、また実績のあるコンサルタントとして、論文の論拠が十分に説得力があると見られたことである。他の地質専門学者もこれに賛同した。事実、旧ソ連、米国をはじめとする原油生産国での生産量は、彼等の予測に違わず、すでにピークの時点を過ぎていた。しかし、彼等の意見は世界経済の将来にとって暗く映り、"悲観論"と言われた。

　これに対する"楽観論"の意見では、キャンベル等の意見は予断に満ちたものであり、経済性や技術進歩といった原油生産条件の重要な諸要素や、代替エネルギー開発や、エネルギー消費と社会の関係といった技術と社会システムの多様な側面に触れていない点を突いた。それらを考慮すると、それほど心配する必要がないとするものであった。

　しかし、双方の論拠そのものには各々限界があるとしても、今日、石油文明

の終焉がすでに緒についており、石油・天然ガス文明からバイオマスを含む水素経済、自然エネルギーを含むソーラーエネルギー経済への移行期にあるという認識では、ほぼ一致している。即ち、生産量の予測要因をいずれの範囲まで考慮するかによって、理解と解釈が異なるに過ぎないとも見ることができる。

　本章の基本テーマである「石油資源がいつ枯渇するのか？」という設問は、万人の興味を引くものあり、過去にも研究がある。しかし、多くの不確定なデータが関係するので、それらのいずれを採用するかで、分析結果が異なりがちになることは否めない。したがって、本章では、キャンベル論文（文献(1)）とカー論文（文献(2)）の両見解と、それらとは異なる予測手法を用いた分析であるダンカン論文（文献(3)、(4)）をとりあげる。そして、本当の問題は、原油が完全に枯渇することではなくて、その生産がピークを超えて減少に向かうことであることに留意する必要がある。一例として、本章5．2において、2003〜2004年にみられた原油価格の高騰傾向より、今後の原油生産動向が世界経済、世界政治に及ぼす影響を分析した。

1．2　20世紀末における原油可採埋蔵量評価

　最近の推定結果によると、1998年時点で、既存の原油確認可採埋蔵量としては約1兆バレル（1,000Gbo：単位、ギガ・バレル・オイル）の原油が生産可能状態で存在する。これまでは、高度な採油技術の進歩のおかげで、毎年の消費を上回る原油が発見され、"確認可採埋蔵量"が増えてきた。従って、石油資源を専門とするエコノミストの多くは、生産が今後約50年間は需要が満たされ、石油代替エネルギー開発に十分な時間があると見ていた。ところが、ごく最近になって、地質学者達の多くが新規の油田の発見は減り続けており、開発の時間は残されていないと言い始めた。地質学者達は、多分、約2005年までに、そして遅くとも2015年までには確実に、世界的な石油供給不足に陥ると主張し始めたのである。さらに、1998年春、パリにあるOECD「国際エネルギー機関（IEA）」が、すでに世界原油生産のピークが見えているとの声明をだした。そ

れに後押しされ、この"悲観論"が力を得た。合衆国のスタンド店頭のガソリンは、実質ドルでみると、過去常に上昇を続けてきた。最新の技術進歩やカスピ海油田のようなフロンティア（新開発地域）での新油田の発見を考慮しても、遅くとも、2010～2020年の間に、世界中の原油生産は80Mbo/日（一日当たり8,000万バレル＝約29Gbo/年）でピークを打ち、その後堅調に縮小するであろうとされた。その時点での新しい経済環境、すなわち、人々が「来年入手可能な石油が今年より確実に少なくなる」という環境に慣れるには時間が掛かることを考えると、今後、経済と社会の混乱が止むことはないであろう。[2]

　石油供給不足は、取りも直さず石油高騰を意味する。楽観論と悲観論がともに一致していることは、1973年と1979年に石油危機を発生させた「石油輸出国機構（OPEC）」が、世界の原油生産がピークに到達するまえにも、再び世界石油市場を支配することが確実であるとの予測である。生産のピーク時の直後より、石油は高騰し始め、カナダのオイルサンドのような採油困難な石油などの高価な資源や、石炭合成油さえ経済性をもち始めるであろう。「国際エネルギー機関（OECD／IEA）」の担当者によると、今後の転換期間である、5～10年の間には、いくつかの極めて大幅な価格変動が起こるとともに、法外と言えないまでも、より高止まり価格で安定するであろうという。すなわち、一時的には、過去の石油禁輸時に見られたガソリンスタンドでの行列騒ぎなどが再現し、その後、長期的に高騰する状況にあって、石油文明の時代が今暫く続くに違いないとしている。[2]

コラム：カスピ海油田の現状について

　1990年代中期ないし後期以来、中央アジアカスピ海では、約200Gbo規模の新規石油井が発見されると考えられていた（これは2005年におけるサウジアラビアの原油可採埋蔵量264Gboに匹敵する）。ところが、カスピ海油田の資源量は、2010年まで産油増加が見込めるものの、全資源量は高々、北海油田規模の50Gbo程度であって、一時言われた規模、186Gboは一桁大き過ぎることが判明した。[6]
　米国のエネルギー企業、「エンロン社（Enron）：巨額の不正経理・取引により、

2001/12に破綻」の行った予備調査によると、市場での売買にあたり、この石油を輸送する場合、最も容易で、経済的な方法はアフガニスタンを通過してカザフスタンからパキスタン境界に到るパイプラインである。1990年代末に、インドでの発電計画向け燃料として、カスピ海からの安い液化天然ガス生産に興味を示した企業としては、エンロン社の他に、ユノカル社（Unocal）、ハリバートン社（Halliburton）のような大エネルギー企業がある。

「私は、カスピ海のような地域が突然出現し、戦略的に重要になるとは思っていなかった。」
ハリバートン社、前CEO、チェイニー（Dick Cheney：現米国副大統領）、1998年

これらカスピ海地域の原油可採埋蔵量は、2001年5月に副大統領チェイニー（Cheney）が出版した「エネルギー計画」の主要内容であった。その報告書によれば、米国は2020年までに自国が消費する石油の90％を輸入する。従って、カスピ海地域の石油資源は米国の戦略的目標（米国の増大するエネルギー需要の充足）に役立つ可能性があるとともに、米国が中東石油への依存が削減できるとの期待が盛り込まれた。[7]

3本の試錐井戸が掘られ、その分析結果より、カスピ海地域がわずか約10～20Gboの埋蔵量に過ぎないことが報道された（天然ガスは豊富である）。そして、硫黄分が高く、低品質の石油であった。[8] 続いて、大規模プロジェクトがもはや不要なことが明らかとなり、第4章で説明するように、一部の大企業は、パイプライン敷設計画を中止した。そして、不幸にも、先進国と発展途上国が利用可能な石油・ガス量の20％もの下方修正されたとするカスピ海領域の最新情報が、米国、インド、中国、アジアと欧州のエネルギー戦略に対し、重大な影響を持つ。[9],[10]（つまり、この時点で世界の推定埋蔵量は、以前の1.2兆バレルから約1.0兆に減少した。しかし、2005年の最新評価では、再度1.2兆バレルとなっている。）

一方、原油可採埋蔵量の豊富さから「第二の北海」と呼ばれるカスピ海から地中海に原油を運ぶBTCパイプラインの建設がが完成し、2005年3月にはバクー沖で採掘する原油を地中海に送り出した。建設には日本企業も参加したので,日本の自主開発原油の上積にも寄与する見通しである。BTCパイプラインの総延長は1,768km、36億ドル（約4千億円）の大事業である。BTCの名は通過するアゼルバイジャン・バクー（Baku）、グルジア・トビリシ（Tbilisi）、トルコ・ジェイハン（Ceyhan）の頭文字をとったものである。[11]（第4章参照）

1．3　OPECの動きとその影響

　1973年に勃発したアラブ・イスラエル戦争時、OPECは世界の石油の半分以上を生産し、OPECの中心メンバー国である「中東のビッグファイブ（Big Five：イラン・イラク・クウェート・サウジアラビア・アラブ首長国連邦）」が世界原油の36%を生産していた。OPECのアラブメンバー国は、イスラエル友好国に対し、石油を禁輸したため、中東石油の価格は4倍になり世界経済はショックに陥った。

　その時、石油消費国はいずれも無力で、原油がバレル13ドル（1997年ドル）から33ドルまで急騰したにもかかわらず、生産増大に向けた対抗策は取れなかった。1979年の第2次石油危機時にも、イラン革命の結果、石油輸出を停止したが、石油消費国はまたもOPECのなすがままであった。価格圧力のために、世界の石油需要が減る一方、消費国への供給は、1960年代に発見された北海油田産油により賄われた。メキシコとアラスカによる堅調な生産増加が続いたものの、OPEC諸国は依然として世界石油の44%の生産を続けた。価格はバレルあたり53ドル（1997年ドル）に跳ね上がった。いずれ市場がOPECより離れるであろうとの推測もあった。エコノミストの意見は、「ここでの賭けは、いつまで高い原油価格が持ちこたえるだろうか？（Allen Hammond：Science誌のニュース担当者、1974年春）」というものであった。しかし、いずれの予言も、"非OPECの石油産油国の堅調な生産上昇の効果"と、"高値のもつ需要抑制効果"の2つの効果を見落とした。その結果、価格は1986年まで確実に下落し、価格もバレル20ドルに戻り、OPECのシェアが32%に落ち込んだ。

　しかし、21世紀になると、非OPEC世界での原油生産が不足しはじめるとの予測がなされた。例えば、1998年春、IEAは、中東OPEC以外の生産が1999年にピークを迎えると予測した。2009年までに、他が生産を縮小する一方、OPECが計画的増産をする結果、中東地域では、世界の原油可採埋蔵量64%を支配し、その生産は世界の50%に達する。この結果は、1973年時点以上に、中

東諸国の支配に強い地位を与えることになる。2000年時点で、米国エネルギー省・エネルギー情報局（USDOE／Energy Information Administration=EIA）は2015年までに、世界石油の約半分を生産するようOPEC全体に供給要請した。これは1973年時点でのOPEC支配のシェアである。OPECは再び与えられたこの支配力を、今後、どのように行使するかが注目されるところである。

　過去の石油危機では、消費国のみならずOPECも又、多くの教訓を学んだ。高価な価格が需要を縮小する一方、たとえ高価でも、より安定しており、信頼性の高い供給国に切り替える消費国があるという傾向である。その結果、1986年価格崩壊がもたらされた。OPEC諸国は経済利益を求めて、2005～2010年に自分の選ぶ価格上昇を決定するであろうと言われる。ところが、米国EIAは、2020年までに実質価格で約30％の価格上昇を見こんでいるに過ぎない。しかし、エコノミスト達も「予期しない政治的・経済状況下にあっては、価格の不安定な動きの再現が懸念される」という点ではEIAと一致している。もし、中東からの供給が戦争または政治的に中断されるなら、かってのガソリンスタンドの行列騒ぎが再現するに違いない。1973年の石油危機時、消費国を救ったのは、メキシコと北海油田の生産増大であった。しかし、21世紀初頭より始まる石油ショックでは、非OPEC地域の生産補填はもはや期待できず、今後、全体として経済は縮小に向かわざるをえない。[2]

　アナリスト、ダンカン（Richard C. Duncan：7年間にわたり原油生産国サウジアラビアでアラブ人と寝食を共にした経験をもつ）は言う。「原油輸出国のリーダー達は母なる自然から相続した自国の埋蔵原油が今後価値を増しつづける商品であることを十分承知している。また、彼等は新規生産に大量の先行投資をすれば、価格を下げる結果となり、不利な投資になることも認識している。彼らは石油を高値安定させて、生産を引き伸ばすに違いない。すなわち、OPEC諸国は、むしろ慎重に一歩退き、需要と供給の力のバランスより漁夫の利を得るべく、目標の達成を狙うことであろう。それは彼等の権利でもある。

今後の需給支配力についてみると、さしあたり、原油輸入国とOPECの支配力がほぼ拮抗する。すでに2000年時点、OPECメンバー国の多くがフル生産状況にあり、OPEC全体が生産増加に同意することは極めて困難な状況にある。」[4],[5]

1999～2000年におけるOPECの動き[12]

1．1997年のアジア経済危機で、石油需要が激減したが、OPEC産油国はシェア争いをし、減産をしなかった。1999年には経済危機が過ぎ、世界経済が活況を取り戻し、原油価格は急騰し始めた。しかし、油田開発や天然ガス開発のプロジェクトも、原油安のため縮小されてしまっており、時間的に間に合わず、直ぐには供給が追いつかない状況にあった。21世紀に入り、OPECの石油市場支配傾向が強まり、潜在的にも発生する混乱は不可避であり、石油危機が再来する可能性が高まった。

2．主要産油国のうち、サウジアラビア・ベネズエラなどは、石油増産の認識で一致していたが、イラン、クウェート、リビアが反対するなど、産油国も一枚岩ではなかった。前者は、いわばハト派であり、後者はタカ派であった。OPEC諸国の財政事情はいずれも厳しい。前者は概ね生産能力に余裕があり、増産で多少価格が下がっても、販売量の増加で最終的には収入が増せる。一方、後者は生産余力に乏しく、価格低下が減収に直結する。したがって生産調整のタガがゆるむと、再び増産と価格低下のいたちごっこに逆戻りする傾向にある。IEAによると、OPECの増産合意は、2000年1月時点、100万バレル未達成であった。その理由は、すでに行われた実質的な増産を見込んでいたためである。当時は、よほど大きな増産を打ち出さない限り、市場へのインパクトはなかった。

Ⅱ．原油可採埋蔵量と原油生産量の将来見通し

2．1　概要

　原油（地下より地表に現れたばかりの石油）の採油・生産量の単位は、普通Gbo（10億：ギガ又はビリオン・バレル・オイル）で表示される。原油生産が始まる前の時点より地下に存在すると推定される「原始埋蔵量（In-place：経済的に採取不能原油を含めた埋蔵量）」は6,000〜7,000Gbo程度と見られるが、そのうち経済的・技術的に採油できる「推定究極可採埋蔵量（Expected Ultimate Reserves=EUR）」は技術条件により幅がある。一説によると、EURは、2,200 Gbo（高度の技術利用の資本が無い場合）〜3,100Gbo（水などを注入して二次回収する資金的余裕が有る場合）とされる。[13] しかし、2．3で述べる厳しい見方では、安価に入手できる石油のEURとしては、2,200Gboでも過大評価である可能性がある。

　「石油があと何年利用可能か？」という設問は、だれにとっても興味津々の設問である。この問題は関連する確認可採埋蔵量データ、技術データ、経済データなど各種のデータを整理し、多面的な分析をして始めて結論が出せるべきものである。しかし、いずれのデータにも不確定性が伴うので、最終結果もその影響を受ける。また、消費財の価格が高騰すると、石油消費は抑制され、代替技術の開発にもインセンティブが与えられ、拮抗するので、当該消費財の利用期間は延長する。したがって、よく見られる指標として、可採埋蔵量（R）を現在の年間生産量（P）で割り算して得られる、いわゆる「可採年数（R/P値）」は全く単純な目安の指標に過ぎない。これが、過去50年近く、常に石油の時代が漠然と、"あと約40年" と言われ続けてきた理由である。後で述べるように、1997年末では既にほぼ800Gboが生産・消費済みであるので、1998時点でのキャンベル（Cambell）の推測では、「確認可採埋蔵量（Proved Reserves=PR）：経済的・技術的に可採原油として確実に残る原油可採埋蔵量」

は、900Gboであった。しかし、問題はこれらの数値の精度である。事実、この数値は、他のアナリストのものに比べると、厳しい数値となっているが、彼の場合、豊富なデータが利用でき、他に比べ有利な立場にあった事情に、特に留意すべきである。[1]

　石油を中心とするエネルギー経済分析の専門家や政府の担当者は、多くの場合、必ずしも十分に根拠のあるデータに依拠しないまま、毎年発表される、針小棒大な主観的報告データを基に分析してきた。たとえば、オイルショックの起こる数年前、すでにアラスカ州北部、北極海沿岸のノーススロープや、ヨーロッパ沿岸に近い大西洋北海において、巨大規模の石油が発見されており、既存技術で採掘可能な"究極可採埋蔵量"のわずか13％が消費済であったに過ぎなかったのである。すなわち、今では良く知られているように、1970年代の石油危機は資源枯渇傾向がその原因ではなかった。

　埋蔵量を評価をする上では、以下の問題点がある：
(1)　埋蔵量評価が当事者の都合により歪曲されたもので信頼が置けない。
(2)　産油量が一定不変との前提をおいている。(産油量は埋蔵量とともに変化する。)
(3)　残余原油も初期原油と同じ流量で採取できるとの前提をおいている。(実際は油井の残余原油がほぼ半分のところまでは、油井数の増加に伴い回収量は増加するが、以後、圧力の低下とともに減少する。)

　したがって、経済的見地からは、「いつ石油が無くなるか？」という設問は無意味であって、むしろ産油量が「ピークを打つ時点」の方がより重要である。それ以降は需要が減少しないかぎり価格は上昇するので、たとえ原油は存在しても生産量は減り、"石油に依存する経済"は縮小する。[1]

　産油量予測を定量的に行うには、つぎの3つの基本データが必要になる。

(1) 評価時点までにおける既回収量すなわち、累積生産量；Q（cumulative production）
(2) 石油会社が経済優位性をみとめ、産油を計画する量である、確認可採埋蔵量：PR（proved reserves）
(3) 推定開発可能量に基づく、未発見可採埋蔵量：YtfR（yet-to be-found-reserves）

　これらを加算したものがEURであって、産油生産開始時より停止時までの全回収可能量に対応する。したがって、これらの数値の間には概念的に以下の式が成り立つ。すなわち、EURは過去生産開始時点よりある時点 t までの累積生産量Q（t）とその時点での可採埋蔵量R（t）の和である。

$$EUR = Q(t) + R(t) \cdots\cdots\cdots\cdots(1)$$
$$R(t) = PR(t) + YtfR(t) \cdots\cdots\cdots\cdots(2)$$

2.2　推定究極埋蔵量の評価の問題点

　EURを決める数値のうち、過去の生産量の合計である累積生産量（Q）は石油会社の産油記録が完全であれば、決定は容易なはずである。しかし、それが必ずしもそうではない。たとえば湾岸戦争時（1991年）、イラクの攻撃により、クウェート油田の原油 2 Gboが焼失したとされているが、1991年の公式記録には含まれていない。勿論、過去の記録が残っている限り、個別の評価・修正は可能である。それを踏まえた専門家の意見は、1997年末時点の累積産油量（Q）は、ほぼ、800Gboで一致していた。しかし、埋蔵量データの方は推測評価を避けられないため、原理的に入手が困難である。公開データは、二つの業界専門誌 "Oil and Gas Journal誌" と "World Oil誌" に基づくものがほとんどである。例年、これらの業界誌は、世界中の石油会社と各国政府に向けてアンケートを送り、返送されてきた累積生産量（Q）と可採埋蔵量（R）をそのまま出版しており、複数の情報源をもとにしたデータの認証は行われていない。その結果、たとえデータに系統的な誤りが紛れ込んでいたとしても、そのまま採用されるので、報告値のなかには非現実的で、矛盾するデータも見られるの

である。

埋蔵量データには確率的なばらつきがある。たとえば、ノルウェーのオセバーグ（Oseberg）油田の埋蔵量は確率90%では、0.7Gboであり、10%では2.5Gboであるとされるが、前者は「P90推定値」とよばれ、文字通り、ほぼ「確認可採埋蔵量」に対応する。後者は「P10推定値」と呼ばれる。一般に石油会社はこの範囲のうち、自分達にとって有利になるよう、都合の好い数字を報告しがちである。たとえば、過大評価値が、自社の株価の上昇につながることを期待できれば、より大きいP10推定値を報告するといったことが起こる。

これらの現状を背景に、キャンベルは、問題点を以下のように整理している[1]：

#1. OPEC産油国は、埋蔵量の大きさに応じて、「輸出割当量」が増えるので、さらに過大評価する傾向が強い。OPECの石油企業は国有公社であり、自国の総埋蔵量が分かってしまうことを避けるため、個別油田の詳細データは報告しない。輸出割り当てを増やすため、1980年代後半において、OPECに属する11カ国のうち、6カ国が42〜197%に及ぶ数値操作を行ったとみられている。それまでは、各企業のP90値が政府機関の操作を受けることなく、控えめな数値としてそのまま報告されていたので、小幅であれば、上方修正の余裕が容認された。しかるに、特に新しい油井の発見や技術開発が無いにもかかわらず、287Gboと法外な埋蔵量が追加されたことがある。これは、米国埋蔵量の1.4倍にも相当する。非OPECの石油輸出国の場合は、このような、言わば"でっち上げ"をする必要がなかった。1997年非OPEC59カ国の報告数値は、前年と同一であった。埋蔵量は、新しい発見があると増加し、生産と共に減少するので、全く同じ数値というのも不自然であった。いずれにしても、OPEC報告値の信憑性は必ずしも高くはない。

#2. 第二の問題は埋蔵量の定義が国により違っていることである。たとえば、

米国では「証券取引委員会（Securities and Exchange Commission: SEC）」の指導により、確認可採埋蔵量PRとは、"油井が既存の産油井の近傍にあり、既存の回収技術のみ、かつ現在の原油価格水準で、余裕のある確率で採算がとれることなど"を条件としている。すなわち、米国におけるPRは事実上P90値である。米国以外の産油国の多くでは、原油の「確認可採埋蔵量」の定義は規制に含まれていない。かつて、旧ソ連圏産油国の場合は、例外なく、危険サイドのP10値を報告し続けてきたことは周知の事実であった。それにもかかわらず、アナリストの多くは、それをもって「確認可採埋蔵量」であるとしてきた。その結果、1996年、旧ソ連の埋蔵量の報告が190Gbo（World Oil誌）と57Gbo（Oil and Gas Journal誌）と異常に相違する事態が発生した。この極端な食い違いをみても、正当な「確認可採埋蔵量（PR）」の入手困難性が伺える。

一方、かりに正確な確認可採埋蔵量の収集に努力しても、国によって定義が異なる以上、国レベルであれ、世界レベルであれ、油井データの単純加算では、「確認可採埋蔵量の最確値（P50）」が得られず、むしろ、過小評価となる。より合理的な評価法は、各油井の平均評価値の加算をとることである。評価値の「中央値（メジアン：多くのデータの中央のデータ）」に近い"確認かつ蓋然（proved and probable）値"P50は、価格変動が極端に大きくない場合、油井寿命期間における回収期待量がそのまわりに同じ確率で分布するので、同じ規模の油井については、加算により誤差が相殺し、精度の向上が期待できる。したがって、今日、推定値P50の採用は一般性があり、かつ実用的であるとされている。

キャンベルが所属したスイスのジュネーブにあるペトロコンサルタンツ（Petroconsultants）社には、1988年時点で、過去40年間の多様な入手可能情報として、18,000個所の油井の膨大な統計データが保存されている。中には同社のみが所有する商業機密の報告書も含まれており、それにより、信頼性の低い既

存データの除外・修正が行われた結果、同社のPR評価値（P50推定値）は1996年末値で850Gboであった。この値は、比較的安全側の数字とみられる"Oil and Gas Journal"の1,019Gboに比べ、15％下方値であり、World Oil誌の1,160Gboに比べ20％下方値であった。かりに、両誌の安全側確認値が過大評価であったとすると、21世紀における世界経済の分析作業において、その影響は無視できないということになる。

2．3　埋蔵量の下方修正

　1998年時点で、米国エネルギー情報局（USEIA）は、過去20年間にわたり、報告値の加算による世界の埋蔵量は堅調に増加した。この傾向は2020年まで続き、今後、さらに60％の増加が見込まれると評価した。しかし、キャンベル等は、この予測が"幻想"に過ぎないとする。その理由は、現在の産油量の80％を占める1973年以前に発見された油田よりの産油活動は休みなく続いており，すでにほとんどの油田において産油量は縮小段階に入っている。1990年代の新規開発量は年当たり平均7Gboであったが、生産は1998年時点で約3倍規模の23Gboであった。その結果、埋蔵量は年当たり16Gbo以上低下した筈であるにもかかわらず、公式発表では、＋11Gbの埋蔵量増加が公表されたのである。政治的影響力を維持し、他国よりの借款確保条件を強化する必要上、二桁にも及ぶ石油輸出国が埋蔵量値低下の報告を拒否したという経緯がある。産油国は、データの修正機会を与えられると、油田の数値をむしろプラス側に修正した。その結果、埋蔵量の将来予測が歪む結果となった。将来の修正値を再度客観的に推定評価するために、産油開始以来の修正データの再調査が行われた。判明したことは、世界の新規埋蔵量発見率は、1960年代初期にはすでにピークを迎えており、それ以降、堅調に低下していることである。このトレンド曲線を外挿して、生産が零になる時点を決定する方法が埋蔵量の一推定法となっている。その他の分析方法も援用して、総合的な分析をした結果、1998年時点の結論は、安価な在来原油の埋蔵量（R）は1,000Gboに止まるとみられる。この値は1998年時点での累積生産量Q：800Gboの2割増に過ぎないレベルであった。[1] しか

し、幸いなことに、その後、埋蔵量は増加し、2005年における英国石油公社（BP）の評価では、確認可採埋蔵量は1,200Gboに増量し、20世紀末の"悲観論"に比べると、正否はともかく、一息つける状況にある。

2．4　生産量ピーク時点の決定

いずれにせよ、安価な石油時代の終焉時点に対応する、産油量のピーク時点の決定法は、各油田における、精度の高い埋蔵量の推定評価が前提である。

悲観論・楽観論間の議論は、まさに地質学と採油技術のせめぎ合いになっている。地下に膨大な原油が現存する事実は、地質学者と技術畑エコノミストが等しく認めるところであるが、限られた原価で地質学者がそれを発見し、かつ技術的に抽出できるかということは別問題である。原油の抽出実績に着目する地質学者は、確度の高い予測埋蔵量のみを評価し、生産ピークを早めに設定する傾向にある。最良の将来予測は、過去のデータのみが物語るとする彼等の主張は、米国の原油生産のピーク予測の成功実績に依拠している。すなわち、多くの地質学者は、原油生産予測にあたって、ヒューバート（M. King Hubbert）が1956年に開発した経験則である"ヒューバート曲線"に高い信頼を置くものである。これは原油生産における"ヒューバート経験則"と呼ばれ、大規模油田で有限な原油の自由な採掘が続く場合、約半分の資源が消費された時点で、生産はピークを打ち、曲線がほぼ左右対称のベル型になるという経験則である。[1],[2]

ヒューバート経験則／「原油生産ピーク」：ヒューバートは、「資源は有限であり、その利用には多くの制約が伴うとする前提に立つと、生産曲線はまず上昇し、次第に減速してピークをうち、その後ベル形になる形で下落する」と予測した。すなわち、原油の抽出がゆっくり始まり、それに引き続く探査により、原油の大部分を保持する大型油田が順序よく発見されたという経験則に注目した。これは、彼の「ベル形曲線」の上昇側に相当する。生産開始後、急激な生

産上昇の時期をへて、低迷期に入るその時点までの探査は、ほとんど発見の容易な大型油田に集中する。より小さい油田は、数的に膨大であるが、それらよりの原油抽出は困難であり、かつ量的にも大型油田には劣る。埋蔵原油の状態は、表面がスポンジ状の容器に入ったイメージである。油井は当初高速自噴するが、後刻、流量は減り、最後には滴状となる。したがって、大油田からの産出もいずれ低下する。原油発見率が低下する頃には、初期の大型油井からの生産も低下し、累積生産量が推定究極埋蔵量EURの約半分になる時点で、全体の生産がピークを打つ。その後の生産は、上昇時と対称的に下落する「ベル形の曲線」になる。このようにして、ヒューバートは、数少ない大規模油田から採油が始まり、次第に数多くある中小油田に移っていくという石油産業の経営慣行より、原油生産予測が結果的に「ベル鐘形曲線」になると予言した。何千と言う油田の生産曲線も合成すると、一部に歪みが残るものの、やはり巨大な「ベル形曲線」を形成する。この曲線は、「ヒューバート曲線」と呼ばれる。実は、ヒューバート自身が「シェル石油社（Shell Oil Co.）」の社員であった1956年、このような仮説にもとづき、過去の累積生産量と各年の生産量を整理して、それまで急速に増大し続けていた米国48州の産出高が1965年から1970年までにピークに達し、それ以降は確実に縮小する趣旨の論文を発表した。そして、彼の予測通り、1969年に米国での生産はピークを打ち、1970年以来縮小したのである。

　過去の原油生産を一部複合的なヒューバート曲線を前提に当てはめを行い、将来の予測をすると、図1（世界の原油生産と将来予測）に示すように、2005年前後でピークを打つ。「米国の原油生産ピークに関する結論に関する初期の反応は、かりに事実だとしても、人間というものはクレージーであり、何とかするに違いない！　という猜疑心であった。」と、後年、ヒューバートは回顧している。ヒューバート曲線を世界原油生産に適用すると、図1のように比較的厳しい未来予測となる。すでに、米国とカナダの原油生産は1972年にピークを打った。旧ソ連の生産高は、1987年以来4.5％/年で減少している。ペルシャ

湾以外での原油生産のピーク時点も緊迫している。1979年の石油危機の時に、ヒューバート自身も世界ピークを1999〜2000年の間と概算をした。1979年当時地質学者は、原油可採埋蔵量を過小評価しがちであったが、ヒューバートの予測は実態以上に、あまりにも暗いものであった。

そこで、ヒューバート仮説に関し反論も出された：原油枯渇に関する地質学的な議論には重要な漏れがある。キャンベル等の「確認可採埋蔵量（proved reserves：P90）」と「推定可採埋蔵量（probable reserves：P50）」の標準的な定義を前提にし、報告データを信用するかぎり、埋蔵量評価は、報告時点の原油価格と技術レベルにより変化する。すなわち、ヒューバート曲線の積分に相当する累積生産量が、地質学的データの誤差と、経済・社会的条件による変動の両方を含まざるをえない。キャンベル等の主張どおり、埋蔵量が国際政治上の理由で過大評価になりがちであるとしても、技術の向上やエネルギー価格上昇により、推定埋蔵量が増加する事実も見逃せない。「埋蔵量」という概念は、元来、過去のデータより未来を予測する手法であり、それ自体後ろ向きであり、保守的な概念である。したがって、過去の生産歴よりヒューバート曲線を決める統計的外挿法も又、後ろ向きであり、かつ保守的であると言える。この点を考慮すると、楽観的展望の主張も可能である。[14]

このように、原油生産がピークを打つ前にエネルギー価格の上昇と技術進歩があると、回収量の増加につながり、時間的余裕が生ずると主張する"楽観論"の論拠は、単刀直入であり異論はない。たしかに古い油田を温存し、また新規の開発努力により、たとえ小規模でも経済性の残る油田の新規発見の可能性が残っている。しかし、"悲観論"では、そのような経済的・技術的利点を無視できないことを認めつつも、現在、新規開発が衰退しつつあることから、原油不足に先手を打つことは永久に不可能であると結論する。この問題について、楽観論者の意見は、原油の物理的不足と経済と科学技術的適用の競合問題は、いわば経済バランスにより決まるものであり、答えのない問題でもあるの

で、ヒューバート曲線による分析では、本来解決出来ない問題である。石油が枯渇する資源であることは論を待たないものの、その物理量的不足、あるいは枯渇傾向にともなう脅威の重要性と経済性とは別問題だとするものである。確かに、原油の高騰が続くと、消費が抑制されることは事実である。[14]

しかし、これらの意見にもかかわらず、今世紀に入り、2003年3月のイラク戦争開戦後の一時期を除き、原油価格は変動を続けつつも、上昇の一途をたどっており、悲観論者の主張に近いものになっている。

表1　世界原油生産の予測ピーク時点存在期間

研究者	ピーク時点存在期間
F. Bernabe, ENI Spa. (1998)	2000～2010
C. Campbell, J. Laherrer (Petroconsultants 社) (1998)	2000～2010
J. MacKenzie.World Resources Institute (1996)	2007～2014
International Energy Agency (OECD)	2010～2020
J. Edwards, University Colorado, Boulder (1997) Energy Information Administration (USDOE) (1998)	＞2020

出典：文献(2)

1990年代に、ヒューバート流の評価計算が5ケース行われた。その結果を表1にみると、一部を除き、世界原油生産は2010年前後でピークを打っている。この中でキャンベル（Colin Campbell）とラエレール（Jean Laherrere）による予測は悲観論的である。[1] 一般的に、地質学者の多くは、いわゆる悲観論者で、安価な在来原油は既に世界埋蔵量の半分が採油されたので、現在、すでに枯渇開始が見えはじめたと指摘する傾向がある。

過去のデータから未来が予言できるとの前提により、米国の主要48州のデータを基に、ヒューバートにより、原油生産のピーク年の予測が正確になされた。[2] 実は、米国では、48州のみならず、アラスカを含め49州で、1970年に、北米（米国、カナダ、メキシコ）では、1984年に、旧ソ連では1987年にピークを打っていた。かりに、技術により埋蔵量を顕著に押し上げられるものならば、

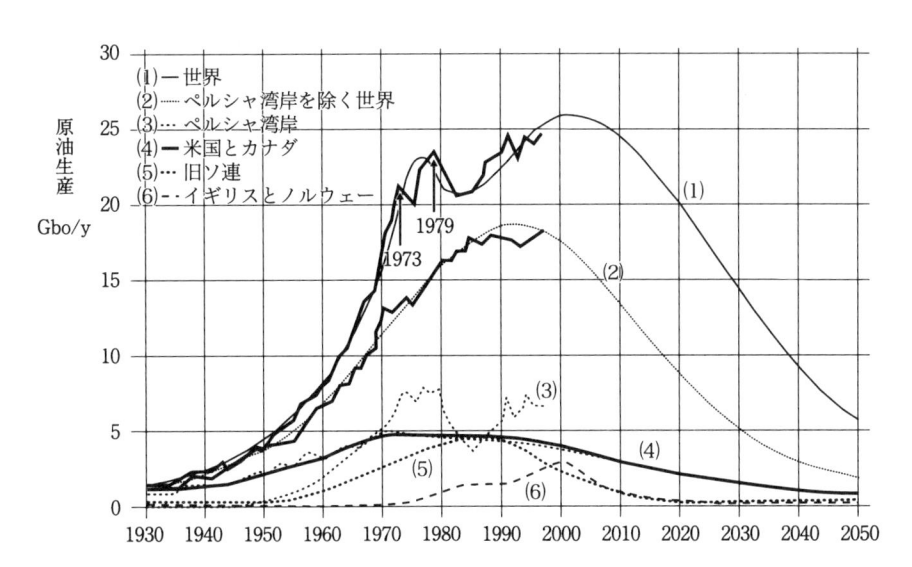

第 2 章　縮小する世界の原油生産　　67

図中注：原油生産は1973年と1979年に低下した後、回復した。米国とカナダの原油1972年に生産のピークを迎えた。旧ソビエト連邦の生産高は、1987年以来4.5％減少した。ペルシア湾領域外での原油生産のピークが1998年以来、緊迫していることが分かる。
出典：Colin J. Campbell and Jean H. Laherrere: Scientific American, March 1998, 60〜65

図1　世界の原油生産と将来予測

　米国の生産曲線は安定する筈である。しかし、悲観論が正しいならば、急な下り坂を急降下し始めるであろう。米国の生産量は急な坂をすべり降り、1991年から1997年までの生産は、年平均、マイナス2％で減少したのである。[3]

　図1は世界各地域の過去の世界の原油生産をヒューバート曲線で説明したものである。ここに見られるように、ヒューバート理論により、旧ソ連、非中東産油国の総計データについても見事に説明できるが、世界合計に対しては矛盾がある。その理由は、1970年代他国が最大限の生産をするなかにあって、中東のOPECメンバー国が意図的に行った産油量調節のため、ヒューバート経験則の前提が崩れる事態が発生したためである。ノルウェーとイギリスを含め、最大規模の産油国が大幅な産油削減調整に入らない限り、2000年前後に各油田が

産油のピークに入るとみられる。2002年までは、中東の湾岸5カ国「ビッグ・ファイブ（Big Five）」の生産が需給ギャップを埋めざるを得ない。しかし、世界の累積生産量が900Gboのレベルに到達すると、生産量は下降し始めるが、世界的な不況を回避しようとするため、生産がピークを打つ時点が早まり、2010年を待つことなくピーク時点が訪れると見られる。[1]

Ⅲ．埋蔵量の大幅増加の見通し

　このテーマに関連して、新規油田の探査・油井の採掘見通し、および非在来型原油については、第1章2.5で述べた。ここでは、技術的可能性を中心に述べる。[2]

　原油がいずれ尽きることを否定する者はいない。しかし、地質学者とエコノミストの中にも技術に信頼を置く楽観論者も少なくない。次に幾つかの説を紹介する。

　「我々は、ピーク前30〜40年前のところに居る。」
　　　　　　　　　　　（石油地質学者William Fisher, University of Texas, Austin）

　「我々は、生産のピークの発生を当該展望の限界（2020年）後になって初めて認識できることであろう。たぶん、技術開発と中東の生産力増強により、石油供給が維持されるであろう。」

　　　　　　　　　　　　　　　　　　　　　　　　　　　（Linda Doman、EIA）

「技術による新しい資源の発見により回収費用逓増が相殺し、既に使われている3大技術が埋蔵量増大に役立つ。すなわち、
#1．最近、探査専門家は対象の地質構造の確認や、潜在的な原油埋蔵の精度の高い画像表示にスーパーコンピュータを活用した3次元地震探査技術を利用し

ている。
#2. 新しい採掘方式の採用。最初に垂直に試錘をし、その後水平孔を掘ることにより、必要な井戸数と経費が90％減少している。
#3. 深度数百メートルの海底での油井操業技術の適用。メキシコ湾、西アフリカ洋上、北海で新しい油田が操業している。」

（Douglas Bohi：Charles River Associates ,Washington, DC）
(なお、「新しい回収技術」の詳細については、文献(15)に詳しい。)

　これら"楽観論者"の意見では、たとえ莫大な新規油田の発見が今後ゼロであるとしても、必ずしも問題ではない。石油産業の課題は、既存の油田と発見され易いその周辺油田での抽出量の増強の努力である。彼等によると、世界の消費量が30Gbo/年であるとしても、埋蔵量も急速に増大する。また、OPEC産油国の大部分の埋蔵量増加は確実であり、非OPEC産油国でも埋蔵量も増加する。それは新規油田発見ではなく、既存の油田の活性化によるものである。したがって、必要な技術開発こそがポイントである。技術により既存油田の生産量の倍増も可能である。これらの新技術が相まって、楽観論者達は、いずれ必然的に生産低下すると見なされる古い油田の利用を減速すれば、延命させ得ると主張する。そのような新技術が1990年代中期に、米国の原油生産縮小を止めた例もないわけではない。

　しかし、悲観論者も再び反論する。技術の大部分は生産効率向上を目指してきたが、埋蔵量増加に寄与していない。事実、石油産業は19世紀に始まって以来、新技術は埋蔵量増加に役立つ技術は全て利用され尽くした。「3次元地震探査技術」の開発と最新式の採掘設備の採用は極端に革新的なものではなく、むしろ小規模追加的なものに過ぎない。それらは、当初より、ヒューバート曲線を押し上げてきたものである。すなわち、"悲観論者"の主張は、曲線の形は安定した技術開発を既に織りこみ済みであり、今日の科学技術の進歩をもってしても、曲線をわずか変化させるに過ぎないというものである。以下に、悲観論者の意見を紹介する。

「エコノミスト達が指摘する油田開発努力は、いずれも曲線をごくわずか上下振動させるに過ぎない。開発に骨を折ることによって、米国の曲線に幾つかの突起をつくることはできる。しかし、全体の傾向が下がっていくことには変わりがない。」(Albert Bartlett：コロラド大学ブルダー(Boulder)校、世界ピーク時点を2004年であると計算した物理学者)

悲観論者は、原油が1980年代初頭バレル40ドルまで高騰したとき、狂乱的試錘の結果、米国の生産曲線は一時的に横ばいになったが、すぐに元に戻り、下降した経緯がある一方、高い原価で生産を増加した場合、採油された原油はもはや安価な原油ではないと指摘する。

「1970年代末から80年代初頭の高価格の結果起きた狂乱的試錘が、石油産業の歴史において、最も非効率な原油生産戦略であった。」

(Cutler Cleveland：ボストン大学エコノミスト)

しかし、このような生産状況の発生は、安い原油による"黄金時代"が終わり、高価な石油の過渡的段階に入ったことの証明に他ならない。2010年を待たず、両立場は雌雄を決することになろう。技術により、埋蔵量を顕著に押し上げ得るならば、米国の生産曲線は安定する方向であるが、しかし、もし悲観論者が正しいとするならば、すぐにも急激に下降するであろう。たとえば、"北海油田"での原油生産は、予想通り、2001年ピークになった。今後、北海油田での経験により、壮年期の油田の運命が明らかになるだろう。

IV. 世界の原油生産の新しい予測

4．1　原油生産の新しい予測手法

今すぐにも世界が差し迫った石油不足に入るのか、それとも、さらに数十年の余裕があるのかを知るには、世界生産曲線データをより詳細に予測・分析す

第 2 章　縮小する世界の原油生産　　71

る必要がある。言うまでもなく、石油関連の予測は投機的な仕事であり、外れることも多い。しかし、信頼性のあるデータのみが将来の予測の拠り所であることも自明である。しかし、ここでは、予測結果について、予めの判断を前提とするヒューバートモデルではなく、過去と現在のデータと経験判断に基本をおく「知識発見的原油生産予測法（ヒューリスティック予測法と呼ばれる）」について紹介する。その結果より、世界の原油生産の将来について、重要な事実が明らかになる。[4], [5]

　エネルギー・アナリスト、ダンカン（Richard C. Duncan）による「ヒューリスティック予測法」は、新しい予測手法で、国・地域・特別なカテゴリー分類や世界を対象に、原油生産の予測をするものである。この方法は、伝統的な紙と鉛筆のスケッチでイメージ図を描き、曲線を当てはめる簡便法に代るものである。世界原油生産を大小を問わず、42の原油生産国に分け、1998年時点以来の98％以上の世界生産について予測した。具体的なダンカン予測法は、原油生産モデルの組み立てに当たり、過去の原油生産データよりえられる「知識発見的手法（ヒューリスティック）」を前提におき、数量的に矛盾なくバランスがとれるよう、幅広く対話型計算を行う手法である。彼は、米国・カナダ・イラン他、上位39の原油生産国に適用し、さらに世界と、主要地域の原油生産予測を得るために、全42カ国の予測を加算して北アメリカ、OPEC、非OPEC、全世界の生産予測値を求めた。

　ダンカンは、この手法をもとに、データを最新データに、更新・追加しつつ、1996～2006年にわたり、予測を進めてきた（ダンカン予測#1～#10）。実は、いずれも、世界の生産ピーク時点は2005～2007年、ピーク生産量は29～32Gbo/年の狭い範囲に入っている。（このうち、#1～#5の結果を表2に示す。）

表2　世界の原油生産がピークを打つ年と生産量予測

予測名	予測年	予測ピーク年	ピーク生産量 (Gbo/年)
ダンカン予測 #1	1996	2005	29.0
ダンカン予測 #2	1997	2007	30.6
ダンカン予測 #3	1998	2006	31.6
ダンカン予測 #4	1999	2005	30.5
ダンカン予測 #5	2000	2006	30.0

出典：文献(4)、(5)

　表2のシミュレーションの結果をみると、世界原油生産のピークが比較的不動であり、モデル化で採用した42カ国の最近の生産傾向が世界原油の生産が支配的であることがわかる。

　以下、ダンカン予測#4、#5をもとに、世界の原油生産の予測結果を紹介する。

4．2　ダンカン予測の結果

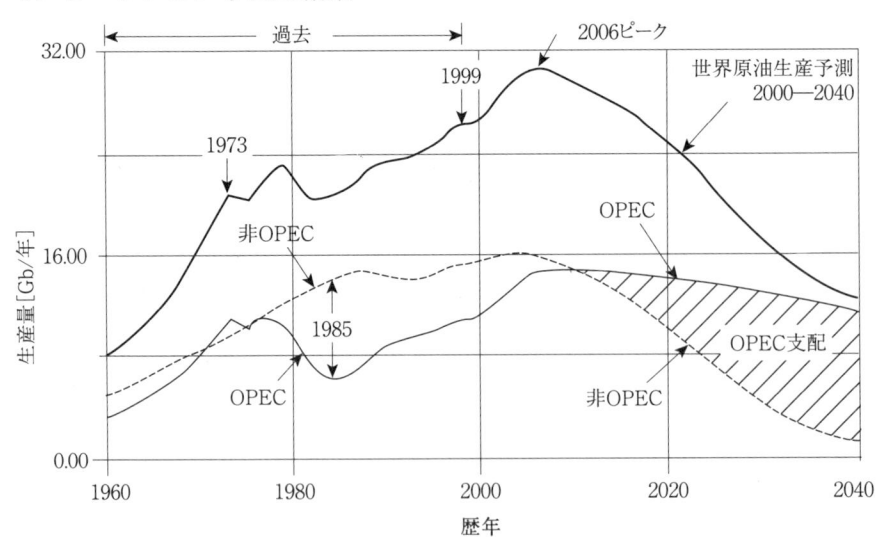

図中注：世界原油生産は、2006年にピークを打ち、OPEC／非OPEC交代は2008年に発生する。
原図：文献(5)

図2　世界、OPEC、非OPECの原油生産[5]

図2（世界、OPEC、非OPECの原油生産）に2000年に行われた、ダンカン予測#5による主要結果の一部を示す。

1960～1999年までの世界の原油生産データと、1999～2040年までの予測結果である。1850年頃バクーで生産が始まってから、1973年まで世界原油生産が120年間は指数的に増加した。殊に、1960～1973年の世界の原油生産は平均7.0%/年で急成長した。当時、米国・ヨーロッパ・日本等の消費国は、安い原油の生産増加を当然と受けとめていた。しかし、残念ながら、その時代は突如として、1973年に終焉した。1850～1973年の期間と同じ原油生産の時代が、今後とも再来することはない。その後1973～1983年の間、世界の原油生産の成長率はほとんどゼロになったが、1985～1999年の14年間は平均1.5%/年ながら成長が回復した。生産率が2000年より2002年まで加速的増加の後、2006年に向け、急遽ゼロに減速するので、世界の原油生産は2006年にピークを打ち、2040年まで世界原油生産は59%も下がると予測している。そして、この34年間は、平均2.45%/年の低下率となる。その結果、主役が消費国より生産国へ交代する"主役交代"が生ずる。2006年に世界原油生産ピークが生ずると、それ以降、原油需給バランスが反転し、"売り手市場"となる。

増大するOPECの支配

世界原油生産ピーク以上に重要な時点は、2008年に発生すると予測され、それ以降、OPECの支配が強まると考えられるOPEC／非OPECの"生産主役"の交代時点である。この時点より（あるいは、その思惑のみでも）、世界が余剰の原油を持つ地域・国と埋蔵量ゼロの地域・国の二極化に入ると懸念される。すなわち、余剰の原油を持つ地域と不足する地域の、二極化である。

① 2008年の初め以降、OPEC産油国が世界の原油の50％以上を生産する。
② この時点でOPEC／非OPEC交代事象が発生し、世界の石油輸出の大部分をOPECが支配する。
③ 全世界原油の78％がOPECの保有する確認可採埋蔵量となる。いずれにせ

よ、それ以降、OPECの支配がますます強まると予想される。OPECと非OPEC国は、2011年にOPECでの生産がピークになった後、双方とも急激に低下する。

表3は世界7地域と全世界における1960年から1998年までの世界の原油生産と1999年から2040年までの予測の要約である。1998年末時点の世界原油可採埋蔵量は1,341Gbo（＝2,213－872）であったが、2040年末では313Gboに減退する。

表3　世界原油生産量予測（ダンカン予測#4による[4]）

地域 #	地域名 名　称	原油生産量 ピーク 年	生産ピーク値 Gbo/年	1998 Gbo/年	2040 Gbo/年	累積原油生産量 1998 Gbo	2040 Gbo	EUR Gbo	2040時点までの生産低下率 ピークよりの減少率 %	埋蔵量 (R) Gbo	地域埋蔵量比 R(42国対象) %
1	北アメリカ	1985	5.6	5.2	0.9	252.4	372.5	380.4	84	128	9.7
2	中央・南アメリカ	2006	207	2.4	1.2	76.6	165.6	177.3	56	101	7.7
3	ヨーロッパ	2001	204	2.4	0.3	35.4	91.7	93.3	88	58	4.4
4	旧ソ連	1987	4.6	2.7	1.3	134.8	246.2	262.4	72	128	9.7
5	中東	2011	12.2	8.3	9.1	223.9	684.8	945.9	25	722	54.9
6	アフリカ	2004	3.2	2.7	0.8	71	158.9	162.6	75	92	7
7	アジア太平洋	2003	2.8	2.7	0.7	60.9	143.3	147.3	75	86	6.6
	42カ国	2005	30.5	26.4	14.3	855	1,863	2,169	53	1,314	100
	全世界	2005	31.1	26.9	14.5	872	1,900	2,213	53	1,340	100

（人口は2000年のFamighetti、The World Almanac and Book of Facts 2000, World Almanac Books, Mahwah, NJ, P. 1024., 原油は、BP Amoco（1968～1999), BP Amoco Statistical Review of World Energy. BP Amoco p.l.c. London. の1999年データ）

表3よりわかるように、北アメリカではすでに1985年に、旧ソ連では1987年に原油生産はピークを打った。他の地域も順次ピークを打つ。すなわち、2001年のヨーロッパ、2003年のアジア太平洋、2004年のアフリカ、2006年の中央・南アメリカである。ダンカンによると、生産がピークになる最後の地域は2011年の中東であるという。世界に不安定を起こす問題は、日本を含む太平洋岸のアジア人口が世界人口の少なくとも60％を占めていながら、その埋蔵量が全世

界の6.6％に過ぎない。一方、中東の原油生産国の人口は、世界人口のわずか4％に過ぎないにかかわらず、世界確認可採埋蔵量の54.9％を保有しており、石油資源が著しく偏在している。

ダンカンピーク則

　ダンカンの予測方式は、「ヒューバート則」を前提にはしていない。しかし、世界原油生産のピークは、世界の累積生産量が1,087Gboに達するとき、すなわち2005年（予測#4の場合）に発生すると見られる。また、世界EURは2,169Gbo（表3）と予測される。すなわち、累積生産が 世界のEURが50.1％［＝(1,087)／(2,169)］に達するとき、世界原油生産がピークに達する。現実には「ヒューバートピーク則」から大幅にはずれる国（例えばイランの場合）があるにもかかわらず、両ピーク則が一致したことは驚きに値する。これは、全42カ国の原油生産曲線を加算すると、揺らぎが相殺するため、世界生産曲線が滑らかとなり、ピーク前後で生産がほぼバランスするためである。すなわち「ダンカン生産曲線」は、ほぼ完全に「ヒューバート曲線」を傍証するものとなっている。いずれにせよ、世界の原油生産のピークが世界の累積原油生産が過半量に達する近傍で発生することが再確認されたのである。

原油生産主役の交代

　表3のダンカン予測#4より、さらに2つの原油生産主役の"交代事象"が重要である：
第1の主役交代事象は、「中東／非中東の交代」である。ここで、中東地域とはアラビア半島を中心とし、9つの原油生産国、イラン、イラク、クウェート、オマーン、カタール、サウジアラビア、シリア、アラブ首長国連邦、及びイエメンを指す。中東／非中東の原油生産主役交代は2023年に発生する。そして、2040年までに、これら9カ国が世界の原油の63.6％を生産する［表3のデータより、(9.1)／(14.3)＝63.6％］。

第2の主役交代事象は、「イスラム／非イスラム諸国」の交代である。イスラム圏の情報には不透明な部分が多い。しかし、今日、対地域的問題と世界にまたがる複雑な問題に対処するにあたり、世界のイスラム国は連帯強化の傾向にある。イスラムの原油生産国には、中東地域と北アフリカの4カ国、インドネシア、カスピ海地域の国々と西アフリカの原油生産国の一部が含まれる。イスラム／非イスラムの原油生産交代は2001年にも発生したと考えられる。それ以降、イスラム国の原油生産は2010年まで増大して、全世界の55.6%になる。これは、2020年に61.0%、2030年に67.5%、2040年に73.0%にまで増大する。21世紀に入り、今後の世界で、イスラム圏が大きな発言権をもつことは確実である。

ダンカン予測#5によると、2008年の初め以降、OPEC産油国が世界の原油の50%以上を生産し、OPECが世界石油輸出の大部分を支配する。2008年は、OPEC/非OPEC主役交代点であり、世界が二極化する。余剰の石油を持つ地域と不足する地域の発生であり、世界原油生産ピーク以上に重要な時点である。

過去の原油生産傾向のみからもOPEC支配傾向が明白である。1985年から1999年までのOPEC生産高が平均3.46%/年（1998年まででは平均4.54%/年）の高率で増大した、非OPECの生産高は、この14年間0.37%/年（1998年までで平均0.3%/年）の低成長にとどまった。そして、直近の2005年において、OPEC生産量は12.3Gbo/年であり、非OPEC生産量は17.2Gbo/年であり、2008年の交代時点に接近しつつある。いずれ、世界の原油生産は2008年以降2040年を越えて低下し続けるが、OPECの生産は25.6%への低下に留まるにかかわらず、非OPECの生産は93.6％まで落ち込むという。言いかえると2040年の時点で、OPECが世界の原油の92%を生産するようになり、非OPEC国は8％の生産にとどまるとの予測である。いずれにせよ、今後、OPECの支配がますます強まることが懸念される。

表4に、2005年末における、確認可採埋蔵量、PR／P比率、人口、PR／人口

比率、確認可採埋蔵量 (US＄換算) について、OPEC11カ国／非OPEC国／世界全体データの要約する。表4より分かるように、世界人口のわずか8.5%のOPECが世界の確認可採埋蔵量の75.2%を所有している現状より判断すると、2008年を待たずとも、すでに世界石油輸出市場でOPECが主導権をもっていると言える。

表4　OPEC・非OPEC・世界原油可採埋蔵量・人口・換算価値データ（2005年）

OFEC加盟国	PR (Gbo) 2005年末	全世界比 (%)	PR/P 比（年）	人口(百万) 2005年6月	世界人口比率 (%)	PR／人 (バレル/人)	人口当たり価値 ($/人) (50ドル／バレル換算)	全価値 (10億米ドル) (50ドル／バレル換算)
1. Saudi Arabia	264.2	22.0	65.7	24.6	0.38	10,740	537,000	13,210
2. Iraq	115.0	9.6	173.2	28.8	0.44	3,993	199,650	5,750
3. UAE	97.8	8.1	97.8	4.5	0.04	21,733	1,086,650	4,890
4. Kuwait	101.5	8.4	105.2	2.7	0.03	37,593	1,879,650	5,075
5. Iran	137.5	6.6	92.9	69.5	1.07	1,978	98,900	6,875
6. Venezuela	79.7	7.0	72.6	26.8	0.41	3,030	151,500	3,985
7. Libia	39.1	3.3	63.0	5.9	0.09	6,627	331,350	1,955
8. Nigeria	35.9	3.0	38.1	131.5	2.00	273	13,650	1,795
9. Algeria	12.2	1.0	16.6	32.9	0.5	371	18,550	610
10. Indonesia	4.3	0.4	10.4	222	3.4	18	900	215
11. Qatar	15.2	1.2	38	0.813	0.01	18,696	934,800	760
OPEC	902.4	75.2	73.4	549.2	8.5	1,643	82,150	45,120
非OPEC	298.3	24.8	17.3	5,915.6	91.5	50.4	2,520	14,915
全世界	1,200.7	100.0	40.6	6,464.8	100	186	9,300	60,035

注：(1)P：生産量/年、PR：確認可採埋蔵量、(2)2005年の原油データ：BP Statistical Review of World Energy、(3)2005年の人口データ：List of countries by population 2005, Wikipedia

Ｖ．原油需給と国際関係

5．1　原油生産ピークの発生とその影響

図3は「世界原油生産ピーク（Global Peak Oil）」現象を示す典型的な表現である。[16]

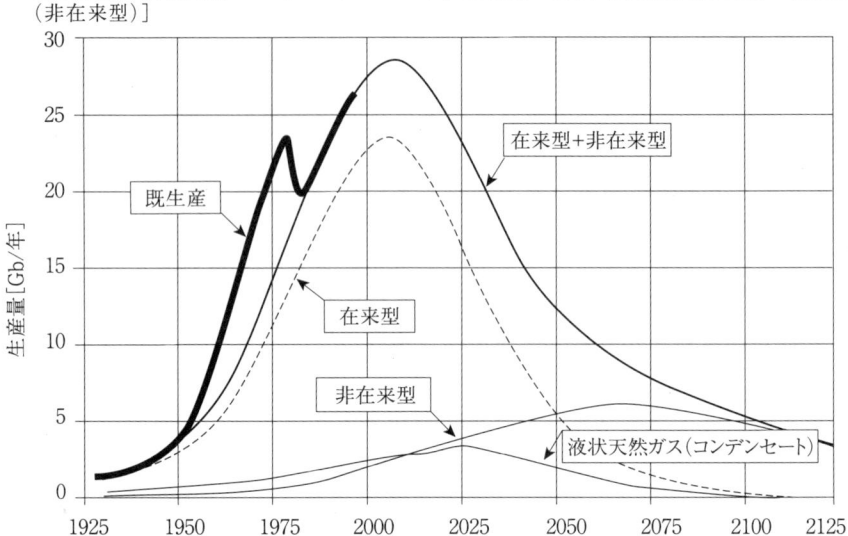

世界原油・液状天然ガス（コンデンセート）生産量：究極［2000Gb（在来型）＋750Gb（非在来型）］

図3 「世界原油生産ピーク（Global Peak Oil）」現象

原図：文献(16)

　エネルギーアナリスト、ハインバーグ（Richard Heinberg）は、世界規模で原油生産が2000年以降、横ばい傾向であることより、「"原油生産ピーク"が既に発生している」と表明した。[17]

　2003年5月、ブッシュ政権上級顧問、シモンズ（Matthew Simmons）氏は述べている：
　「基本的に原油生産のピークは現実に発生しない限り、正確な予測はできないだろう。しかし、'ピーク'は、いずれ発生する。私の分析では、数年先ではなく、数ヶ月後にピークが近づいているのではないかという心証が強い。私が間違っていると証明されれば、そうかもしれない。しかし、私が正しいならば、将来は破滅的であろう。今、世界は'プランB（次善策のこと）'を持っていない。この事実はあまりにも深刻であり、看過できない。残念ながら、悲

観論者と楽天主義者の討論開始が遅すぎたのだ。」

　図3を見て分かるように、一旦'原油生産ピーク'に到達すると、世界の需要増にもかかわらず、原油の供給はすでに老朽化した大油田か、規模の小さな中小油田にのみ限られ、生産が低下し続け、価格が上昇し続ける。各種新エネルギー開発努力にもかかわらず、石油に比べ、エネルギー密度（単位重量あたりの発生熱）が高く、容易に輸送可能な石油代替燃料がない。したがって、"世界規模の原油争奪"を回避することは困難である。

　2000年時点、アナリスト、ダンカン（Richard C. Duncan）の提唱したシナリオは、悲観的で、過激であった：「いずれ石油は厳しい品不足の発生や石油、石油製品の価格高騰に止まらず、それが原因で直接中東での戦争に入るだろう。」彼は、世界の原油データ、原油消費予測、石油輸出機構OPECの世界支配、これら全てが"戦争か平和かの鍵"である東エルサレム帰属問題の膠着状態から判断して、戦争が中東で差し迫っているとの信念を持っていた。その結果、原油価格は極めて不安定になり、その時点で、おそらく数ヶ月間に、バレル当たり100ドル以上に高騰するという予測であった。残念ながらこの予測は数字的に当たらなかったが、その傾向は正しく予測された。ほぼ1年後、2001.9.11を機に、アフガニスタンとイラクで戦争が始まったのである。

5．2　2003～2004年における原油高騰の原因
　そして、2003年3月19日、イラク戦争勃発の機に、一時小康状態にあった原油価格は上昇に転じた。1999年より2004年までのニューヨーク商業取引所でのWTI（West Texas Intermediate）先物価格（1バレルあたり）を図4（イラク戦争価格上昇）に示す[18]。

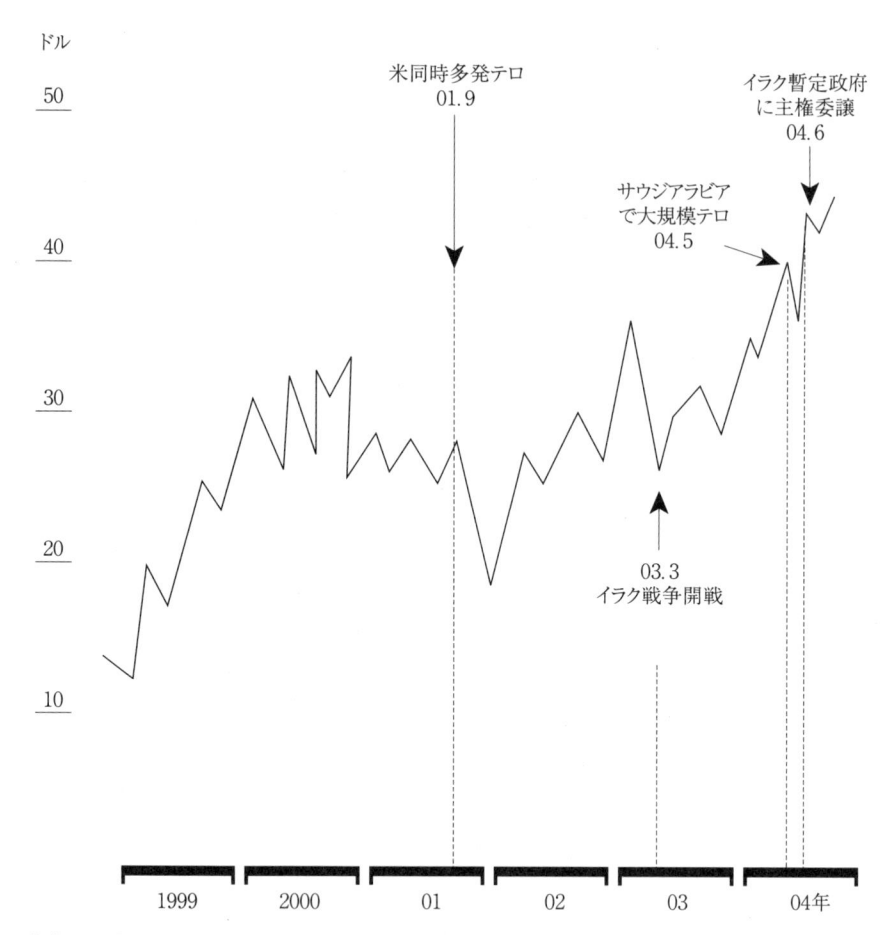

出典：Asahi Shinbun weekly, AERA 2004.9.20, p.28.

図4　原油価格の推移

　2003〜2004年の原油高騰の主因は何であったろうか？　2004年10月はじめ、米ワシントンで開かれた一連の国際経済会議では、原油を巡る議論が活発に交わされた。最も優勢な根拠は「供給不安」であった。地政学的リスクの高まりに加え、恒常化ヤミ増産が市場を不透明にしているとの意見もあった。急成長しつつある中国の需要増には賛否両論があったものの、中国の原油消費量が米国に次いで世界2番目であることを考えると、国際金融筋は「中国の非効率な

バブル的投資の影響は大きい。加熱する経済の軟着陸に成功するかどうかは、原油の需給にとっても重要な問題だ」と原油と中国の問題をセットで考えるべきであるとした。[19]

5．3　OPEC支配力増加の影響

1998年時点で、世界の原油需要成長は2％/年であった。85年～98年の成長は、南米で2.3%/年、アフリカで3.07%/年、アジアで3.85%/年の伸びであった。米国エネルギー省（DOE）エネルギー情報局（EIA）の予測によると、2020年までに原油需要は60%増加し、40Gbo/年になるとみられた。その結果、原油生産ピークに基づく需給ギャップが国際的に政治・経済上のギャップを生み出すことは疑いがない（現在の原油需要30Gbo/年とのギャップは約10Gbo/年に及ぶ）。もしこの予測が正しいとすると、早急に代替石油資源への転換を図らない限り、中東OPEC産油国の市場占有率が再び上昇した時、第四次石油危機発生のおそれが高い。2000年時点でOPEC産油国のシェアは30％を超え、1970代のオイルショック時のレベルとなった。そして、2010年を待たずして、シェアが50％に達し、非OPEC産油国を追い越す可能性が極めて高いとみられる。その場合、需要は抑制され、産油もほぼ10年間にわたり落ち込むこととなるだろう。1979年のオイルショック時、需要は10%縮小し、その回復に17年間を要したのである。しかし、2010年までにそれら産油国も産油のピークを過ぎており、世界の産油は下降期に入っている。まさに、終わりが無い第4次石油ショックの始まりになるだろう。

5．4　世界原油生産量予測と米国の石油外交

図5より分かるように、OPECの主導権は、中東のイラク、イラン、クウェート、サウジアラビア、アラブ首長国連邦の5カ国"ビッグ5"に集中する。その原油生産は、2025年に世界生産の51％に達し、それ以降、世界原油の生産と輸出を支配することになる。

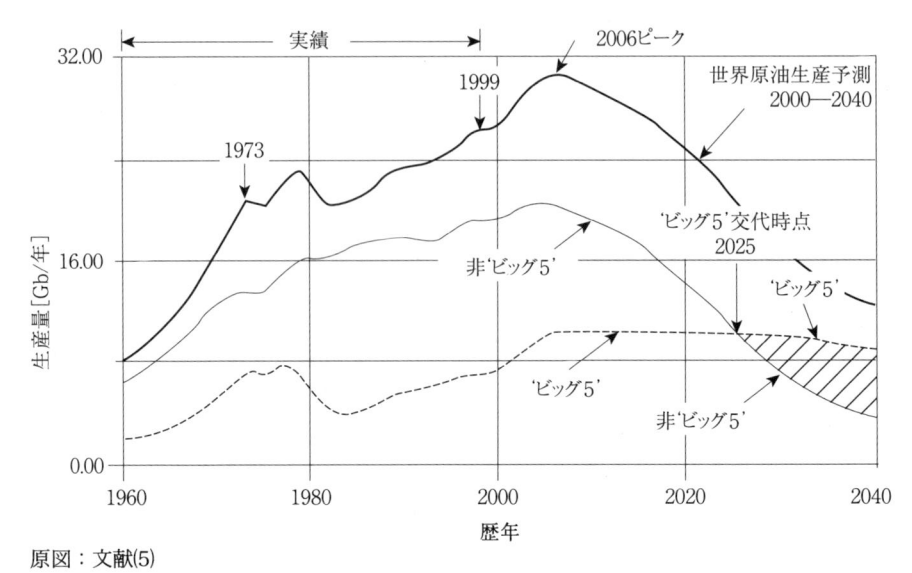

図5　ビッグ5の交代時点〜2025（'ビッグ5'支配）

原図：文献(5)

　余剰生産設備も限られている：9.11の一年前、2000年9月11日、当時のOPEC議長ロドリケス（Ali Rodriquez）は「世界原油生産が限界に達している」と述べた。そして、奇しくもその1年後、2001.9.11のテロ攻撃が発生した。原油価格について、2000年9月10日時点での専門家の一致した見方は、需要は堅調であるので、今後は売手市場であり、全ての石油製品につき、一時的上下はあるものの、必ず価格は上昇する。他方、世界の原油生産はその余力に限界にあり、今後価格上昇は避けられない、というものであった。

　すでに、2000年時点で、クリントン政権時代のエネルギー外交戦略は原油高騰を受けて、エネルギー外交の動きが急であった。2000年3月、当時のエネルギー担当大統領補佐官がリヤド、クウェート市、アブダビに急遽出張した。彼は、ウィーンで開かれたOPEC総会の機会に、原油生産増加を働きかけるため、自ら直接OPEC代表と面会し、個別交渉をした。これは、当時、米国がOPEC世界石油輸出支配を容認しており、エネルギー政策が事実上の「原油瀬戸際作

第 2 章　縮小する世界の原油生産　　83

戦」に入っていた。[4] そして、ダンカン予測#5より、2008年のOPEC／非OPEC交代時点以降の重要性よりすると、2000年時点における包括的な米国のエネルギー外交の必要性は明白であった。[5] しかし、その後、米国は、大統領が交代し、9.11が発生すると同時に、軍事戦略に舵を切ったのである。

VI. 結論

　以上、本章では1990年代末以降の主要な文献の内容を見直し、今後、原油生産を通して、世界がいずれの方向に向かいつつあるかについて分析した。

　現在、原油可採埋蔵量が、1,200Gbo程度あるとすると、今すぐに石油が姿を消す情勢にはない。それにもかかわらず、原油価格の高騰が続いている。その要因の一つに原油生産の見通しがある。今後の生産量予測について、要因をいずれの範囲まで考慮するかによって、原油生産可能性について比較的厳しい悲観論と技術開発に期待がもてるとする楽観論がある。表２のダンカン予測#1～#5によると、世界の原油生産ピークは、いずれも2005～2007年、ピーク生産量は29～32Gbo/年の狭い範囲に入っている。かりに、それが正しいとすると、ピーク時点以後需給バランスが崩れ、世界経済へ及ぼす影響が大きい。

　「原油生産ピーク」に関する米国の認識は、2001年大統領がクリントン（Bill Clinton）からブッシュ（George W. Bush）に交代した直後、9.11発生の機に一変した。すなわち、この時点より、米国のエネルギー戦略は'外交戦略路線'から'軍事戦略路線'へと転換したのである。その経緯については、第４章と第５章で詳述する。

　石油に限らないが、エネルギー需要予測は、世界の経済開発と密接な関係がある。殊に、人口増加との関係が著しい。例えば、人口が減少すれば需要が減り、原油生産も当然減少して差し支えない。しかし、増え続ける今日の人口傾向をみると、資源制約や技術導入の制約から、原油生産が低下すると、世界は

不安定化する。このことに関しては、第8章で述べる。

　キャンベル等の論文が発表されて以来、21世紀に入り、「原油生産ピーク」に関連して、アメリカを中心に世界の文明評論家やアナリスト、ジャーナリスト等により、多くの評論が発表され、それらの邦訳も出版された。また日本人の著書も出された。(注)1

　これらの出版に先立ち、すでに2001年の時点で、著者がエコノミスト、ダンカン（Richard Duncan）の原油生産予測を分析して、主張した内容は、本章でも詳述した通り、現代文明の「血流」であり、食糧の要素にも他ならぬ原油の生産が、2006〜2007年頃、ピークを打つと、時を同じくして、世界の需給バランスが崩れ、政治・経済・社会的な不安定現象の発生を懸念するものであった。すなわち、世界的に、あらゆる階層的構造が変容し、二極化ないし多極化構造が顕著になる。つまり、各階層の中にもまた階層が生まれ、あらゆる局面で、「格差」拡大の可能性がより高まるであろうというものであった。これらについては、本書、第2部（II）において述べる。

　なお、本書における以下の分析では、ピークオイル時点を2007年であるとして論述している。

───────────

(注)1　代表的なものとして、以下の出版物がある。
　　・Jeremy Rifkin, The Hydrogen Energy（2002）：邦訳、水素エコノミー──エネルギー・ウエッブの時代（柴田裕之訳）、日本放送出版協会（2002）
　　・Michel T. klane, "Blood and Oil–the Dangers and Consequences of America's Growing Dependency on Imported Petroleum", Henry Holt and Company LLC：邦訳、血と油──アメリカの石油獲得戦争──（柴田裕之訳）、日本放送出版協会（2002）
　　・Paul Roberts, "The End of Oil-On the Edge of a Perilous New World"（2004）：邦訳、石油の終焉──生活が変わる、社会が変わる、国際関係が変わる（久保恵美子訳）、光文社（2005）
　　・Linda McQuairy, "IT'S THE CRUDE, DUDE-War, Big Oil and the Fight for the Planet"（2004）：邦訳、石油争乱と21世紀経済の行方（益岡賢訳）、作品社（2005）
　　・豊かな石油時代が終わる──人類は何処へ行くのか──（石井吉徳、大矢暁、内田盛也著）、日本工学アカデミー・環境フォーラム（2004）
　　・Sonia Shah, Crude: the Story of oil（2004）：邦訳［石油の呪縛］と人類（岡崎玲子訳）、集英社新書（2007）

文献

(1) Colin J. Campbell and Jean H. Laherrere: The End of Cheap Oil, *Scientific American*, March 1998, 60-65.
(2) Richard A. Kerr: The Next Oil Crisis Looms Large and Perhaps Close, *Science*, 21 Aug., 1998, 1128-1131.
(3) Is Oil Running Out?), *Science* VOL.282, 2 October 1998, 47-48.
(4) Richard C. Duncan（Heuristic Oil Forecasting Method）（http://www.halcyon.com/duncanrc/text.htm 現在閉鎖中）
(5) Duncan R. C.: Crude Oil Production and Prices: A Look Ahead at OPEC Decision Making Process, West Coast PTTC Workshop, Barksfield, California, 22 September 2000.
(6) Pfeiffer, Dale Allen: "Much Ado about Nothing, Whither the Caspian Riches? Over the Last 24 Months Hoped For Caspian Oil Bonanza Has Vanished With Each New Well Drilled, Global Implications Are Frightening," *From The Wilderness*, December 5, 2002.
(7) National Energy Policy: Report of the National Energy Policy Development Group, *whitehouse. gov*, May 2001.
(8) Ruppert, Michael: "The Unseen Conflict War Plans, Backroom Deals, Leverage and Strategy Securing What's Left of the Planet's Oil Is and Has Always Been the Bottom Line," *From The Wilderness*, October 18, 2002.
(9) Ruppert, Michael, FTW Interview: "Colin Campbell on Oil," *From The Wilderness*, October 23, 2002.
(10) Paul, James A,: "Iraq: the Struggle for Oil," *Global Policy Forum*, December 2002.
(11) 「カスピ海地中海パイプ建設大詰め—原油輸入先の多角化魅力」、2004/ 9 /15、朝日.
(12) 2000/3/7、朝日
(13) 新田義孝・内山洋司：破局からの脱出、電力新報社、51、1993.
(14) Michael Toman Joel Darmstadter: Is Oil Running Out?, *Science* VOL.282, 2 October 1998, 47-48.
(15) R. N. Anderson: *Scientific American*, March 98, 69-73.
(16) William Clark: Revisited-The Real Reasons for the Upcoming War With Iraq: A Macroeconomic and Geostrategic Analysis of the Unspoken Truth, http://www.ratical.com/ratville/CAH/RRiraqWar.html January 2003., Revised March 2003.)
(17) Richard Heinberg:The Party's Over: Oil, War and the Fate of Industrial Societies, *New Society Publishers*, March 1, 2003.、および、"The Petroleum Plateau," Muse Letter No. #135, May 2003.
(18) *AERA*, 2004. 9 .20, 28.
(19) 原油高騰主因めぐり議論—供給不安論が優勢、2004/10/6、朝日

第3章

天然ガスの生産予測と利用の課題

Ⅰ．緒言

　天然ガスは欧米を中心に、都市に張り巡らされたパイプラインを利用して供給され、古くから利用されてきた。しかし、安価な石油が豊富に利用できた1980年代では、天然ガスは石油の陰に隠れがちであった。さらに、1970年代の2回にわたる石油危機を経て原油価格が軟化したことと、一時供給余力に余裕がなく、1980年代初頭、米国での消費量は30％も減ったが、1980年代後半より、天然ガスに特有の環境保全性と、豊富な埋蔵量が原油に匹敵することが判明したため、再び着目されるようになり、発電用燃料として大量に使われ始めた。しかし、天然ガスの供給は、パイプラインによることが多いため、かりに需要が供給を上回ると、供給システムに支障が出やすく、価格も高騰しやすいという問題がある。2001年には、単位体積あたり価格が4倍にも上昇した。

　天然ガスの基礎知識については、第1章において、世界の埋蔵量・生産量・消費量を含め、整理した。本章ではその基礎知識をベースに、石油代替燃料の一つとして、今後社会経済的な浸透がより予測される天然ガスについて、資源と生産の将来予測について述べる。さらに、具体的な問題として、世界的に影響の大きい北米地域を対象に発電用燃料としての天然ガスの利用とその課題を分析する。[1]

Ⅱ. 世界の天然ガス生産の将来予測

　天然ガスの資源量と年あたりの生産量を予測する手法として、原油について適用された「ヒューバート・モデル（Hubbert Model）（第2章参照）」を生産予測へ効果的に適用することが考えられる。しかし、天然ガスの場合は、原油の場合と比べると、小さなガス田の発見が遅れがちになるため、生産曲線は、ピークに至る前の上昇にくらべ、ピーク後の減衰が緩やかになるという特徴がある。このことを配慮して、複数のサイクルを適用する「マルチサイクリック・ヒューバート・モデル（Multicyclic Hubbert Model：以下MCHモデル）」が注目されている。これは、基本的に原油に対して適用されている「ヒューバート基本モデル」を改善して、ガス生産の予測の精度を上げたものである。ヒューバート生産サイクルを複数適用することにより、過去の生産傾向を分析したところ、より良い一致が得られることが分ったのである。ここでは、まず、MCHモデルによる世界の天然ガスの「推定生産量（Estimated Production：EP）、並びに、「推定回収可能量（Estimated Future Recovery：EFR、原油の"推定可採埋蔵量"に相当する。）」と「推定究極回収可能量（Estimated Ultimate Recovery：EUR、原油の"究極確認可採埋蔵量"に相当する。）」の計算結果を紹介する。[注]1、[1]

2．1　増大する世界の天然ガス生産

　天然ガスは、石油にならんで、最も重要なエネルギー源のうちの一つである。図1に見られるように、天然ガス生産の増大は、近年、化石燃料のうちで最も急速なものであった。世界のエネルギー生産における原油のシェアが1970年の45%から2000年には36.7%に低下したにかかわらず、天然ガス生産のシェアは

（注）1　原油の場合、ヒューバートモデルは過去のデータにより将来の発見分を見込んでいるので、一般的に、EURは、すでに存在が確認され、技術的・経済的に回収可能な究極埋蔵量である「確認究極可採埋蔵量（Proven Ultimate Reserves：PUR）：P90に対応」より大きい値を示す。また、EFRも、すでに存在が確認され、技術的・経済的に回収可能な「確認可採埋蔵量（Proven Reserves：PR）」よりも大きい値を示すべきことに要注意。

17.2%から22.8%と増加した。

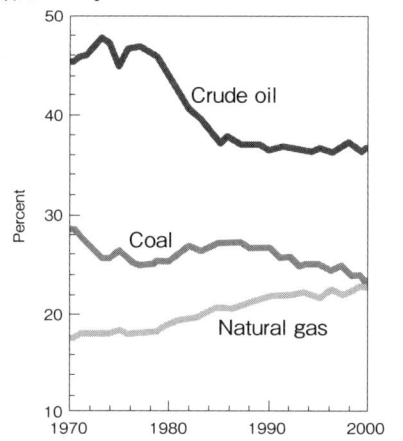

Crude Oil：原油、Coal：石炭、Natural Gas：天然ガス
原図：文献(1)

図1　世界のエネルギー生産

さらに、図2に見られるように、過去20年間で、世界の天然ガスの生産量は、約1.7倍増加した。「米国エネルギー情報局（US Energy Information Administration）」は、2020年までに消費量はさらに倍増するとしている。

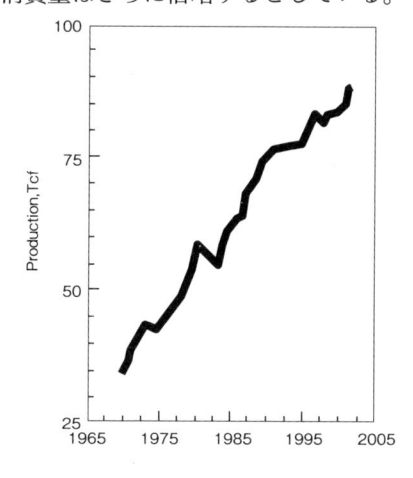

原図：文献(1)

図2　世界の天然ガス生産

天然ガス需要のこの急速な増加の理由は、天然ガスの埋蔵量が量的に豊富なこと、比較的安値であること、そして、石炭や石油に比べて、環境的には、はるかにクリーンなことである。近年、世界の天然ガス生産の正確な予測データをもとにした天然ガス供給計画策定がますます重要になった。

2．2　増大する米国の天然ガス輸入

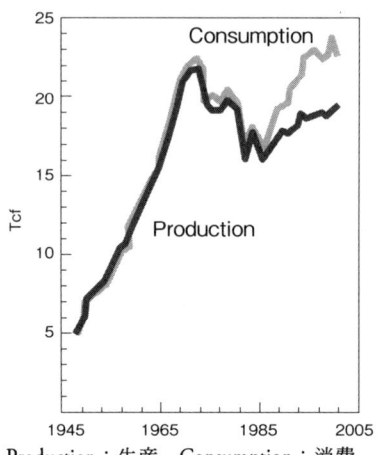

Production：生産、Consumption：消費
原図：文献(1)

図3　米国のガス需給

現在、米国は世界最大の天然ガス消費国である。図3に見られるように、近年、米国のガス消費が生産を凌いだ。そのため、2002年、米国のガス輸入は、総消費の16％にも達している。今後、米国にとって、輸入依存の増加が続くと考えられるので、より信頼できる情報に基づき、将来の供給計画を策定することが重要になっている。（米国の状況については、本章のIII.で詳述する。）

2．3　主要生産国と世界各地域の生産予測

MCHモデルにより、世界の主要な天然ガス生産国46カ国について、2050年までの将来の生産予測が行われた。入力データとしては、1970年から2002年までの天然ガス生産データが採用された。世界の生産国は、地理的に6地域に分類されている。

第3章 天然ガスの生産予測と利用の課題

表1は、「MCHモデル」にもとづき検討した主要生産国の予測結果である。表2は、全地域と世界の予測結果である。

表1　MCHモデルによる世界の天然ガス生産予測結果（生産国別）

country	peak production q_{max} Bcf/year	Peak time t_{max} year	cumulative production Q2002	G_{FR} future Tcf	Recovery G_{pau} ultimate	% produced
Western Hemisphere						
US	22,038.13	1973	991.26	172.45	1,163.71	85.34
Canada	9,341.00	2010	149.48	259.87	409.34	36.52
Mexico	2,581.64	2036	35.38	177.46	212.84	16.62
Argentina	1,600.00	2013	21.23	52.84	74.08	28.89
Venezuela	2,990.00	2044	24.67	216.48	241.16	10.23
Trundad	964.12	2016	6.68	27.92	34.60	19.31
Brazil	1,178.18	2042	3.91	60.47	64.37	6.06
Colombia	281.34	2016	4.87	11.86	16.73	29.09
Bolivia	341.72	2008	3.74	4.47	8.21	45.58
Peru	64.14	1974	1.21	0.58	1.79	67.54
Ecuador	141.66	1979	0.62	5.39	6.01	10.31
Chile	238.80	1971	4.03	4.99	9.02	44.65
Western Europe						
UK	3,986.91	2002	64.98	41.86	106.84	60.82
Netherlands	2,851.17	1981	91.59	19.52	111.11	82.43
Norway	3,780.02	2023	29.18	163.89	193.07	15.11
Germany	739.60	2000	21.31	17.30	38.61	55.19
Italy	694.97	1995	22.69	6.78	29.47	76.98
Denmark	290.00	2001	3.01	1.77	4.78	62.77
Austria	68.00	2003	1.91	1.26	3.16	60.33
France	262.67	1983	5.93	0.83	6.75	87.74
Easten Europe and FSU						
Russia	32,622.43	2029	689.54	2,235.38	2,924.92	23.57
Romania	1,260.62	1981	39.07	3.71	42.78	91.33
Africa						
Algeria	5,345.96	2015	43.36	158.10	201.46	21.52
Egtpt	866,30	2012	7.20	21.81	29.00	24.52
Nigeria	1,587.55	2086	5.83	152.39	158.22	3.68
Libya	634,73	2050	7.31	48.67	55.97	13.06
Tunisia	192,64	2008	0.96	1.98	2.94	32.62
Angola	71.47	2025	0.90	2.66	3.56	25.30
Middle East						
Iran	13,106.79	2076	32.80	1.061.52	1,094.32	3.00
Saudi Arabia	7,205.62	2046	24.76	420.42	445.18	5.56
UAE	4,476.00	2035	16.20	210.92	227.12	7.13
Qatar	8,700.00	2035	8.32	310.20	318.52	2.61
Bahrain	255.15	2004	4.75	3.75	8.50	55.91
Oman	782.78	2023	2.86	25.82	28.68	9.97
Kuwait	876.20	2050	6.57	61.33	67.90	9.68
Syria	215.00	2000	2.13	1.03	3.15	67.44
Iraq	1,832.32	2072	3.42	124.19	127.61	2.68
Asia Pacific						
Indonesia	2,500.00	2000	42.07	24.95	67.03	62.90
Malaysia	3,450.00	2012	16.47	80.12	96.59	17.05
Australia	1,508.34	2011	19.10	47.00	66.09	28.66
China	6,800.81	2044	23.22	340.98	364.20	6.38
India	1,060.93	2004	11.54	15.42	26.96	42.80
Pakistan	1,161.66	2019	14.79	51.95	66.74	22.16
Tailand	1,089.00	2010	6.93	22.56	29.49	23.49
Brunei	459.49	20008	8.33	11.83	20.16	41.34
Japan	86.57	1975	2.61	1.85	4.46	58.49

q_{max}：ピーク生産量、t_{max}：ピーク生産年、Cumulative Production：累積生産量、Gfr（Future Recovery：推定（将来）回収可能量）、Gpau（Ultimate Recovery：推定究極回収可能量）、Bcf/year（10億立方フィート/年）

出典：文献(1)

表2　MCHモデルによる世界の天然ガス生産予測結果（地域別）

Region	peak production q_{max} Bcf/year	Peak time t_{max} year	cumulative production Q2002	G_{FR} future Tcf	Recovery G_{pau} ultimate	% produced
Western Hemisphere	30,985.75	2000	1,247.07	992.66	2,239.73	55.68
Western Europe	10,293.66	2000	240.59	253.22	493.81	48.72
Easten Europe and FSU	32,638.06	2029	728.62	2,239.09	2,967.70	24.55
Africa	6,967.29	2015	65.55	385.60	451.15	14.53
Middle East	27,961.45	2039	101.81	2,219.18	2,320.99	4.39
Asia Pacific	11,649.92	2010	145.06	596.66	741.72	19.56
Total world	88,427.73	2019	2.528.70	6,68641	9,215.11	27.44

Region（地域）、その他の項目は表1参照

出典：文献(1)

　図4に示すように、世界生産は、2002年時点での世界のは、ほぼ2,529Tcf（兆立方フィート）で、2019年に、88.428Tcf/年で生産がピークになるとの予測がされた。世界のEURは約9,215Tcfで、EFRは約6,686Tcfである。これは、今後、世界のEURの72%以上の天然ガス生産が可能であることを意味する。

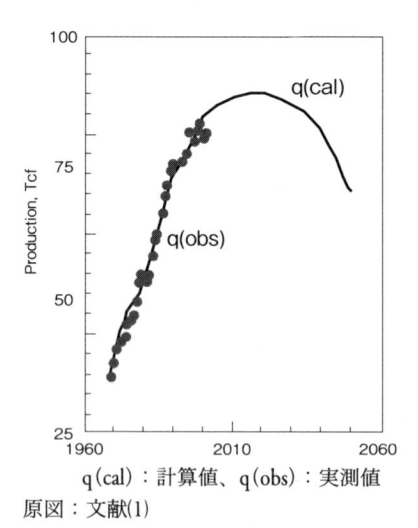

q(cal)：計算値、q(obs)：実測値
原図：文献(1)

図4　MCHモデルによる世界の天然ガス生産予測

　表3は、天然ガスのEFR分布と2002年に生産された各地域ごとの天然ガスのシェアを示している。これをみると、東欧・旧ソ連と中東が主要な天然ガス生

産地域であり、原油と同様、天然ガスも地球上で地域的に偏在していることが分る。

表3　天然ガス推定（将来）回収可能量EFRと2002年生産量シェア分布

地域	EFR シェア (%)	天然ガス生産量シェア (2002年、%)
東欧・旧ソ連	36.0	28.6
中　東	35.8	7.0
西半球（南北アメリカ）	9.1	37.1
アジア・太平洋	8.1	11.1
アフリカ	7.6	4.5
西　欧	3.4	11.7

出典：文献(1)

次節に、MCHモデルにより求められた各地域の天然ガス資源に関する特徴をまとめる。

2．4　世界各地域の天然ガス資源状況

西半球

表3より、西半球（南北アメリカ・グリーンランド）は、世界の天然ガスEFRのシェアは9％であるに過ぎないが、2002年の生産シェアは37.1％で、世界最大の生産地域である。しかし、この地域での生産は、既に2000年にピークを過ぎた。EUR2,240Tcfのうち、すでに約56％以上が生産された。米国の場合、ガス生産の第一のピークは、1973年であった。米国では、累積生産量がEURの85％を超えており、既にその主要部分の生産が終わったと見られる。

他の重要な生産国は、カナダ、メキシコ、並びにベネズエラである。ベネズエラの天然ガスのEFRは地域全体の約30％である。しかしながら、2002年の生産は、わずか2.65％に過ぎなかった。ベネズエラにおける生産ピークは2044年と予想され、EFRはEURの90％である。（カナダ、メキシコを含めた北米の天然ガスデータの特徴については、本章Ⅲ.を参照のこと。）

西欧

　西欧で2002年の生産量は世界全体の約12%であった。しかし、西欧は、現在、世界のEFRシェアの3.5%未満を所有するに過ぎない。この地域での生産はすでに1999〜2002年の間に平衡状態に達し、ピークは2000年で、10.293Tcf/年であった。EURは約494Tcfと予測され、既に、その49%が生産された。主要な生産国の半分以上で、すでにピークを過ぎているか、過ぎようとしている。現在、英国、オランダ、ノルウェーがこの地域の主要生産国である。

　英国の生産データより、その生産ピークは、2002年に発生したと考えられ、今後、生産は低下するものと考えられる。現在、英国のEFRはEURの40%未満である。オランダは既にそのEURの80%以上を生産済みである。ノルウェーには、地域最大の天然ガスEFRが残っており、今日までにわずか15%が生産されたに過ぎないので、将来、西欧での天然ガス部門で重要な役割を果たすと予想される。

東欧・FSU（Former Soviet Union：旧ソ連邦）

　世界のEFRの36%はこの地域にあり、将来、この地域で最大の回収がなされる。この地域は世界のガス生産の第2位である（一位は西半球）。東欧と旧ソ連邦のEURは全地域の中で最大である。これまでのところその約24%が生産されたに過ぎない。

　つい最近まで、ロシア以外にルーマニア（東欧に分類されている）が地域の唯一の重要な生産国と考えられていた。しかしながら、その生産量とEFRの大幅な低下が報告され、ルーマニアの評価は低下した。今、この地域に出現しつつある天然ガス主要生産国として、やっと工業化が始まったばかりのトルクメニスタンとウズベキスタンがある。ロシアはEFRと生産量において、今日、世界No.1である。ソビエト連邦の崩壊以来、ロシアのガス生産が一時低下したが、巨大な天然ガス資源の開発・生産を再開した。そしてロシアの再建とともに、

政治的環境が改善され、外国資本の参入が可能になった。しかしながら、世界の大部分の生産国が現在の技術によって経済的に回収できる「確認（将来）回収可能量（Proved Future Recoveries: PFR）」のみを報告しているにかかわらず、ロシアの回収可能量報告には、通常、承認されているPFRに'探査された回収可能量'を加えて報告している疑いがある。MCHモデル計算では、ロシアのEURとEFRは、各々、2,925Tcfと、2,236Tcfである。このEURはあらゆる生産国のなかで最大である。ロシアのEURのほぼ76%が今後生産されるべく残っている。

アフリカ

アフリカの天然ガス生産は徐々に増大している。生産がピークになると予測される2015年まで、この傾向は続くであろう。EURは、ほぼ452Tcf（6地域のうちで最低）で、EFRとしては、その85%を残している。

アルジェリア、ナイジェリア、エジプトは、この地域における主要ガス田の保有国である。2002年現在、アルジェリアは世界の第5位のガス生産国であり、EFRで第7位であった。生産ピークの予定は2015年であるが、EURの80%を残しているので、アルジェリアが、ここしばらく主要なガス生産者としての役割を果たすと予想される。ナイジェリアが生産ピークになる時点は最も遅く、2089年であると予測される。これまでEURのわずか3.7%しか生産されていない。天然ガスが今後長期間ナイジェリアの将来を利するであろうことは明らかである。エジプトの生産は2012年にピークになると予測されるが、EURの4分の3がまだ残っている。以上、アフリカのEFRは量的に限られているものの、今後長期間、生産が続くと考えられる。

中東

世界の天然ガスの主要生産地は中東である。この地域は、世界第2位のEFRを持ちながら、生産は始まったばかりである。中東の生産は2039年にピークになると予測される。現在、その累積生産量は、EURの4%に過ぎない。すなわ

ち、約2,219Tcfが今後生産されるべく残っている。

　イラン、カタール、サウジアラビア、UAEがこの地域のEFRのほぼ90%を保持し、生産の84%を占めている。これら生産国が主要なプレーヤーである。イランでは、生産が2076年にピークになる。EURは1,094Tcfで、EFRはその97%である。実際、中東での生産の将来のほぼ半分が主としてイランで行われる。この地域のみならず、世界に対し、イランのもつ生産余裕の重要性を示している。カタールの天然ガス生産は2035年にピークになると予測される。これまでの累積生産量は、EUR318Tcfの2.61%に過ぎない。カタールは世界の生産国の中では、そのEUR量にもかかわらず、生産活動は最小である。明らかにこの国のもつ能力にくらべ、はるかに少ない生産量である。因みに、後述するように、2007年4月にも、ロシアはカタール等中東諸国と協力して、"天然ガス版OPEC"を立ち上げようとしている。

　サウジアラビアの天然ガス生産は2046年にピークになる。現在、そのEURの約96%が未生産のままである。EFRが420Tcfを超える状況にありながら、このようにピークが遅れることを考えると、サウジアラビアは、将来とも主要なガス輸出国であり続けると推測される。

アジア太平洋

　2002年でアジア太平洋地域のEFRは全世界の約8%であり、生産シェアは、ほぼ11%であった。EURは約742Tcfであり、生産が2010年にピークになると予測される。これまでの生産がEURの19%に過ぎないことを考えると、EFRとして、かなりの量を残している。

　しかしながら、この地域の生産国はいずれも、"トップ10"の資源国リストには入っていない。わずかにインドネシアのみが、2002年そのレベルの生産国に入ったに過ぎない。インドネシア、オーストラリア、マレーシア、中国のよ

うな生産国の寄与が将来顕著になるであろう。とはいえ、インドネシアの生産は、この数年間、減衰し続けている。これは、インドネシアでは、そのピークが2000年に経過したことを示唆しており、残された回収量は25Tcfを下回っている。マレーシアの生産は、2012年にピークになると予測される。そして、今後、そのEURの83%が生産される。これは、特にアジアの太平洋の地域において、マレーシアが、将来、重要な役割を果たすであろうことを示している。

最も遅くこの地域でピークを迎えるガス生産国は中国である。中国の生産ピークは2044年と予測され、EFRは、世界で3番目に高い約341Tcfである。これは、中国が重要国であることを示している。しかしながら、国のサイズと人口より推測すると、中国のエネルギーの国内需要は著しく高い。従って、近い将来、中国が天然ガスの主要な輸出国になるとは考えられない。

2．5　世界の天然ガス供給の現状

以上の地域的特徴より明白なことは、西欧の生産国のEFRが残り少なく、終わりに近づきつつある以上、他の信頼できるエネルギー源が開発されないかぎり、ガス需要を満たすにあたり、より東方の生産国に依存せざるを得ない。既に、ロシアのみで、ヨーロッパの天然ガス需要の30%を供給している。米国も中東とロシアからより大量のLNGを輸入する予定である。

表1には、全ての国の累積生産量のEUR比率も示されている。高い比率を持つ生産国が、自国のガス需要を満たすために、より低い生産国に依存するようになるであろうことは容易に推測できる。さらに重要なことは、高い比率を持つ大部分の国が「先進国」であるという事実である。先進国には、高レベルの生産・供給施設基盤（インフラストラクチャー）があり、政治・経済的に安定しているので、供給国よりみると、取引上も魅力がある。このことは、西欧とアフリカのEURを分析すれば明白である。西欧の累積生産は、ほぼ50%であるが、アフリカは15%未満に過ぎない。これは、生産環条件に依存する。一般にサハラ北部を除

くと、アフリカに比べ、生産条件はヨーロッパの方が全く有利である。

　生産基盤が弱く、政治的安定性が欠如していることが、アフリカとアジア低開発国への技術移転の妨げとなっている理由である。しかしながら、西側の資源が減退するにしたがって、西欧のガス産業は、中東でのガス生産に将来があると考え、探査・調査・生産の焦点を東方に集中させるであろう。世界のEFRの66％以上が、東欧／FSUと中東に存在する。今後、2カ国（ロシアとイラン）のみで、世界のEFRのほぼ50％を支配するであろう。いずれにしても、世界のガス生産が2019年にピークを迎えるとすると、西洋諸国は中東およびロシアへの依存を強めざるをえないであろう。

　ここで取り上げたMCHモデルのシナリオからすると、西側の役割は、まず、ガス資源を経済的に生産するためのインフラストラクチャー整備に、必要な技術をこれらの低開発国に提供すべきであると言える。しかし、それ以上に、原油や天然ガスが枯渇性資源であり、いずれ、使い尽くされるので、早期・真剣かつ効果的に、信頼性があり、経済的な代替エネルギー源（石炭のガス化やバイオ燃料など）を研究し、開発すべきである。

2．6　天然ガス予測モデルの特徴と埋蔵量の比較

　MCHモデルでの予測作業は、その前提より、新しいデータが利用可能になり次第、定期的に更新されるべきである。予測では、現状、安定して一定以上の生産高を持つ生産国のデータのみが採用されざるをえない。しかし、データが入手できない国がある以上、世界の全生産国の生産傾向をモデル化し、完全に正確な世界モデルを作ることは不可能である。また、非在来型資源であり、生産が困難な、炭層メタン、ガス・シェール、含水化合物（メタンハイドレード）等の非在来型ガス田はモデルには含まれていないという限界もある。

　ヒューバートモデルによる予測方法は、基本的に過去のデータにのみ依拠す

るので、過去の生産統計データーに対し、強い偏りを持っていると言える。今後、発見される天然ガス資源から生まれる最新のデータが、分析モデルに影響を与えるようになるまでには、かなりの時間がかかるであろう。非在来型資源が回収可能量の追加に寄与し始めれば、EURが増大することが期待される。このように、ガス供給全体にとって、非在来型資源の役割がより明瞭になれば、それらのデータを含め、MCHモデルが改訂されるべきである。

表4に、以上の制約を踏まえてMCH推定回収可能量モデルによる計算結果を確認可採埋蔵量の報告値と比較する。一般に、前者がそのモデルに将来の資源発見を含んでいるので、量的に後者を凌ぐべきであるが、各国からの報告データに年によりばらつきがある場合、また、国別報告が非在来型資源を含んでいる場合などは、量的に逆転している国の例も見られる。

表4　世界の天然ガス埋蔵量データの比較

	確認可採埋蔵量（Proved Reserves）						推定回収可能量（Estimated Future Recovery）モデル計算値（一般に、EFR > PR）
文献	http://www.bp.com/downloads/downloads/index （現在閉鎖中）		文献 http://www.bp.com/sectiongenericarticle.do?categoryId=9010957&contentId=7021577			文献 DOE/EIA-0484 (2006)	文献(1)
	1999		2005			2006	2002
国	兆立方フィート (Tcf)	全体比	兆立方フィート (Tcf)	全体比	R/P（年）	兆立方フィート (Tcf)	兆立方フィート (Tcf)
USA	164.0	3.2%	192.5	3.0	10.4	193	172.45
Canada	63.9	1.2%	56.0	0.8	8.6	57	259.87
Mexico	30.1	0.6%	14.5	0.2	10.4	—	177.46
北米計	258.0	5.0%	263.3	4.1	9.9		
Argentina	24.2	0.5%	17.8	0.2	11.1	—	52.84
Bolivia	4.3	0.1%	26.1	0.4	71.1	—	4.47
Brazil	8.0	0.1%	10.9	0.1	27.3	—	60.47
Colombia	6.9	0.1%	4.0		16.7	—	11.86
Ecuador	3.7	0.1%			—		5.39
Trinidad & Tobago	19.8	0.4%	19.2	0.3	18.8	—	27.92
Venezuela	142.5	2.8%	152.3	2.3	*	152	216.48
Other S. & Cent. America	13.2	0.2%	5.9	0.1	87.8	—	—
南・中央アメリカ計	222.6	4.3%	247.8	3.9	51.8	—	—
Denmark	3.4	0.1%	2.4		6.5	—	1.77
Germany	12.0	0.2%	6.6		11.8	—	17.30
Hungary	2.9	0.1%	—				
Italy	8.1	0.2%	5.9		14.0	—	6.78

Netherlands	62.5	1.2%	49.6	0.8	22.3	62	19.52
Norway	41.4	0.8%	84.9	1.3	28.3	84	163.89
Romania	13.2	0.2%	22.2	0.3	48.6	—	3.71
United Kingdom	26.7	0.5%	18.7	0.3	6.0	—	41.86
Azerbaijan	30.0	0.6%	48.4	0.8	*	—	—
Kazakhstan	65.0	1.2%	105.9	1.7	*	65	—
Russian Federation	1700.0	32.9%	1688.0	26.6	80.0	1680	2235.38
Turkmenistan	101.0	1.9%	102.4	1.6	49.3	71	—
Ukraine	39.6	0.8%	39.0	0.6	58.7	—	—
Uzbekistan	66.2	1.3%	65.3	1.0	33.2	66	—
Other EURope & EURasia	12.3		16.2	0.3	47.0	—	—
全欧＋ユーラシア計	2184.3	38.7%	2259.4	35.6	60.3	—	—
Bahrain	3.9	0.1%	3.2	0.1	9.1	—	3.75
Iran	812.3	15.7%	943.9	14.9	*	971	1,061.52
Iraq	109.8	2.1%	111.9	1.8	*	112	124.19
Kuwait	52.7	1.0%	55.5	0.9	*	56	61.33
Oman	28.4	0.5%	35.1	0.6	56.9	=	25.82
Qatar	300.0	5.8%	910.1	14.3	*	911	310.20
Saudi Arabia	204.5	4.0%	243.6	3.8	99.3	241	420.42
United Arab Emirates	212.0	4.1%	213.0	3.4	*	214	210.92
Yemen	16.9	0.3%	16.9	0.3	*	—	—
Other Middle East	8.8	0.2%	1.8		26.7	—	—
中東計	1749.3	33.8%	2546.0	40.1	*	—	—
Algeria	159.7	3.1%	161.7	2.5	52.2	161	158.10
Egypt	35.2	0.7%	66.7	1.1	54.4	59	21.81
Libya	46.4	0.9%	52.6	0.8	*	—	48.67
Nigeria	124.0	2.4%	184.6	2.9	*	185	152.39
Other Africa	28.9	0.6%	42.2	0.7	*	—	—
アフリカ計	394.2	7.7%	508.1	8.0	88.3	—	—
Australia	44.6	0.9%	89.0	1.4	67.9	—	47.00
Bangladesh	10.6	0.2%	15.4	0.2	30.7	—	—
Brunei	13.8	0.3%	12.0	0.1	28.3	—	11.83
China	48.3	0.9%	83.0	1.3	47.0	—	340.98
India	22.9	0.4%	38.9	0.6	36.2	—	15.42
Indonesia	72.3	1.4%	97.4	1.5	36.3	98	24.95
Malaysia	81.7	1.6%	87.5	1.4	41.4	75	80.12
Pakistan	21.6	0.4%	34.0	0.5	32.2	—	51.95
Papua New Guinea	5.4	0.1%	15.1	0.2	*	—	—
Thailand	12.5	0.2%	12.5	0.2	16.5	—	22.56
Vietnam	6.8	0.1%	8.3	0.1	45.6	—	—
Other Asia Pacific	22.9	0.5%	13.1	0.2	34.7	—	—
アジア太平洋計	363.4	7.0%	523.7	8.2	41.2	—	—
全世界	5171.8	100.0%	6348.1	100	65.1	—	—
OECD#	471.2	9.1%	527.7	8.3	13.8	—	—
EU15 (99) / EU27 (05)	114.9	2.2%	90.8	1.4	12.9	—	—

＊R/P：100年以上、全体比空白：0.05以下、一：データ不詳

Ⅲ. 北米の天然ガス動向予測

　世界のガス需給において、北米（アメリカ・カナダ・メキシコ）は、欧州と並んで重要である。「北米自由貿易協定（North American Free Trade Agreement=NAFTA）」を擁する北米経済は、世界文明の旗頭である米国を含んでいるため、その動向が構造的に世界的な影響をもたらす傾向があるためである。その中で、電力供給の安定性確保が殊更に重要な課題である。現代文明の象徴である "C^3（通信―Communication、計算―Computation、制御―Control）" の基盤を支えているITに供給すべき良質の電力の確保が、北米の産業と人々の生活にとって、極めて重要である。発電用燃料の種類を問わず、電力が現代文明を支えているといって過言ではない。しかし、2001年1月米国カリフォルニア州で発生した電力危機が周辺各地に波及し、IT企業にも影響を与たことをみてもわかるように、発電用燃料の不足、中でも、天然ガス供給不足に基づく停電は、一国のみならず、世界の電力供給にまで影響しかねない。つまり、天然ガスの需給は電力供給にとって、死活的な重要性を持っている。[2]

　以下、本節では、発電用燃料としての北米の天然ガスの抱える課題に焦点をおき述べる。

3．1　米国における天然ガス不足問題

　近年、米国のエネルギー関連事象で、極めて象徴的であったのは、2001年1月18日に発生したカリフォルニアでの大停電である。石油は高価であるので、米国では、発電用としてほとんど使われていない（図5参照）。したがって、世界原油生産のピークは、今後、2007年にも起こると予測されるものの、それによって引き起こされる電力危機の発生は、当面、間接的なものに止まるであろう。しかし、図5より分かるように、これまで米国における発電用燃料は石炭火力が主流であったが、石炭利用にまつわる環境問題、安全問題を緩和させるために、石炭

原図：文献(3)

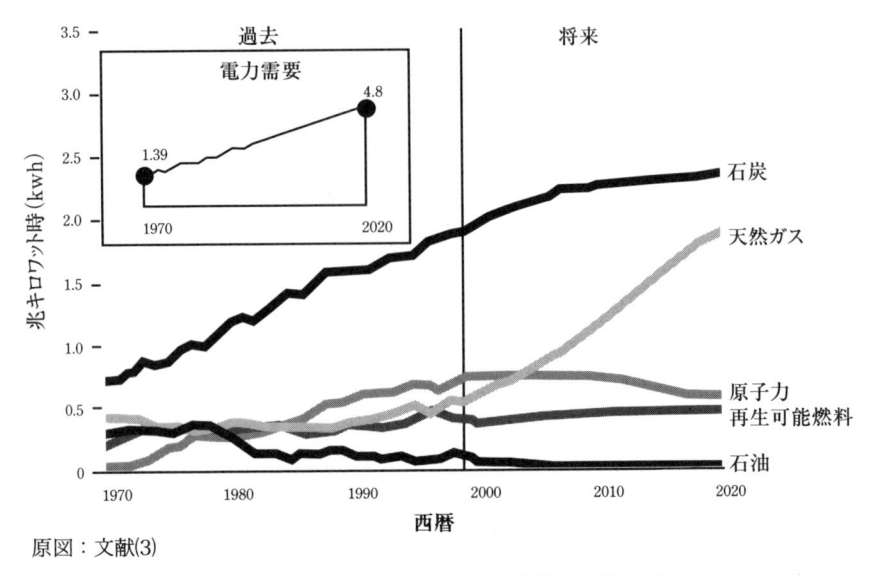

図5　米国の各種燃料による発電と電力消費の動向（1970-2020）

代替として、天然ガス火力が主流になりつつある。今後、米国の電力問題は、取りも直さず、天然ガス供給が不足する場合に発生する恐れがある。2000年初頭段階で、米国では272基の新規天然ガス火力発電所が、建設中、もしくは計画中であり、今後、ガスタービン発電所の急激な需要増加が必要となる。天然ガス供給不足を補うためには、北アフリカ・アルジェリアからのLNG輸入増が欠かせないが、これは欧州への輸出との競合問題をはらんでいる。

3．2　北米の天然ガス消費動向

　北米の電力供給問題は、基本的に北米の天然ガス供給問題であるので、電力供給を天然ガス発電で解決するためには、天然ガスの安定供給が前提条件である。

　2005年時点、北米における天然ガス消費は、主要三国のうち、米国が82％と群を抜いており、カナダは約12％、メキシコ6.4％程度であった。しかし、こ

れら二国も順調な伸びを維持している。北米全体では、1973年と1979年の二度に及ぶ石油危機の影響を受けて、1985年まで天然ガスの消費は落ち込みをみせたが、1986年以降、再び堅調な伸びを示している。

3．3　北米の天然ガス生産予測

エネルギーアナリスト、ダンカン（R. C. Duncan）は、1950～1999年における米国・カナダ・メキシコの北米天然ガスの基本データとして、英国石油（BP）の世界エネルギー統計年報（British Petroleum Statistical Review of World Energy）の生産量と埋蔵量データと米国地質調査所（US Geological Survey）による「世界の石油評価（World Petroleum Assessment 2000）」（2000年3月刊の5年間の調査）データをもとに、原油生産ダンカン予測モデル（第2章参照）と同じ手法を適用し、米国・カナダ・メキシコの天然ガス生産予測（2000～2040年）を行った。[2]以下、その結果を要約する。ただし、以下に示すダンカン予測モデルの推測値は、基本的に「確認値（Proven Value）：P90に対応」に基づくものであるのに対し、本章ⅡのMCHモデルの場合は、「推定値（Estimated Value）：P50に対応」であるので、より大きくなる場合がある。その点は、注意を要する。

3．3．1　米国の天然ガス生産

過去、米国のガス生産は、1970年、米国の原油生産がピークを打った1年後、1971年、22.0Tcfでピークになった。（MCHモデルでは1973年に、22Tcf、この相違は入力データの相違に基づくと考えられる。）それ以後、生産高は、1999年まで平均0.5％/年低下した。2005年の米国の天然ガス生産量は18.6Tcfで、北米全生産の70％を占めている。今後、第2の生産ピークが2007年にも、20.1Tcfで発生し、その後2007～2040年の間、米国の天然ガス生産は約41％低下する。この33年間でみると、平均1.5％/年の低下である。ダンカンモデル計算によると、米国のEUR予測値は、1,840Tcfである。ちなみに、USGSによると、EURに相当するP50（確率50％）値はGCPE（grown conventional petroleum endowment：在来型石油ガス賦存量）と呼ばれ、1,910Tcfである。両者に整合

性がみられ、比較的一致しているので、この計算結果は信頼できると見られる。（GCPEとEURは事実上同義語である。なお、ダンカンモデル計算は、表1のMCHモデルの3カ国データ予測値1,784Tcfより3％過大評価であるが、これらは、ほぼ一致していると言える。）

　米国では、アラスカ州に天然ガスが豊富にある。石油会社は、原油増産のために、ガス需要の13％にも匹敵する天然ガスをアラスカの油井に再注入している。将来、原油生産が終わりに近づいた時点で、その大部分を再回収し、米国本土に運ぶことも考えられる。そのためには、先ず、カナダのカルガリーまで、2,700kmのパイプラインを5年間かけて敷設しなくてはならない。一方、米国ではメキシコ湾東部の豊富なガス資源の開発が行われているが、フロリダ州が近距離での海上採掘を禁止している条例が開発の制約となっている。[5]

　次に、米国の天然ガス生産に関連するアナリストの情報をとりまとめ、紹介する。[4]
(1)　1967年、米国の「確認可採埋蔵量（Proved Reserve）」は293Tcfでピークを打ち、EURの1/2をやや越すレベルにあった。その後堅調に低下し始めた。その時点で因みに、1999年時点で、メキシコ湾海底の埋蔵量は、25～30％/年で枯渇しつつあり、米国需要の20％を供給していたメキシコ湾海底ガス田は、1990年以降に掘られた井戸の場合、生産量も50％/年で減少しつつある。
(2)　2001年より、米国の一次エネルギー消費（原子力を除く）は増加する。その最大のシェアを天然ガスが占め、需要は2.4％上昇して23.5q/年（q：quads、ほぼTcfに対応する）になると予測される。これは、2001年の天然ガス消費は、電力会社と産業部門の需要の増加と、冬場の天候がほぼ平年なみに推移したために、記録的な高レベルに達したためである。
(3)　米国エネルギー情報庁（EIA）は2020年まで、主として発電用天然ガスの需要増加に基づく天然ガス需要は、1999～2020年の間に62％増加し、21.4Tcfから34.7Tcfに上昇すると予測している。21世紀当初20年間に建造される米国

の発電所容量の89％は天然ガス火力発電で、発電用天然ガス需要は、この間3倍に増加する。2010までのガス需要は5.8％/年で伸びる予定と報告されている。

すでに2001年時点で、需要が供給を上回っており、新発電所建設を上回るスピードで電力需要と発電用燃料である天然ガスの需要が増加した。2001年5月16日発表された米国政府の新エネルギー政策では、米国は供給重視の姿勢を明確にし、原子力発電の方針を転換し、固有の安全性を重視した原発の開発推進に舵を切った。また、原油や天然ガスの増産にも力をいれる方針に転換した。[6] その二日後、サウジアラビア政府が天然ガス開発事業に欧米メジャー（国際石油資本：米国エクソンモービル社、エンロン社、英・蘭のロイヤル・ダッチ・シェル社、英BP、仏トタルフィナ・エルフ社他8社）の参加を認めることを発表した。[7] 原油生産ピークを目前に、これらの報道が相次いでいたことは偶然ではない。

3．3．2 カナダの天然ガス生産

2005年、カナダ天然ガス生産は、北米生産の25％に達した。1983～1995年までカナダ生産高は114％、すなわち12年間に6.0％/年の平均成長率で増大した。その後、1995～1999年まで、成長は3.1％/年に減速した。ダンカンモデル予測では、カナダの天然ガス生産は、2005年に6.1Tcfでピークになると予測された。（表1のMCHモデルの推定値では、2010年に9.34Tcfでピークになると予測されている。(注)2 それ以後、2005～2040年の間、カナダの生産は35年間にわたり、4.3％/年平均で低下し86％下落する。モデル計算と、USGSとカナダ政府とが合議の上定義したカナダのEUR（290Tcf）と対応するGCPE（290Tcf）とが一致しているので、推測値は信頼できると考えられる。[4]（表1のMCHモデルでは、409Tcfであり、4割方過大である。(注)2）

(注)2 これらの食い違いは、MCHモデル特有の特徴（P50値であること、およびヒューバート曲線を前提しているために過大評価となること）を示しているためと考えられる。

次に、カナダの天然ガス生産に関連する情報を紹介する。[4]

(1) カナダのガス市場は、この数年、生産が確認可採埋蔵量の増加を上まわる急成長を経験し、埋蔵量が持続的に低下した。カナダにおけるガス井の記録的穿孔数にもかかわらず、生産量は、ごく僅か増加したに過ぎない。一つには、単位ガス井あたりの平均でみると、より生産量の低い、浅い井戸の穿孔が増加した結果、生産量が低下しつつあるためである。

(2) 既存のガス井は継続的生産低下がみられ、新しい井戸の生産で相殺しようとすると、現在の生産を20％増加させなければならないが、それは不可能な状況である。

3．3．3　メキシコの天然ガス生産

2005年のメキシコの天然ガス生産は北米生産の5.2％を占めたに過ぎない。メキシコ生産量は1982年に局所的なピーク1.3Tcfを示した後、1995年まで全体的に堅調に低下した。しかし、1995年から1999年にかけて、生産高は29％大幅に増大した。これは平均6.4％/年もの増加率であった。それ以降2004年までほぼ平衡したが、再び2004年より一年間に6％増加した。

ダンカンモデルの予測では、メキシコの天然ガス生産は2011年に1.5Tcfでピークになる。（表1のMCHモデルでは、2036年に2.58Tcfでピークになっている。）[注]2 その後、2011～2040年で、生産は約56％下がる。これは、29年間の平均で2.7％/年の低下である。

ダンカンモデル計算とUSGSの予測の間に極端な不一致が発見された。モデル計算では、メキシコのEURは85Tcfであったが、USGSのGCPEは150Tcfであった。この食い違いは、USGS2000レポートが、1995年の基準データを採用したためであると考えられる。1999年、メキシコ国営企業ペメクス（Pemex）社は、天然ガス"確認可採埋蔵量"を63.5Tcfから30.1Tcfに下方修正した。これは、一挙に53％の減少であった。（同社は過去の埋蔵量報告の誇張を認めて

いる。）したがって、かりに、USGS値150Tcfを0.53倍するならば、80Tcfを得る。これはモデル計算結果の85Tcfとほぼ一致している。1999年メキシコの"確認可採埋蔵量"が50％も減少したとすると、その影響は小さくない。[注]3

メキシコの天然ガスについて、まとめて言えることは、
(1) 北米において、メキシコ天然ガス"確認可採埋蔵量"は全体の5.4％、米国の7.5％に過ぎず、天然ガス生産規模も小さい。
(2) メキシコは2001年時点以降、米国からの天然ガス実質輸入国になっている。
(3) メキシコの内需は生産を上まわっている。

わが国とメキシコとの関係でみると、2001年6月メキシコとの「自由貿易協定（FTA）」の締結を含む両国の貿易体制の強化にむけて、産学官研究会を設置することで合意をした。FTAの日本側メリットは日本製品に対する関税の撤廃であり、メキシコ側のメリットは、石油・天然ガスなどエネルギー分野などへの投資拡大、農産物の対日輸出の増大である。[8] しかし、エネルギー分野への参加に関する限り、天然ガスの取引の意義は小さい。

次に、メキシコの天然ガス生産に関連する情報を紹介する。[4]
(1) 1994～99年、メキシコの天然ガス需要は年6％/年増加した。電力需要は、大部分天然ガスを必要とするコンバインドサイクルタービン技術採用で増加したため、より高い年率9％/年で増加した。
(2) 2001年時点で、国内市場に向けたペメクス（Pemex）社のガス供給能力には疑問がある。大量のガス需要全部が米国との長期契約で賄えるとは考えられない。

(注)3 表1のMCHモデルのEURは、212Tcfであり、ダンカンモデルのEURと2.5倍の開きがある。MCHモデルの入力値が上記の誇張報告の影響を受けている可能性がある。かりに、0.53倍すると、112Tcfとなり、85Tcfよりまだ大きいが、この違いはモデルの特性に基づくものと考えられる。

(3)　メキシコのガス生産高は2004年の37.4Bcm（10億立方米）から2005年では6％上がり、39.5Bcmになった、一方、消費は約2.3％上昇した。しかし、米国のガス消費量（633Bcm）がメキシコの（49.6Bcm）を上まわることを考えると、メキシコが今後とも米国からの輸入に頼り続けられるとは考え難い。

(4)　近年、ペメクス（Pemex）社はメキシコのガス需要の高成長性を認めた。1995～1999年、ガスの需要は4.4％/年で増大した。シナリオに基づく将来消費予測では、2010年までの10年間に需要は9％/年で増加する。たとえば、コンバインドサイクルタービン発電所の燃料を石油より天然ガスへ転換するだけで、ガス需要が年16％まで増加する可能性がある。

(5)　メキシコは、将来とも、米国からの天然ガスの実質輸入国にならざるをえないであろう。

Ⅳ．天然ガス供給の安定性と電力供給の関係

4．1　北米の天然ガス生産と電力

　北米の生産の局所的ピークは25.0Tcfで1972年に発生した。その後、1986年まで、北米の生産高は約20％低下した。この傾向は急速に逆転し、1986～1999年までの13年間、北米の生産は2.0％/年で堅調に増加し、1999年には、26.8Tcfとなった。しかしそれ以降生産は停滞し、2005年では26.6Tcfで、前年比1％の低下であった。ダンカンモデルの予測では、今後北米天然ガス生産は、2007年に28.5Tcfでピークを打ち、2007～2040年まで、北米の生産高は51％減少する。すなわち、33年間にわたり、平均3.1％/年の減少率で減少する。[4]

　つぎに、関連する情報を紹介しておく。[4]

(1)　天然ガスの供給不足は、米国のみならず、メキシコにとっても問題である。メキシコから米国への輸出量は、1999年の54Bcfより、2000年の4.71Bcfへと激減し、その後ゼロに下落した。メキシコにおいて天然ガスの国内需要が増大し、米国への輸出は皆無になった。

(2) 今後、カナダは資源開発計画を強化するであろう。メキシコはエネルギー開発と利用を上方修正し、近い将来、米国からガス輸入を必要とするであろう。米国では供給選択肢をてこ入れするために、液化天然ガス（LNG）輸入が必須である。消費者の環境意識が向上し、エネルギーコストが高くなるので、今後はエネルギー効率向上と燃料節約施策が必須である。

(3) 最近の米国カリフォルニア州の電力危機が米国の天然ガス産業に懸念を引き起こしたことをみても分るように、電力部門が今後、天然ガス需要の最も急速な成長要因であると推定される。さしあたり、2010年まで、米国で開発予定の200以上の発電所は石炭火力ではなく、ほとんど100％近く、天然ガス火力になると推定される。

(4) 2001年カリフォルニア州の「電力危機」は、エネルギー開発意欲を抑制する政策から生じた。すなわち、破滅的電力不足の中心には、発電容量の慢性的な不足があった。今後も米国各州は、同じ路線上にあることを考えて、カリフォルニア州電力危機再来を避ける施策が必要である。

4．2　停電波及の恐れ

　天然ガス供給不足により生ずる問題は、何よりも、停電の発生である。停電は電力自由化や規制緩和政策によってのみならず、個別の天然ガス火力発電所でみると、ごく一時的でも燃料供給不足により発生する。

　米国エネルギー情報局（USEIA）の予測では、米国では天然ガス需要が2020年に62％増加して34.7Tcfになる。一方、上述したように、将来米国がメキシコとカナダからの輸入に依存することは無理であり、生産増強も疑問である。ところが、北米全体では今後、民生、商業、産業、発電の各部門で需要の大幅増加が予想されるにもかかわらず、人々の認識は北米で既に見え隠れする「天然ガス不足」という重大な問題に対して希薄である。[6] 結局、北米（米国）の天然ガスをSakhalin I～VI等サハリン油井を含め、ロシアが補う可能性が生れるが、供給施設の開発が遅れると、欧州諸国など他の輸入国に対し、その影響

が波及する恐れがある。

　アメリカを始め、先進国における電力システム確保における問題は、燃料供給の問題を除くと、資金不足問題にあるので、最新式のガス火力発電所と送電線建造に必要な資金が十分あれば、発電と送電容量の壊滅的な不足を取り除けることは確かである。

V．結び

　火力発電用燃料として天然ガスはすでに幅広く利用されている。最近のIT需要を始め、「電力」は現代文明を支えるものであり、現代の産業と生活維持に極めて重要である。石油など化石燃料の一つとして、天然ガスも現代文明の基盤である。

　近年、世界のガス消費が伸びている。米国エネルギー情報局（USEIA）によると、現在世界のガス消費需要量は、2005年現在、97Tcf/年であるが、2030年には、約180Tcf/年となり、今後3.3％/年で伸びる見通しである。そこで、世界の天然ガス輸出国が影響力を持ち始めている。本章の2．4節で述べたように、世界のガス産出国は、ロシア、中東を中心に偏在しており、産油国以上に少数国に限られている。すでに現在、総輸出量70％を占める輸出国である、アルジェリア、カタール、イラン、ロシア、ベネズエラの5カ国は、個別に厳しい管理システムを敷いているが、今後、OPEC類似のガスカルテルを構成すべく、07年4月9日よりカタールのドーハで開催された「天然ガス輸出国フォーラム（Gas Exporting Countries Forum：GECF）」において、連携強化を決定した。当然、輸入国に緊張が走っている。[9]

　なお、輸送用の燃料としても技術開発が進んでいる。天然ガスを化学的に転換（合成）して液体燃料にする新技術により、遠からず合成液体燃料が石油と

同程度の価格で自動車など移動体燃料として利用され、ガソリンとディーゼル油が代替できる。今日すでに原油価格よりバレル約10％高い価格で天然ガスが転換液化できる状況にある。事実、最近の技術進歩により、いくつかの製油会社がアラスカパイプラインを利用して経済的に輸送できる天然ガス液化プラントの建設計画がある。

　今後、世界は先進国を中心に急速に天然ガス経済に入っていくと予測されるが、その生産・供給において多くの課題を残している。また、国際的な戦略物質である点では天然ガスも石油と変わらない。わが国としては、多様な供給源を確保するとともに、省エネルギー努力、新エネルギー開発、そして停電発生に備えるためには、原子力発電の開発に力を注がなければならない。

文献

(1) Asher Imam, Richard A. Startzman, Maria A. Barrufet, Multicyclic Hubbert model shows global conventional gas output peaking in 2019, Oil & Gas Journal, August 16, 2004.
(2) R. C. Duncan（duncanrc@halcyon.com）私信、2001年3月28日、添付書類（the BP files for world natural gas consumption, Production, reserves, and trade: 1960-1996.（これらは、2007年現在閉鎖中）
(3) Energy Information Administration（EIA）, Form EIA-860B, "Annual Electricity Generation Report-Nonutility;" EIA, Annual Energy Review1999, DOE/EIA-0384（98）(Washigton, DC, July2000); and Edison Electric Institute.
(4) Richard C. Duncan、私信、2001年3月6日付、THE OLDUVAI CLIFF EVENT: ca. 2007
(5) Daniel Fisher、天然ガス供給の落とし穴、Forbes（日本版）、May, 2001, 80.
(6) 米、原発推進に転換、石油・ガスも増産、2001年5月17日、「朝日」.
(7) サウジ天然ガス開発をメジャーに開放、2001年5月20日、「朝日」.
(8) 対メキシコ自由貿易協定へ研究会、2001年6月6日、「朝日」.
(9) Time, April 16, 2007, 10.

II

エネルギー資源争奪と

富の偏在により不安定化する

世界と日本

第4章

21世紀テロリズム世界誕生の背景とその行方

I．緒言

　本書の第2章「縮小する世界の原油生産」では、2000年時点において、アナリスト、ダンカン（Richard Duncan）は、2001年9月11日ニューヨーク世界貿易センター二棟のビル攻撃を含むテロ攻撃（9.11）のような不安定な世界到来を予見した。本章においては、まず、現実の戦闘を含む不安定な世界の誕生について、その根本原因（根源）について分析する。さらに引き続く第5章において、典型例である「イラク戦争」の場合について、直接的原因とその影響について詳述する。

　今、地球規模の環境問題が鎮まる気配をみせず、ますます我々を悩まし続けている。地球温暖化問題に対する国際連合レベルにおける現在の取り組みは、1997年に締結され、2005年発効した「京都議定書」の遵守であるが、今、それに並行して、いやそれ以上に、エネルギー資源・技術の確保が国際的に極めて重要な挑戦的課題となったと言える。事実、我々の身近には、昨今見られる石油高騰に端を発するガソリンや灯油、ひいてはトイレットペーパーに至るまで、諸物資の値上がり状況よりその推移がよく分かる。

　わが国は資源小国であり、今後とも中東の石油産油国より、石油輸入を継続せざるを得ない。石油や天然ガスを独自に開発する努力も活発に行われているが、

それだけでは不十分である。たとえ高騰した石油であろうとも、世界中のあらゆるルートから輸入せざるをえない宿命にある。一方、2007年現在、「BRICS (Brasil, Russia, India, China)」諸国の経済成長が著しい。隣国中国もまた、13億人に及ぶ人口を抱え、都市部のみならず、開発地域の隅々にまで必要な物資を輸送配送するための交通輸送用のガソリン・軽油など、夥しい燃料、エネルギーの供給を必要としている。昨今中国の取る戦略動向をみてもわかるように、その需要レベルは高く、国レベルのエネルギー獲得意欲は日本の比ではない。

　本章の目的は、ユーラシア大陸中央アジアを中心に、エネルギーを中心とする資源争奪戦をとおして、覇権の推移を概観することにより、イラク戦争の場合をふくめ、文明の衝突が表象となるテロリズム世界誕生の背景を見直し、その行方を分析することである。

II．戦争の必然性

　エネルギーや天然資源の枯渇傾向や国際金融に関する経済秩序の混乱とともに、世界は不安定化し、戦争や格差の発生につながる。本章では、「戦争」について、不安定性解除に必要な覇権獲得手段の本質は何か、について述べる。

　「未来は、予言不能であり、捩れと回転に満ちている。歴史は教える：嵐は何の警告もなく訪れ、しかも大災害を引き起こす。現代は歴史的転機のときであり、地球上の大陸プレートの移動に伴う"地殻変動"のように、政治権力・経済秩序・国際覇権の推移・移動・交代が起こりつつある。」[1]
　(James J. Puplava: Puplava Financial Services Inc., 代表、アフガニスタンへの米国軍侵攻（2001年10月）後の2002年2月22日）

　先ず、21世紀と共に始まった「テロリズム世界」を論ずるにあたり、20世紀末の時点まで歴史を支配した周知の「戦争論」をププラバ（J. Puplava）に基づ

き以下の枠組みに整理する。[1]

20世紀における戦争論

(1) 記録に残る歴史は、3,421年間であり、世界が平和を享受したのは、そのうち、わずか268年間に過ぎない。(1968年、歴史家デュラン夫妻（Will Durant: 1885-1981 & Ariel Durant：1898～1981）による。)

(2) キリスト教の教える「人間中心主義」、すなわち、人が自然科学を研究し、環境を変え、支配することが神の御心に沿うものであるという、周知の「西欧至上主義」が生まれた。戦争の発生について、哲学者の多くは、1つの主義を別の人々に強制する傾向が戦争につながると結論した。覇権を巡る競争がもたらす止むことなき闘争の継続である。

(3) かつて国家間の対立の多くは、戦場を経て解決された。(参考：戦争は、政治の継続の一方法である…戦争は、我々の意志を敵に強要するための力の行使である。プロシアの政治家クラウスヴィッツ（Carl von Clausewitz）[2]

(4) 戦争の研究は、歴史家の取り組むべき深刻なテーマである。しかし、我々は、いかに多くの戦争が不必要なものであったかを回顧せずにはいられない。(参考：大古からいつも繰り返された間違いは、平和の維持には、戦時と同様、多大の努力、計画、資源の支出のみならず、犠牲を必要とするのだという理解の不足である。歴史的にみると、平和が自然であり、戦争は異常であるという認識が平時における次の戦争の予測に失敗し、平和の維持に必要な努力を妨げた。[3])

(5) 「支配者を欠く真空中に覇権が生まれることはない。過去において、世界帝国へのアプローチは、すべて単独覇権の優位性が生んだものである。それが変わったという徴候はない。」カー（E. H. Carr：英国の政治哲学者）[4]

(6) 「人類にとって、どういうわけか、リバイアサン（Leviathan：大海獣）が必要である。」ホッブス（Thomas Hobbes：1588～1679）(参考：人間の抱く最大の恐怖の一つは、激しい死、すなわち自然、動物、他人による殺戮死であるが、この恐怖は国家権力による支配を甘受させる。秩序をもたらすために、それを喜んで許容する。秩序が確立されて始めて贅沢な自由の享受が可能になる。事実、歴史の至る所で、平和の時代、秩序を維持するに巨大なリバイアサンがいた。ポスト冷戦時代の最大の幻覚は恒久平和であった。しかし、実際は旧ソ連の分裂以来、大規模な対立の支配が世界の特徴となった。一つには、ロシア周辺地域に対し、警察の役割を演じた旧ソ連の覇権が衰退したことがある。21世紀における最大の挑戦は、冷戦の終わりに造られた真空地帯に秩序を再建することであった。良し悪しは別にして、19世紀の欧州型帝国では比較的平和裏に世界秩序が維持された。その帝国の崩壊が20世紀を国家間の戦争の世紀とし、今21世紀を国家とテログループとの対立の世紀とした。国家

> ／経済／部族／民族的見地から、この概念に反対する人も少なくなかろう。しかしながら、リバイアサンのいない平和な世界があっただろうか。それは、歴史が教えてくれる。暗黒時代中世の都市国家間の戦闘は、ローマ帝国の平和と鋭く対照（コントラスト）をなしている。現代世界もまた、相互に鋭く非対称的な衝突の世界である。一つの世界は、老成しながらも繁栄している西欧先進国家であり、他の世界は貧しいが、より急速に成長している途上国である。これら二つの非対称な世界が情報革命によって、より密接に連結し、距離によって分離されることなく対峙している。今国家の権威が衰退しつつある時代に、新しい秩序をもたらすことは最高の政治的手腕を持つ者にとっての挑戦である。したがって、新しい挑戦は、世界の最後に残ったリバイアサンたる米国が直面する秩序の再構築に成功するか否かにあると言える。）

出典：文献(1)

21世紀に入ると、9.11の勃発に象徴されるように、国家間や地域における過去の戦争の形態ならびに様相が変化し、世界全体がテロリズム化した。したがって、上記枠組みの20世紀型戦争論は過去の古びたものとなり、21世紀初頭において、大幅な改訂が必要となった。

情報技術が未熟であった20世紀型の世界では、多様な文化と文明を包含する世界認識が身近でなかった。現在、各種ビジネスモデルから、文化や民主主義に至るまで、米国の価値の多くが世界中で卓越しているが、同時に、それに対峙する別のモデルが顕在化した。その代表は"イスラム文明"である。

地球環境問題にみられる危機と並んで、経済や社会秩序の不公平がもたらす紛争が世界の至る所に存在する。不安定化の程度は激化し、空間的には、地域や国レベルを越え、大陸レベルに拡大している。金融危機が、世界的に、通貨市場から株式／債権市場まで局地紛争のように広がっている。テロ攻撃と呼ばれるゲリラ戦の形態の軍事対立も、世界中で勃発している。拡散し続けるテロ攻撃に差し当たり終わりがない。この新しい危機は過去の危機と異なり、戦闘の地域が局限されない。それらの根本原因は、石油争奪と通貨危機であり、テロ戦争による解決が目指される。これが21世紀とともに始まった新しい「権力・覇権の移動（パワーシフト：Powershift）」と呼ばれる時代の変化である。

そこには、多様な人々の個性や文明の価値を織り込むことが出来ていないグローバリゼーションの限界が見えている。

Ⅲ．終わりなき戦争とその根源

先ず最初に、ここ暫くは終わることの無い、新しい戦争（テロ戦争）とその原因を、ゴフ（Stan Goff）に基づき次の枠組みに再整理する。[5]

「新しい戦争（テロ戦争）の背景（根本原因）」

はじめに：
　"対テロ戦争"をより詳細に理解するには、テロ戦争発生の原因・動機と、将来の見通しの分析が必要である。真の原因を厳しく特定できなければ、対テロ戦争に反対する倫理的主張はおろか、戦争の背後にある動機に対して政治的反論しようとしても、説得力を失う。現在のような状況に一旦入り込むと、およそ後戻りができぬまでに厳しい国際環境の時代にあって、帝国主義国米国の生存が、今後とも保証されるわけではない。絶大な権力をもつ米国支配階級と、それが統治する軍事部門の間の「力学」が強調されるべきである。我々には、具体的な研究が必要である。

(1)　1973年以降のオイル・ショックは例外なく戦争に関係した[注]1。その理由を理解するためには、現代世界における国家の具体的構造を知らなければならない。現在の米国の姿勢は覇権的である。これは議論の余地なく明白である。米軍は主要な海路（シーレーン）をことごとく支配下に治め、軍事基地で世界を囲んでいる。それは湾岸国家に対する「国際警察」の立場である。米国の石油メジャーは産油国にリース料を支払い、石油産出をしている。リース料で国内の反抗勢力を阻止し、石油施設の保守作業が行なわれる。ドル切下げがない限り、サウジアラビアやイラクのようなOPEC国家にとってはバレル25～30ドルの原油価格で十分である。しかし、回収コストがより高い非OPEC産油国では、それでは赤字であり、取引は成立しない。

(2)　米国の帝国主義（どのような理由であれ）に敵意を持つ勢力が湾岸諸国の石油を支配すると、グローバル経済全体を動かすエンジンである燃料を独占的に支配することになり、米国の覇権は瞬時に崩壊するであろう。このシナリオと比べるならば、9月11日などはとるに足らぬ"子供だまし／公園の散歩"に過ぎなかった。米国の支配階級、特に現在の石油寡頭政権であるブッシュ政権はすでにこれを熟知している。

(注) 1　①第1次オイルショック（1973～1974年）：第4次中東戦争、②第2次オイルショック（1979～1982年）：イラン革命／イラン・イラク戦争、③第3次オイルショック（1990～1991年）：湾岸戦争

(3) 世界の原油生産はここ数年にも低下し始めるので、最大の最終消費者としての米国は、何とかして非OPEC産油国の不足分の補償を見い出す必要がある。一つの可能性は「カスピ海石油」の確保であり、従来の湾岸諸国、特にサウジアラビア、イラクからの産出を加速することであろう。しかし、最も楽観的なシナリオでは、3地域全体で追加の日糧1,500万バレルを産出できるが、我々の推定追加需要が2011年日量2,500万バレル（2005年現在、日量2,066万バレル）と仮定すると、経済の収縮／需要抑制がない限り、米国は窮地に陥る。言うまでもなく、追加の石油の採油と販売の経費として、さらに1兆ドルの投資が必要となり、ジレンマが倍増するからである。誰がこの負担をするだろうか？ オイルダラー経由で、米国内外で植民支配される人々である。これが、ほぼ間違いなくブッシュ軍事政権の基本計画である。しかしながら、恒久的問題は、産油国内で傲慢な外国の略奪者を相手に急進化する闘争的な勢力が増大することである。その時、帝国主義の米国は進退窮まることになる。

(4) 現状は、絶望に駆られた人々同士が必死の戦闘状態にあり、今我々の住む世界自体が危険に満ちている時代である。諸外国がブッシュ政権に眉をひそめているのは当然である。この政権の止むことのない自信過剰、軍の冒険主義、傲慢な国際協定の廃棄、国際法への屈服拒絶、そしてイスラエル支援に、世界が懸念を示していることは確かである。現実に起こっていることは、湾岸国家の一般大衆からの激しい反抗に直面することをものともせず、進められる主要油田の占拠であり、諸外国の多くは、こんなことをすれば、いずれこの貴重な商品の入手権の永久喪失が避けられないことを十分認識している。

(5) 9.11以後、ロシアは日和見的な姿勢で米国とEU双方と交渉を始めた。EUは、ブッシュ政権とロシアとの和平交渉に驚き、欧州を犠牲にしても地政学を再編成しようとしてきたブッシュ／ラムズフェルド政権に怒りを込めて直接湾岸産油国に接近し、交渉しようとはかっている。

(6) 米国政府がこの事態を予期し、ことのほか困惑していることは間違いない。例えば、サウジの場合、イスラエルを支援する米国に対し、怒りを爆発させて、大衆が攻撃的な暴動に入ることを恐れ、体制の自己防衛の故に反米姿勢を決めるならば、同国政府は米国のドル建て資産をすべて引き出すか、あるいは清算する決断をし、ユーロ建て資産に再投資するであろう。彼らにとって唯一の障害は、米国が持っている採油活動の支配権である。しかし、たとえ危険な動きとはいえ、いつ、どこで何が起こるかわからぬ不確定な時代にあって、彼らが米国を追放し、他国と契約更新すると、米国にとっては壊滅的打撃となる。一方、石油供給の縮小にもかかわらず、原油価格が上昇し、サウジの収入が上昇し、反対勢力をなだめる効果を生む。ブッシュ政権は、この最悪の事態に備えて、湾岸に多くの米軍の恒久的基地強化を展開すべく真面目に取り組んできた。ブッシュ政府の中には、米国がパレスチナで外交上失敗し、自滅するか、サウジが不安定化すると、軍事行動が行使されるとの内輪の話さえある。

出典：文献(5)

Ⅳ．資源獲得を巡る"壮大なゲーム"

　国際政治学や世界史に現れる"壮大なゲーム（The Great Game）"と呼ばれる周知のテーマは、ナポレオン戦争以降、フランスとロシアによる猛攻撃からインド帝国を保護する戦闘に至る英国の外交政策を象徴するものである。この用語は、英国の外交官コノリー（Arthur Conolly：1807～1842年）が命名した。彼は、ヒマラヤ諸国、砂漠国と中央アジアのオアシス国の赴任地でチェスを楽しんだものの、残念ながら、ウズベク（Uzbek：現在のウズベキスタン）の首長により拷問にかけられ、斬首刑により最期を遂げたと言われる。"壮大なゲーム"という表現が彼の論文中に発見されたのである。英国との間の第一次アフガン戦争（1838～1842年）に関して歴史家によって引用され始め、後に、キップリング（Joseph Rudyard Kipling, 1865～1936年、インド生まれの英国の作家・詩人）の小説"キム（Kim）"の中で有名になった。(注)2、(6)

　このように、"壮大なゲーム"（以下、略して"ゲーム"）は、元来、19世紀末から20世紀の初め、拡大する大英帝国の全盛期における欧州列強との角逐を指す。

　20世紀初頭、中東の大部分をオスマン帝国が統治した。英国は、中東をインド帝国とフランス／ドイツ／ロシアの間に成長する政治的脅威の緩衝地帯であると見なした。ロシアが、アフガニスタン経由で、インドを攻撃する事態を阻止するために、首相ウェリントン公爵（Duke of Wellington）が、戦略としての"ゲーム"を採用した。その対局は19世紀中続き、今につながる中東の"国割り"とともに、最高潮に到達した。諸国が経済的利益を求めて中東は騒然となり、いわば、"チェス盤"になった。主要国が対局者であった。英国は、その

（注）2　あるときは裏町のヒンドゥー小僧。あるときはエリートの英国少年。あるときは高徳のラマ僧の弟子―。あの子は、だれだ？　前世紀末インド、英露のスパイ合戦を背景に、東西の英知が交錯する壮大な物語。なお、キップリングは「東は東、西は西、両者の出会ふことあらず」の作詩でも有名。

完成に何十年もかかるような、広大な新帝国の拡大に着手した。第一次世界大戦の戦後処理の結果、英国とフランスが中東を占領し、領地の分割を密約した。大国は、自分たちのつくる勝手なイメージで中東を再形成できると考え、この地の教義である宗教を無視しつつ、人工の国家群を造ったのである。(注)3

21世紀の今もこの"ゲーム"が続いている。人工の国境（第一次と第二次世界大戦の結果造られた）が今も存在するが、意味合いが変化しつつある。その理由は、新しい要因である"石油"が"ゲーム"の条件として加わったためである。かって、中東が大国によって分割された時、"石油"は考慮外であった。当時、中東の膨大な原油の埋蔵量（確認可採埋蔵量）は未知であった。世界で最大の石油輸出国は米国であった。英国は、20世紀の前半まで長期にわたり、消費する石油の大部分を米国から輸入していた。現在は、湾岸諸国が、世界の原油埋蔵量の約70％を占めている。カスピ海油田を含めると、中東には、世界の石油の少なくとも80％の埋蔵量がある。

今、中東は石油と宗教が一体となった広大な政治的坩堝（るつぼ）である。イスラム革命の結果生まれた紛争の日々が中東の人々にとっては日常生活の一部になった。かりに、この地域の安定が保証されれば、西欧型の平和と安全の持続が期待されることであろう。工業先進国は、中東からの安価な石油に依存しているので、彼らにとり最大の脅威は、中東におけイスラム原理主義の台頭である。"対局"に参加する利害関係国は、地域の将来を自己の国益に合せようとの意図の下に、"ゲーム"を続けている。しかし、今、彼らの利権は脅され、勝敗を問わずいずれの陣営も失うものが少なくない。西側にとっては、伝統的な経済とライフスタイルである。中東住民にとっては、自分の生命そのものである。2007年のイラクに見られるように、自爆テロの発生と宗派間の抗争により、毎

(注)3　サイクス・ピコ協定：Sykes-Picot Agreement、第一次世界大戦中の1916年英・仏・露の間で結ばれたオスマン帝国領の分割を約した秘密協定、英の中東専門家サイクス（Marks Sykes）と仏の外交官ピコ（Francois Georges-Picot）が原案を作成した。

日のように市民や米兵の累積死亡者数が増えている。

"ゲーム"のかけ金があがり続ける中、米国を始めとする石油消費国側が対テロ戦争に逡巡するならば、敗者になり悲劇的結末となる。しかし、かりに中東において急進イスラム派が勝利する場合も、それに至る惨禍は過去の戦争の比ではない。消費国側にとって、それは、文字通り"安価な石油による文明の終焉"を意味し、中東にとっては、より厳しい流血と貧困を意味する。大国同士は、覇権を求め、より壮大な対決／世界大戦につながるであろう。すなわち、21世紀の世界は、今帰趨を決すべく、終わりなき戦争の世紀へ突入したのである。

Ⅴ．原油需給と国際関係

5．1 原油生産ピーク（ピーク・オイル）現象と地政戦略

石油文明の現代にあっては、石油の確保が国の存亡を賭けた絶対的条件である。ここでは、米国の地政戦略と石油政策の関係について見てみよう。[7]

米国の地政戦略を理解する上で、石油・ガス生産量の時系列に見られる石油や天然ガスの"生産ピーク"と、イラク原油の確認可採埋蔵量データ（2005年末確認埋蔵量、115Gbo）の重要性を再認識すべきである。原油埋蔵量データには二種類ある。つまり「政治的データ」と「技術的データ」である。政治家、メディア、エコノミスト達は、主として前者を採用するが、政府、エネルギー情報局、地質学者達は、より正確で保守的な技術的データを採用する。後者について、一般人が必ずしもよく理解できていないと考えられる重要な問題の一つが、第2章で述べた"原油生産ピーク（ピーク・オイル）"と呼ばれる地質学的現象である。

イラク戦争開戦時、ブッシュ政権が"ピーク・オイル"に関連する問題の重要性を認識していたことは疑いない。開戦以前の2000年11月に、サダム・フセインは、ドルからユーロへの移行の挙にでたのである。さらに、9.11が契機と

なり、ブッシュ政権がイラク侵攻を決意したと考えられる。大企業に支配された米国マスメディアは、世界規模での"ピーク・オイル"のもつ意義を報道しなかったのに対し、欧州ではこの問題が幅広く論じられており、それを基に、欧州は全体として、省エネルギー政策を進めてきた。一方、米国は世界の石油・ガスと石油通貨支配にむけて、先制攻撃の軍事オプションを選んだのである。[8] 報道の自由の国米国において、これは極めて残念な展開であったと言える。

実は、2003時点、米国国防総省は「5か年間に7戦争計画」策定を終えていた。[9] また、"ピーク・オイル"に関しては、多くの文献がある。[10] これより、イラク戦争開戦前の状況の分析より、石油・ガス、パイプライン（西アフリカ、南米等）に関連した米国の地政戦略が進展するにしたがい、今後とも'(対)テロ戦争'が拡大し、止まることのないことを物語っている。以下、イラクの原油と米国の地政戦略問題について簡単に説明する。

米国の抱く脅威の一つである「ドル対ユーロ通貨問題」にならんで、カスピ海の原油埋蔵に関わる地質学調査結果が一部期待はずれに終わったという問題がある。このことは、イラク戦争の開戦と無関係ではない。

前英国首相のブレア（Tony Blair）がイラク戦争を支持した理由の一つもここにあったことは間違いない。英国は、北海以外には石油資源がない。しかも、残念ながら、英国の北海油田は、既に2000年に生産のピークを越えた。2001年から最近まで、北海石油の生産低下が予想以上に急速であり、それ以後、英国政府は内心狼狽した。ブリティッシュ・ペトロリアム（BP）社がイラク戦争で油層探鉱権利を得た唯一の非米国の石油会社であるとすると、米英両国がいずれ大部分を輸入する目的で、前首相ブレアはイラク侵攻に同意した可能性がある。世界規模の原油生産が2000年に横ばいになったことより、アナリスト、ハインバーグ（Richard Heinberg）は、最近"ピーク・オイル"が既に発生していると表明した。[11,12]

第4章　21世紀テロリズム世界誕生の背景とその行方　　　125

アフガニスタンにおける米国の地政戦略

　ブッシュ政権はタリバンに課されたUN制裁を無視して、2001年2月2日から2001年8月6日まで'悪党政権'との交渉に入った。パキスタンの前大使、ナイク（Naik）氏によると、タリバンは正直なところあまり協力的ではなかった。彼によれば、米国は、2001年の夏、タリバンが米国の要求に黙従しないのなら"軍事オプション"を使うと脅した。それに対し、ビンラディン（Bin Laden）は9.11を送り届けた。事前に展開された米軍と、北部同盟の司令官に現金を提供したCIAも加わり、アフガニスタンに侵攻し、タリバンとの戦闘に入った。終戦後、親西欧のカルザイ（Karzai）現政府が樹立された。[13]

　イラクが、世界全原油の確認可採埋蔵量の9.6％（115Gbo）を保持していると言われているが、地質学調査は1970年代を最後に、イラクでは行なわれておらず、正確なところは分からない。ロシア、フランス、中国がイラクの未踏の油田（最高200Gbo可能性があると言われる）のリースを予定していた。2002年1月に、ブッシュ大統領は、フランクス大将（General Tommy Franks）にイラク侵攻計画を立案するよう命令した。米国の最高報復対象者ビンラデインは、「特別企画局（Office of Special Plans：OSP）」により、新しい米国の第一の敵サダム・フセインと巧みに交代されたのである。OSPとは、当時のラムズフェルド（Donald Rumsfeld）国防長官により作られたイラク関連諜報活動を行う国防総省の一部局であった。このOSPは2003年7月「北部湾岸問題局（Northern Gulf Affairs Office）」と改称された。

5．2　石油・戦争・平和

　第二次大戦時以来、戦争の因果関係で石油のもつ意味は厳然としており、今に始まったことではない。ドイツと日本両国は、石油資源確保のために、近隣諸国に侵攻した。また、今も記憶に新しい1990年8月イラクのクウェート侵攻を契機として、1991年1月、米国を初めとする同盟国がバクダッドを空爆した第一次湾岸戦争は別名「石油戦争（Oil War）」と呼ばれている。今日でも新しい「石油戦

争」発生のおそれがある。"ビッグ5"と呼ばれる5カ国（サウジアラビア、イラン、イラク、クウェート、UAE）の石油予測データの突出具合（第2章、表4参照）を中東問題の現状と重ねると、石油関連の不吉な予兆が推測できる。

"第一次湾岸戦争終結"（1991年3月）後も、米国第5艦隊がバーレーンを母港とし、トルコに本拠を置く米国の戦闘爆撃機がイラク国境を毎日のように侵犯を重ねた。その最大の理由は、混乱極まりないこの地域からの石油輸出を保証することにあった。また、それが「Oil War（もとは"砂漠の嵐作戦"：Operation Desert Storm）」として15年以上、（今もなお、）事実上止まることなく引き続き、「終わりなき戦争」となった理由である。したがって、2007年現在、米国での撤退世論の高騰にもかかわらず、内戦状態になりつつあるとも言われる"第二次湾岸戦争"である今度のイラク戦争が「終わりの見えぬ戦争」の運命をたどる恐れが高い。

中東の和平については、イスラエル／パレスチナ紛争、とりわけイスラエルの占領している"アルクッズ（Al Quds：東エルサレム）"帰属問題の解決が鍵である。故アラファト議長は、2000年当時明言している：
　アルクッズはパレスチナ問題の本質であり、判断を誤ると極めて危険である。それは、あらゆる問題のうちで最も敏感であり、中東地域の平和か戦争かを決める鍵である。UN決議に従ってパレスチナの権利が尊重されない限り、エルサレム問題の解決はあり得ない。我々は、その「合法的所有者（legitimate owners）」へ、アルクッズが返還されるよう要求する。文字通りそれが満たされないかぎり、中東に平和と安定は来ないであろう。「これは譲れぬ一線（a red line）」である。[14]

5．3　湾岸における米国外交

　米国がペルシア湾岸の産油国において民主主義が促進できない理由を理解するために、つぎの逸話が興味深い。[15]

50年前のイランで起こったことから学ぶべき教訓がある。国粋主義者であり、反共産主義者であった当時の首相モサデク (Mohammed Mossadegh) は、英国に対しイランの石油輸出関連の石油収益監査をイランが行うことを要求した。彼は、イランが極めて重要な資源に関し十分な財政的収益を得ていないと考えた。英国が反対すると、モサデクは、イランにとって有利な国有化の決定を下した。

　英国がその石油輸出に関し利益の多くをイランと分配することを拒否すると、モサデクは、イランの石油を1951年に国有化した。これは結果的に不運な誤りとなった。当時、「英国イラン石油会社 (Anglo-Iranian oil company：後の英国BP社)」は、イランの石油輸出から利益の88％を得ていた。[16]

　イラン石油を国有化した後、首相モサデクは、英国に利益の25％を提供した。それに対し、英国はイランを封鎖し、イラン資産の凍結をした。それのみならず、英国は、イランによる石油の国有化は違法であると主張した。これは、イランの主権を犯す恐れのある主張であった。そこで、モサデクは国際連合 (UN) の場で自分達の立場を主張し、結果的に勝利を得た。このことを腹に据えかねた英国首相チャーチル (Winston Churchill) は、トルーマン大統領 (Harry S.Truman) にモサデク打倒を支援するように要請したが、彼は断った。1953年に入って次期大統領アイゼンハワー (Dwight David Eisenhower) は、クーデターに同意し、CIAが1953年8月、首尾よく首相モサデク打倒に成功した。

　米英は、後刻米国の"操り人形"となった「シャー (Shah：パーレビ国王)」を擁立したが、彼の残酷極める秘密警察SAVAKが、結果的にイラン社会を急進化した。そしてこの"ゲリラ戦"が1979年のイラン革命に帰着した。

　現在のイランで、「イスラム教法学者 (Islamic mullahs)」が世俗的リーダーであったモサデクに敬意を示すことはない。しかし、イラン人民の多くが、彼の世俗政府を親しみをもって懐古することは注目に値する。

下記は、All the Shah's Menよりの抜粋である[15]：

「モサデクの親族の一人が著者キンサー（Kinzer）に尋ねた。なぜ、アメリカ人はあのように（1953年）ひどいことをしたのか？　我々は、ずっとアメリカが好きだった。我々にとって、アメリカは、偉大な国、完璧な国、他国が我々を搾取していたとき、我々を助けた国であった。しかし、それ以降、イラン人のだれもが、再びアメリカを信用することは一切なかった。今、私は、はっきりとあなたに告げる…アメリカがあんなことをしなかったならば、決してテヘランのアメリカ大使館の人質問題は起こらなかったでしょう。アメリカの苦難の全ては1953年に始まった。なぜ、アメリカはあんなことをしたのか？」

キンサーによる、多くのイラン人とのインタビューによって得られた証言が示しているように、米国が介入し、民主主義を打倒するまで、イラン人がかなり親米的であったことは明らかである。遺憾ながら、イラン人の多くは、50年以上も前英国がしたことを今日も許していない。皮肉にも、イランは今もまだ、広域の中東地域において、西欧型民主主義国の第一候補であると言える。米国政府がイランを放置しても、イスラエル／パレスチナ紛争が平和的解決されればイランは憲法を改正するであろう。開放的な社会に夢を抱く多数の若いイランの人が居る限り、より民主的で世俗的な国家を反映する政府へ改革が可能であろう。一方、米国は対外合意の遵守はもとより、2003年12月のイラン地震の被害に人道的援助を提供したように、必要とされる支援を提供することによって、信頼の再醸成を試みるべきである。

2002年1月29日の一般教書演説で、イランを「悪の枢軸（Axis of Evil）」と呼んだブッシュ大統領の宣言により、米国／イラン関係は損傷し、EUとイランとの幅広い取引関係に途を開いた。対イランのあらゆる米国の軍事的ないし秘密工作が、完全に一方的なものであったことも疑いない。英国さえも、イランの"体制変更（regime change）"が妥当な選択ではないと警告した。実際、イランを脅すことは、米国に対し、多くの"ゲリラ"を生むことにつながるに過ぎない。

Ⅵ. 4年がかりで計画された戦争

　世界中には、2001年9月11日（9.11）により始まった"対テロ戦争"をして、当然のように、報復戦争であると捉えた純真・無垢・素直な人々が少なくない。事実は異なり、それに先立つ4年間をかけて、米国があらかじめ準備してきた"世界政府樹立に向けた覇権獲得戦争"の始まりであった。ここで、このような状況に至った歴史的経緯を詳細にみることにする。[17]

　驚くべきことに、すでに1984年時点、米国に世界制覇の野望ありと警告をしたドイツ人元NATO職員ケップル（Johannes B. Köppl）がいた。アフガニスタン戦争開始時の彼の指摘によると、
　「前カーター政権において国家安全保障補佐官（National Security Advisor）を勤めたブレジンスキー（Zbigniew Brzezinski）[注4]は1997年の著書の中に世界制覇のための"戦争計画（War Plans）"を書き込んだ。"世界独裁への青写真（A Blueprint for World Dictatorship）"である。」

　その本の書名は、"THE GRAND CHESSBOARD —American Primacy And It's Geostrategic Imperatives," Basic Books, 1997、である。

（注）4　ブレジンスキー氏履歴
　　　ハーバード大から1953年Ph.D.を取得、ジョンズ・ホプキンズ大学戦略国際研究センター（Center for Strategic and International Studies）顧問、同大学米国外交政策教授。カーター大統領国家安全保障補佐官（1977～1981年）、三極委員会（the Trilateral Commission）創設者、米国／世界企業数社の顧問、レーガン大統領（Ronald Reagan）下でキッシンジャー（Henry Kissinger）博士の同僚、国防省統合的長期戦略委員会（Defense Department Commission on Integrated Long-Term Strategy：NSC）委員、大統領の外国の情報諸問委員会（President's Foreign Intelligence Advisory Board）の元委員、外交問題評議会（The Council on Foreign Relations）1988年議長、ブッシュ安全保障諸問特別委員会共同議長（Co-chairman of the Bush National Security Advisory Task Force）、ビルダーバーガー会合（Bilderberger group：世界一富裕かつ顕著な影響力を持つ名門出の人物／企業による超党派会合）等の出席者ないし講演者。

同書の冒頭に言う：「約500年前に世界の大陸が政治的な相互作用を始めて以来、ユーラシアは変わることなく一貫して世界の覇権の中心であった。」ここで言うユーラシアには、欧州よりロシア・中国を経て太平洋にまで広がる大陸の全領域、ならびに中東とインド亜大陸の大部分が含まれる。彼によると、ユーラシア支配の鍵は中央アジアの共和国（カザフスタン、キルギスタン、タジキスタン、トルクメニスタン、ウズベキスタン）を配下に治めることにあり、その中核国はウズベキスタンであるという。(注)5

ここで、理解を援けるため、中央アジア諸国の位置関係を図1に示す。

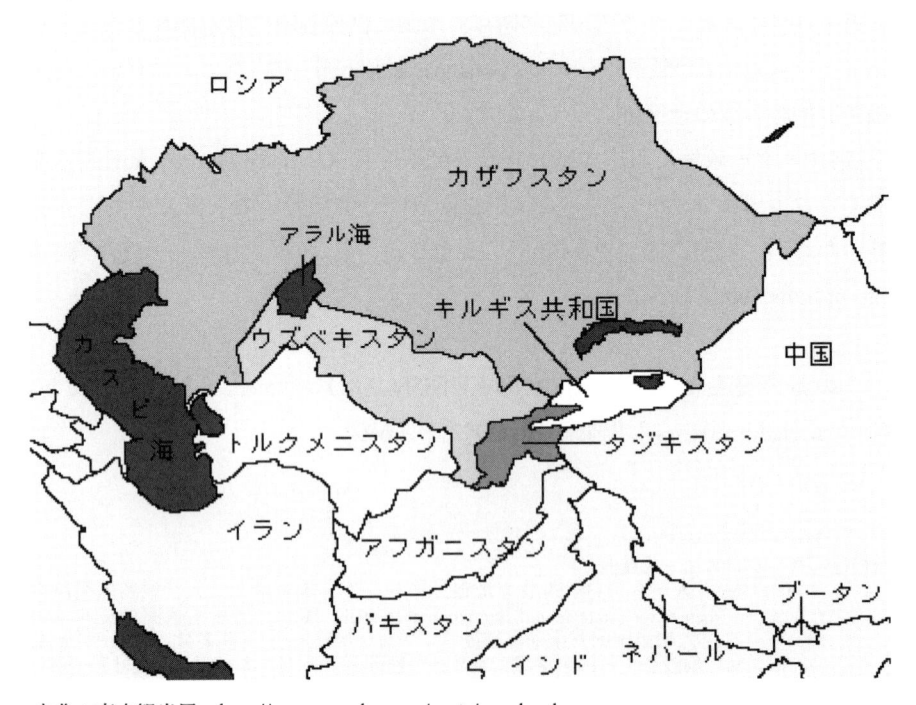

出典：東方観光局、http://www.eastedge.com/c asia/map.html

図1　中央アジア諸国の位置

(注)5　最近（2006年）、ウズベキスタンはロシア側の同盟国になった。

9.11攻撃の数日後、合衆国議会の上下両院合同本会議における開戦演説で、ブッシュ大統領は「米軍が先ず第一に進駐し、基地展開すべき場所はウズベキスタンである」と強調した。ブレジンスキーにしてみれば、"我が意を得たり"と思ったであろう。事実、ウズベキスタンにおける米陸軍とCIAの動きは9.11以前より数年間にわたりすでに活発であり、米英軍の主要配置はアフガニスタン攻撃開始前にはすでに完了していたからである。

9.11の事件を契機として始まったアフガニスタン戦争は、少なくとも1997年以降の4年間をかけ、計算し尽くされた冷酷な戦争計画の遂行であり、ブレジンスキーによる真珠湾攻撃の説明(米国が奇襲作戦を予め知っていたとする説)と同様、世界貿易センタービル攻撃の機会を、"これ幸い"と米国が世界制覇の勝利に向けた戦争開戦の必要な引き金として利用したに過ぎないとさえ言われる。すなわち、米国政府の一部が世界貿易センター攻撃の可能性を予め周知していたにもかかわらず、対アフガニスタン戦争参戦に対する国民の賛同を得る必要上、9.11阻止の努力を怠ったのだと当時の論文が主張したが、その真偽はともかく、これは1997年のブレジンスキーの主旨に沿ったものであった。

かりに、9.11以来の世界の出来事が、それ以前より予測され、具体的に計画され、周到に画策された計画に沿い、(ブッシュ政権により)その通り遂行されたのだとすると、ブレジンスキー一派にしてみれば、正直無垢な世界の人々を"してやったり"と考えたに違いない。そうだとすると、その後のアフガニスタン侵攻は、今も言われる「対テロ戦争」ではなく、「対イスラム原理主義戦争」でもなかった。彼らにとってアフガニスタン戦争は、米国による世界制覇に向けた最終戦闘の初まりであり、弱体化した各国政府を糾合し、米国主導の世界政府につなげる意図が背後にあった戦争ということになる。

ブレジンスキーによると、傀儡政権支配と戦争の手段により、銀行/企業/政府連合が経済的利益を追求し、世界での権力の維持を目指す米国が覇権国と

して新世界秩序の中に組み込まれるべきである。なぜなら、米国が必要十分なあらゆる手段を駆使して、世界支配に成功しない限り、世界は混乱状態に陥るからである。この恐るべき修辞（論理）により、一般読者を脅迫し、未来世界の選択肢として「世界政府樹立構想」を提供したのである。

「ブレジンスキー構想」を支持した民間利益団体として、次の3グループが知られている：
① 「外交問題評議会（Council on Foreign Relations: CFR）」
   ニューヨークにある外交シンクタンク、Foreign Affaires誌を発行している。
② 「三極委員会（The Trilateral Commission）」
   北米、西欧、日本を三極として世界政府への第一段階を目指すとするもので、ブレジンキーがロックフェラー（David Rockefeller）の依頼で創設した。
③ 「ビルダーバーガー会合（Bilderbergar group）」
   定例的に開かれる欧米の名門・資産家・学者などの私的な集まり、議論は非公開、秘密とされる。1952年第一回の開催場所がオランダの同名のホテルHotel de Bilderbergで開催されたことにより命名された。

「これら3グループがまとめた4年間に及ぶ戦争準備に基づき、2006年を目途に、公然と世界独裁政府の実現を目指し、実働を開始した。彼らの戦う相手は"テロリスト"ではなく、"市民"である。」（2001年11月6日、ケップル（Johannes B. Köppl）博士、及び元NATO事務局長ウエルナー（Manfred Werner）の証言）

ブッシュ政権が標榜する"対テロ戦争"の主旨が、見かけ上は、明らかにブレジンスキーの主張の枠外であることを考えると、当然"世界制覇"は米国現政権の公式の立場ではない。しかし、米国の政権は、21世紀がここ暫くは"戦争の世紀"であることを認めている：「この戦争は我々の生存中には終わらないかも知れぬ戦争である。(It is a war that may not end in our lifetimes.)」アメリ

カ合衆国副大統領チェイニー（Dick Cheney）

　かりに、一国独裁に抵抗できる政治・経済・軍事力をもつ世界中の武装グループの全てが破壊され尽くすまで、この戦争が終わらないものだとすると、米国がアフガニスタンやイラクで戦い、今後とも地球の至る所で市民を巻き込む戦闘が続くこととなり、市民にとっては迷惑至極である。そして、注意を怠ると、いずれがテロリストか区別しかねる事態が生ずることであろう。今、我々には米国の進める世界戦略を越える新しい認識が必要な所以が生まれたと言える。しかし、この結論に到達するに先立ち、次節以下、このような世界状況に至った歴史的背景を再検討する。

Ⅶ. 壮大なチェス盤

　著書、「壮大なチェス盤（THE GRAND CHESSBOARD）」におけるブレジンスキー戦略の基調は、利害関係を有する二大国、ロシアと中国を準覇権国とみなし、中央アジアにおいて、両国が米国を脅す可能性があることを前提とする戦略である。（彼はこれら二大国のうち、ロシアの方がより重大な脅威であると考えていた。）両国は、中央アジアで国境を接しているが、中央アジアの共和国のうち、鉱物資源、石油、ガス資源の豊富なトルクメニスタン、ウズベキスタン、タジキスタン、キルギスタンの支配を目論むロシア・中国に対して、緩衝機能をもつ拮抗勢力としての米国が支配すべき国々は、基本的にウクライナ、アゼルバイジャン、イラン、カザフである。（図1参照）

　"壮大なゲーム"が「壮大なチェス盤（The Grand Chessboard）」上で繰り広げられる。その内容を分析すると、9.11発生前の4年間に作られた軍事作戦計画の背後にうごめく暗い陰謀が明らかになる。以下、同書の主要内容よりその内容が読み取れる。

"壮大なチェス盤（The Grand Chessboard）要約"

(1)　20世紀最後の10年間は世界史における「地殻変動（tectonic shift）」そのものであった。歴史的に未曾有な展開として、非ユーラシア国である米国が、ユーラシアにおける覇権均衡の裁定者（key arbiter）であり、かつ世界の超覇権国として誕生したことである。ソビエト連邦の敗北と崩壊が、西半球の覇権国であった米国が急速な成長を遂げた最終の段階であり、米国は単独で紛れも無く世界の覇権国になった。

(2)　米国がユーラシアの支配を目指すには、挑戦を試みる国が新規に出現しないという大前提が必要である。したがって、包括的かつ統合化されたユーラシアの統治戦略の構築が本書の目的である。

(3)　海外での軍事力強化に関する米国民の姿勢は、一昔前にくらべると心理的に不確定なものである。たとえば、第二次世界大戦時、米国民が米国政府の参戦を支持した動機は、何よりも、日本の真珠湾攻撃がもたらしたショックそのものであった。

(4)　米国の地政学的勝利はユーラシアにおける覇権の確立である。……今や、非ユーラシア国である米国がユーラシアで覇権を確立した。しかし、今後、米国の世界覇権は、長期かつ効果的に、ユーラシア大陸での優位性を維持できるか否かに懸かっている。米国がユーラシア大陸から撤退するか、あるいは強力なライバルが突如出現すれば、国際情勢が著しく不安定化し、世界的に無政府状態が発生するであろう。

(5)　この文脈では、米国のユーラシア"経営"が枢要である。ユーラシアは、地球上最大の大陸であるという理由で、地政学的枢軸である。ユーラシアを支配する覇権国が、世界三大陸のうち、最も進歩し経済的に生産性の高い二つを支配する。世界地図を南極を上にして一瞥すれば分かるように、ユーラシアの支配がほぼ自動的にアフリカを従属させ、事実上、アメリカ大陸を含む西半球とオセアニアが世界の中央大陸部の地政学的周縁部に当たることが分かる。ユーラシアには、世界人口の約75％が住まい、GNPの60％を占め、天然資源の大部分と既知のエネルギー資源の約75％が埋蔵されている。

(6)　米国国内が民主主義的であればあるほど、米国は、海外で独裁的になる傾向がある。これは、米国による覇権の弱点であり、ことのほか、軍事的脅迫が、無力かつ無意味になるという特徴がある。歴史的に、今日ほど「草の根民主主義（populism）」が国際的に高揚した時代はない。しかし、幸福感に浸る米国民の日常的平穏を脅かす突然の脅威や挑戦がテロの形で発生する場合を除いて、覇権の追求といったものは国民の情熱を左右するような国家目標ではない。覇権維持に必要な緊縮財政（国防支出）や人的犠牲（戦死者）は民主主義の本質には程遠い。米国の帝国主義的軍事行動は民主主義に相容れないものである。

第4章　21世紀テロリズム世界誕生の背景とその行方　　135

(7)　米国にとって、基本的に2つの段階が必要である：
　　1）ユーラシア内で、国家間の覇権の配分に変革を引き起こす潜在力を有し、為政者がその地政学の理解能力をもつ国を複数特定する。
　　2）それらの国家を、互いに相殺することにより、特定国の徴用・支配を目的とする米国独自の政策を樹立する。

(8)　残酷が日常であった古代帝政時代の用語で説明するならば、帝国による地政戦略には、3つの規範がある：①封臣間のなれ合いを防ぎ、彼等の保証・信頼を維持する。②従順な属国の安全保障を行なう。③異邦人が徒党を組んで攻め入ることを防ぐ。

(9)　中央アジアにおいて、米国以外の覇権国が誕生すると、現在のペルシア湾での米国主導の安全保障が直接脅かされることになる。

(10)　今後、米国は、自国をユーラシアから放逐し、世界の覇権国の地位を脅かすようなユーラシア地域連合に、如何に対処すべきかを確認し続ける立場にならざるを得ないであろう。

(11)　人口が最大のウズベキスタンは、中央アジア国家の中で極めて重要な国である。ロシアによる再支配を拒む代表国でもある。ウズベキスタンの自立は、他の中央アジア諸国の生存にとって重要であると同時に、ロシアの圧力に対する最強の抵抗勢力となろう。

(12)　この地域は、未決定の対立地域という意味で、「ユーラシアのバルカン諸国（Eurasian Balkans）」である。1997年の地域の地図上において、世界覇権の対立地域を特定できる。歴史的にみると、中央アジアの共和国は、その大部分が互いに隣接し、軍事的に強力な主要三隣国、ロシア・トルコ・イランのみならず、覇権の野望をもつ中国にとっても、国境紛争を含め、この地域は安全保障を揺るがす対決の場でもある。然るに、ユーラシアの"バルカン諸国"は、潜在的な経済資源の面より、その重要性は無限であると言って過言ではない：金などの主要鉱物資源のみならず、莫大な天然ガスと石油が、この領域に集中して埋蔵されている。

(13)　世界のエネルギー消費は、ここ20～30年間大幅に増加する：米国DOE（エネルギー省）の見積りによると、極東アジアでの消費増加を筆頭に、1993～2015年の間に、世界需要が50％以上増加すると予測される。現在、すでにアジア諸国の経済成長が、新しいエネルギー資源開発に向け、大きな圧力を引き起こしているが、クウェート、メキシコ湾、北海などとは比較にならぬ大規模な埋蔵量の天然ガスと原油が中央アジア地域とカスピ海盆地（Caspian Sea Basin）に眠っている。

(14)　事実上、ウズベキスタンが中央アジア随一のリーダー候補国である。

⒂　一旦、地域へのパイプラインが敷設されてしまうと、トルクメニスタンは、膨大な天然ガス埋蔵量（2005年末時点、102Tcf）により将来の繁栄が約束される。

⒃　現実に、イランのみならずサウジアラビアなど隣国からの支援を受けたイスラムの復興が、非イスラムで、異端の国ロシアの目指す再統合を阻む決意の下に、イスラム教復活を基盤にする新民族主義の駆動力になるであろう。

⒄　パキスタンの最大の関心事は、アフガニスタンでの政治的な影響力行使に地政学的根拠を得ることであり、イランが、アフガニスタン、タジキスタンに対して影響力を行使することを阻止し、中央アジアとアラビア海を連結するパイプライン建設事業により利益を得ることである。

⒅　トルクメニスタンは、アフガニスタン、パキスタンを経て、アラビア海に通ずる新しいパイプラインの建設を真剣に検討している。

⒆　米国の主要関心事は、特定の覇権がこの地政学空間を支配するようなことにならないことを保証し、共同体としての国際世界が、財政的、経済的なアクセス目的を達成するのに妨げを回避することである。

⒇　この地域に対する中国の経済的影響力と、自立を促すような政治的影響力は、必ずしも、米国の利益に矛盾しない。

(21)　ユーラシアが世界の中心であり、米国は現在世界唯一の超大国である。したがって、ユーラシア大陸における権益分布が世界の覇権国としての米国と、それが歴史に残す遺産にとって、決定的に重要な意味をもつ。

(22)　持続的な米国の関与が無ければ、遠からず世界は不安定になるであろう。事実、地政学上の緊張状態にとって、不安定性は今日のユーラシアのみならず、世界中に見られる。

(23)　ヨーロッパとアジアを横断する地平上の徴候を警告として、米国の政策が完全に成功するためには、ユーラシア全体に焦点を合わせた、地政戦略的設計指針が不可欠である。

(24)　将来、米国の覇権に挑戦を試みる敵国連合の出現を阻止するためには、地域での機動力と戦闘力の配備に重点を置く必要がある。

(25)　さしあたりなすべきことは、ユーラシアから米国を放逐しようとする試みや、米国の持つ裁定力の意義を著しく削減するような軍事力を、一部の国家ないし国家連合が保持することを阻止することである。

(26)　長期的にみると、国際政治における一国覇権主義が益々不都合になる傾向がある。したがって、米国が文字通り唯一最大の世界超覇権国になれる可能

性が期待されると同時に、全くその逆もありうる。

(27) 米国が今後ますます多文化社会になるにしたがって、多くの国民が共有する直接的かつ大規模な外部脅威の発生を除いて、対外政策に関する合意を形成させることはより困難になることだろう。

出典：文献(18)

　以上、27項目の各引用の節々に見られるように、ブレジンスキーの言う米国の世界戦略は、'傲慢'とも見える。しかし、同書の内容がその後の米国の対外政策の推移を示唆する。すなわち、米国は、世界中を経済のグローバリゼーションの渦に巻き込み、地域の固有文化を破壊の危機にさらしながら、金融手段により財政・金融恐慌を起こす一方、IMFと世界銀行を賞賛してきた。さらには、世界的に軍事テロ活動により大量虐殺をひき起こしながら（コソボからアフガニスタン、イラク、ラオスでの攻撃に一般市民を巻き込み、サリンガスのような生物・化学兵器を開発し、ベトナムで実戦使用した）、かかる活動が人類に対する正義であるかのような印象を人々に植え付けようとしてきたのである。

　同書発刊に先立つ1983～1984年時点、ブレジンスキー一派の指揮により、諸国の政府が支配される可能性を示唆した人物がいる。前ドイツ防衛省職員のケップル（Johannes B. Köppl）である。そして、アフガニスタン戦争に関して、ケップルは、極めて深刻な懸念を示した。

　「この戦争は、"対テロ戦争"を超越するものである…あらゆる国の市民に対する戦争である。大統領は、市民の対処能力を超えるあまりにも多くの恐怖を創りだしている。しかし忘れてはならない。この戦争は、2001年より5年以内に世界独裁政権を樹立するに、またとない機会なのである。」

(2001年11月6日、Johannes B. Köppl)

Ⅷ. ブレジンスキー地政戦略の行方

「米国新保守主義者（neoconservertives：いわゆるネオコン）」の地政戦略がブレジンスキー一派のものに他ならないことは間違いない。具体的な戦略は、1997年に設立されたワシントンDCのシンクタンクが発刊した「新しい米国の世紀（Project for a New American Century：PNAC）」が2000年9月の政策文書に敷衍され、理想とする目標が米国の軍事・経済的国際支配であるとする新保守派のアジェンダ（指針）が明らかである。[19] さらに、国防総省は9.11を受けて、"これ幸い"とPNACに沿い、「5か年間に7戦争計画」を立案した。[20]

しかし、2007年時点のイラクの不安定な情勢と、中国ロシアが主導する新しい地域協力機構の動向をみてもわかるように、ブレジンスキー構想が成功しているとは言えない。国内的にも米国民の日常生活はテロの脅威下にある。これに対するブレジンスキーの行った'釈明'は以下の通りである：米国がどちらかというと"偏執的（monomania、凝り性）な世界観"を習得したことが問題を生んでいる。我々は、そのような恐怖を捨て、現実主義でなければならない。変わったのは米国であって、世界ではない。実は、先進国であれ、発展途上国であれ、米国経済が崩壊することを望んでない。彼らは米国の技術基盤、研究開発能力、教育システムを賞賛しているし、消費者としての米国を必要としてもいる。[21] この'釈明'は全くの言い訳に過ぎない。

Ⅸ. ゲームの展開―中央アジアを中心とするユーラシア―

2007年現在、イラクでの政情が不安定の中にあって、米中ロが最も活発にパワーゲームを繰り広げている地域が"中央アジア"である。ここは、石油・天然ガス資源が豊富である上に、いずれの諸国も政治的に不安定であり、地域の安全保障上重要な地域である。中央アジアにおける石油・天然ガスの支配と、

大西洋から中国沿岸までの全ユーラシア中央アジアにおける地政学的"ゲーム"の全貌は、最近の展開よりすると鮮明である。

2006～2007年の動向より判断すると、いずれ米国がユーラシアでの"ゲーム"で戦略的影響力の全てを失い、世界の覇権国として一国独裁を志向する米国の地位が揺らぐ恐れが強い。事実、北京が戦略的成果を収める形でのカザフ・中国にみられる国際政治の展開は、ワシントンにとっては脅威であり、今度はイラン戦争開戦かと、なり響くドラムを上回る深刻な意味を持っている。

以下、資源争奪を中心に、具体的に中央アジアを中心とするユーラシアでの"ゲーム"の展開を見ることにする。

まず、図2と表1に、中央アジアとコーカサスにおける石油・天然ガス輸送施設（出典：米国国務省データ）を示す（1999年時点では計画中のものも含む）。読者は、図1と併せ、これらを参考にして、各節の内容の理解に役立ててほしい。

9．1　北京の動向—エネルギー獲得へ挑戦する中国[22]—

21世紀に入り中国の進める意欲的なエネルギー戦略には、目を見張るものがある。以下、幾つかの例を紹介する。

「カザフ－中国パイプライン」の完成

13億の人口を抱える中国にとって、エネルギーは、経済成長のアキレス腱であり、弱点である。これは自他ともに認めるところである。事実、21世紀初頭より、石油・天然ガス資源獲得に向けた中国政府の資源外交は枚挙にいとまがない。胡錦涛主席ら首脳自らが中東、アフリカに飛び、エネルギー確保に行脚している。中国が先進国並みの経済発展を果たそうとすれば、北京の努力は当然であり、この傾向は今後とも続くと見られる。

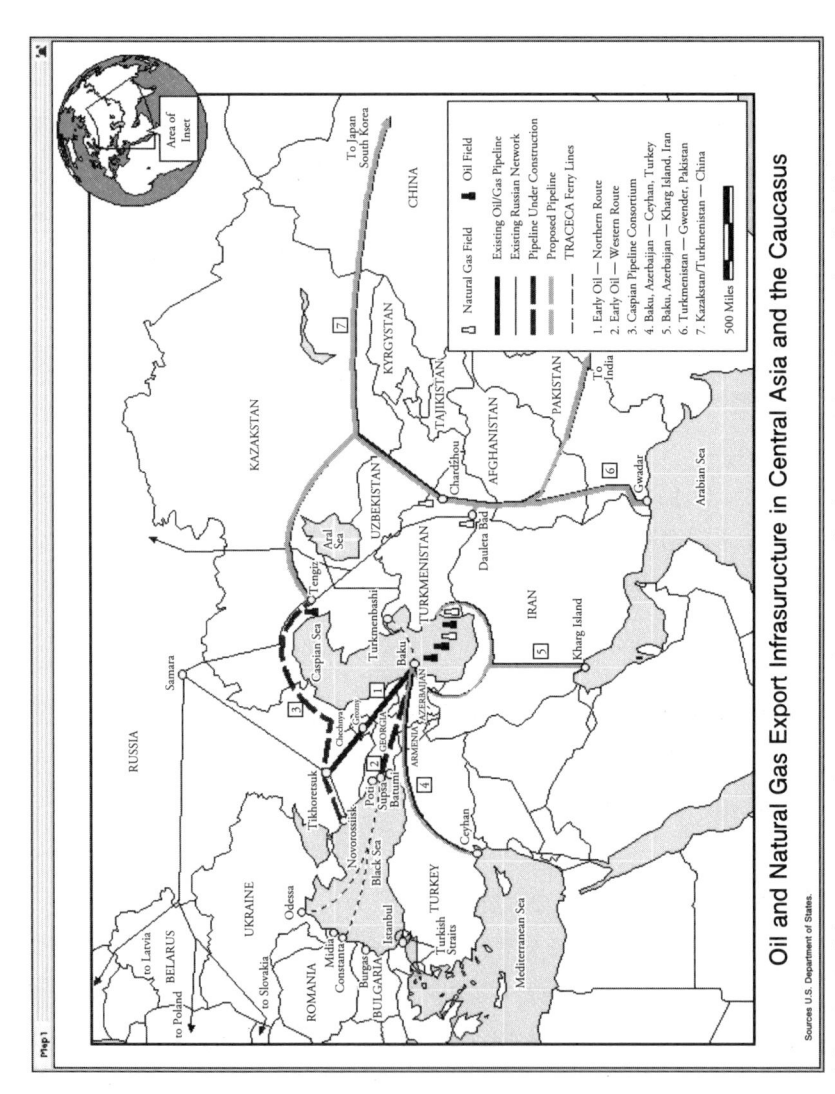

Oil and Natural Gas Export Infrastructure in Central Asia and the Caucasus

出典：米国国務省データ Council on Foreign Relations 1999. (現在、Proposed Pipeline の一部は完成済)
図2 中央アジアとコーカサスにおける石油・天然ガス輸送施設の位置

表1 中央アジアとコーカサスにおける石油・天然ガス輸送施設の概要

Cuurent and Future Pipelines in Greater Caspian Region

Name	Type	Route	Capacity (Barrels/Day)	Length	Status
AIOC* Early oil (south-North)	Oil	Baku-Novoro ssiisk via Groznyi	120,000+	1,000mi.	Russian side inoperative
AIOC Early oil (East West)	Oil	Baku-Supsa via Tbilisi	120,000+	550mi.	Under construction
AIOC Main export pipeline(MEP)	Oil	Undecided, preferable via Turkey	1,000,000	2,000+mi.	Decision pending
Caspian Pipeline Consortium(CPC)	Oil	Kazakstan/Tengiz-Novorossiisk	1,340,000	1,500mi.	Contracts signed
Turkmenistan-Afghanistan-Pakistan pipelines	Gas	Dauletabad gas field to central Pakistan	2 billion cubic feet/day	872mi.	The civil war in Afghanistan is stalling construction
	Oil	Chardzhou, Turkmenistan to Gwada, Pakistan	1,000,000	800+mi.	
Kazakstan-China	Oil	Western Kazakstan to China	200,000	Approx 3,700mi.	Completed
Turkmenistan-China	Oil	Chardzhou to China	—	Approx 3,700mi.	Feasibility study pending
Central Asia-Turkey	Gas	Kazakstan, Turkmenistan, Azerbaijan	—	Approx 1,300mi.	Pending decision on the status of the Caspian Sea
Iran-Turkey	Gas	Northern Iran to eastern Turkey	10bcm/yr.** over23years	600mi.	Contract signed; financing unclear

Notes: *AIOC = Azerbaijan International Operating Company. **bcm/yr. = Billions of cubic meters per year.
出典：米国国務省データ Council on Foreign Relations 1999.をもとに作成

2005年12月15日、懸案であったカザフから中国北西部に向かう日糧供給容量20万バレル/日の石油パイプが操業開始した（図2のルート#7の中国側）。これは1997年以来、「中国国有石油企業（China National Petroleum Corp：CNPC）」がカザフから隣国中国北西部に向かう石油パイプラインの操業の開始である。新設されたパイプラインは、地政戦略において北京が手中にした一大成果であった。開所式には、Zhang Guobao（National Development and Reform Commission）会長、中国最高経済計画委員会副委員長）が出席した。CNPCはカザフに1997年以来26億ドル以上の投資をしてきた成果であった。さらに、2006年5月25日、カザフの石油がこの新設パイプラインを通って、はじめて中国に入ったのである。26日未明、新華社はこれを"歴史的な快挙"と速報した。

　新パイプラインは、2010年を目途に、供給量2,000万トン/年（40万バレル・日）に拡大の予定である。これにより、中国は長期安定的に石油を供給するルートを確保し、カザフがロシア経由を避けるルートを多様化させ、自立性を高めることに寄与できる。今度の完成分は、カザフ内陸中東部アタスから、中国・新疆ウイグル自治区の阿拉山口（アランシャコウ）までの全長962キロメートルで、2004年9月に着工し、1年強で完工した。当面は日糧20万バレルで、CNPCが2004年10月に買収したペトロカザフ社がもつカザフ南東部のクムコル油田やロシア・西シベリアからの石油を中国へ送る予定になっている。

　これは、中央アジアにおける石油・天然ガスの支配と、大西洋から中国沿岸までの全ユーラシアにおける地政学的"ゲーム"の観点からみると、この地域での覇権確立を狙ってきたワシントンにとっては憂慮すべき事態である、"中国〜カザフ〜ロシア"三国間に、親密な"エネルギー協力関係（枢軸）"が生まれたことを意味する。しかも、パイプライン開設は、豊富なカザフ石油を可能な限り獲得せんとする中国にとっては大計画の発端に過ぎない。中国は、それを経由して、数多くのカザフ油田（この数年間に獲得済み）で生産される石油を自国へ輸送するつもりである。これらの石油は、これまで西側諸国へ（ま

第4章　21世紀テロリズム世界誕生の背景とその行方　　　143

たはロシア経由で北方に）送られていたものである。

　地政学的エネルギー分野におけるユーラシアでの動向の一つとして、米国の支配から明確に自立を目指さんとする中国にとって、新パイプラインの持つ意義は小さくない。新パイプライン操業により、米国の支持を受けて、半年前の2005年夏に華々しく開設され、2006年4月末より、タンカーへの積み込み作業が始まった「BTC（Baku-Tbilisi-Ceyhan）」石油パイプラインの地政学的価値が低下した。（地図、図2参照のこと。）沿線のカザフ油田からの生産が不十分なため、新パイプラインの石油の半分（10万バレル/日）は、さしあたり、ロシア経由になるという。（2005年11月30日北京でのカザフのエネルギー副大臣イサイエフ（Musabek Isayev）の言明）事実、新パイプラインへのカザフ石油の供給が不足する場合は、中国政府はそれを補填供給するようロシア企業に依頼済みであると言われている。これらは、中国～カザフ～ロシア枢軸の親密なエネルギー協力関係はワシントンにとっては憂慮すべき事態である。

　新パイプラインの距離は962キロメートルであり、中国にとってアクセス可能な、世界で最大の埋蔵量を誇る油田のある北部カスピ海のカシャガン（Kashagan）まで、3分の1の距離（300キロメートル余）を残すのみである。（図2参照のこと）カシャガン油田は、過去数十年で最大の新規発見油田であり、北海油田（130億バレル）の規模を越える。これは、米国が近年中央アジア地域の体制変更・民主化を支持していることと無関係ではない。

　今後10年間、カザフは、内陸国に新しい輸送ルートの探索を促しつつ、原油生産を約3倍に増量する計画の中で、パイプラインのロシア通過を避けつつ、過度のロシア依存を回避する政策の一環として、2005年、主要市場の一つとして中国を選んだのである。

　信頼性の高い最新評価によると、カザフの確認可採原油埋蔵量は少なくとも

350億バレル、すなわち、北海油田の2倍であり、よくすれば約3倍存在する。(2005年11月18日ロンドンで公表されたカザフ国レポートによる。)事実、イタリアAGIP社(カシャガン石油資本連合代表)の進めた最近の穿孔により、カザフ北東部のテンギス(Tengiz)南西のカザフ沖にある大油田に巨大な油層の存在が確認された。(ドイツの石油技術者の報告)

カザフ政府の計画では、2015年までに、陸上・洋上を合わせ、全地域から日産360万バレル生産予定である。旧ソ連共和国の原油生産の中にあって、カザフはカスピ海西岸のアゼルバイジャンに比べても、約3倍で、2005年平均日産量約136万バレルにおよび、ロシアに次ぐ規模である。

戦略的成果を収めた北京

2005年10月、41.8億ドル相当の「ペトロカザフ(PetroKazakhstan)」社の買収を終え、北京はこの地域に地政戦略的成果を獲得した。これは、かつて中国の企図した米国「ユノカル(Unocal)」社買収を妨害したワシントンに対する復讐とも言える。米国の国際石油資本は、カシャガンの洋上油井発見後、カザフ原油の掌握を目指した特段の努力にもかかわらず、すべて失敗に終わった。事実、「エクソンモービル(Exxon Mobil)」社は、カザフの石油産業に参入権を得るために、カザフ当局の贈収賄に手を染めた。エクソンモービル社の上級幹部は脱税罪でニューヨークで逮捕、拘留されたのである。

カザフ大統領ナザルバイエフ(Nursultan Nazarbayev)は、カザフが旧ソ連共和国であった時、共産党の書記長を務めたことがあり、ロシアの「プーチン(Vladimir Putin)」大統領との関係も悪くはない。しかし、今では、モスクワから一定の距離をおきつつ、取引する「ずるいキツネ(sly fox)」と見られている。

2005年10月、ロシアのルクオイル(Lukoil)社は、カザフの民営石油会社ペトロカザフ社の買収の試みに失敗した。ワシントンが主要同盟国になってくれ

るとみると、カザフは、10年前とは立場を翻し、地政学的には大幅な戦略的転向を示したからである。当時、ライス（Condoleezza Rice：後に大統領補佐官、2007年現在、米国務長官）の関連企業、シェブロン社がカザフ・テンギス油田における原油生産の請負い経営者になった。時はまだソビエト連邦解体の直後であった。カザフにおける米国の石油産業の参入権の確保は、クリントン政権時代においては、政治的優先案件であった。

　事実、欧米系の「シェブロン・テンギスシェヴオイル（Chevron-Tengizchevoil）」資本連合は、1993年「カスピ海パイプライン（Caspian Pipeline Consortium/CPC）」資本連合を形成した。シェブロン社は、積年に及ぶカザフ政権との交渉の末、かろうじてカスピ海の北東岸のテンギスからロシアの港、黒海のノヴォロシースク（Novorossiysk）までパイプラインを建設した。しかし、長年に及ぶカザフ政権の圧力に耐えかね、シェブロン社やオマーン石油会社（Oman Oil Co.）など、ほとんど全てのCPCの参加企業は、CPCラインの拡張計画を断念した。[注6]

　それから10年以上が経った。カザフ油層全体の生産が先細りする中にあって、北カスピ海沖合のカシャガン油井での最近の穿孔により、埋蔵量13〜32Gboという有望な結果が確認できたカザフは、2005年、北京に鞍替えをすることにより、地政学的均衡調整を図ったのである。

　2005年10月、ナザルバイエフ大統領は、ペトロカザフ社買収権をCNPCが獲得したと発表した。2005年12月4日、彼が過去14年にも及んだ支配の更なる延長を決める再選に勝利した以上、今後の関心事は、ワシントンがナザルバイエフの行った反体制派に対する"人権侵害問題"をどの程度問題にするかに焦点が移っている。

（注）6　この背景にはカスピ海原油埋蔵量の下向修正と低品質性があると考えられる。

2004年、反体制候補者ツヤクバイ（Zharmakhan Tuyakbai）の所属する「正義カザフ（For a Just Kazakhstan）党」により、ウクライナ型「オレンジ革命」が勃発するかと見えた。しかし、彼の得票は6.6％（第2位）に過ぎなかった（彼は不正があったと主張した）。これに対し、ワシントンと米国メディアは沈黙したままであった。ライス長官は、中央アジアで凋落の一途をたどる米国の覇権を支えるため、2005年10月10～13日の間、現地に赴き、ツヤクバイとの直接会合を持った。しかし、彼にとって、今は試練のときにあり、明らかに未熟であるとの評価により、彼への支持を諦めた。

壮大な中国のエネルギー戦略
　2005年12月の新パイプライン開設は、豊富なカザフ原油をできるだけ多く手中に収めようとする中国にとっては、より大きな計画の発端に過ぎない。

　中国の計画は、ロシア側と中国側のパイプラインを再結合することにより、流れの一部を逆転させ、カシャガンを含むカザフのカスピ海盆から西部／中央部に広がる豊富な石油地帯を通り、究極的に中国と結ぶ輸出回廊を建造することである。この大プロジェクトが完成すれば、現在ペルシア湾諸国からの原油供給の輸送路に配備された米国の航空母艦の戦闘機群の脅威を避けて、中国は初めて輸入石油源の安定供給を確保できることになる。

　新パイプライン開設当時、中国はカザフからわずか2.5万バレル/日を輸入していたに過ぎなかった。しかし、輸出回廊の最終計画フェーズ、カザフ中西部ケンキヤク（Kenkiyak）と南東部のクムコル（Kumkol）間のパイプラインが完成すれば、2005年12月15日開通部分とカスピ海近傍の基盤施設がリンクされることになり、日量100万バレル相当の輸送が可能になる。それは、中国の原油需要の約15％に相当する。

　中国は、このたび完成したパイプラインを経由して、最近数年間に獲得し

た数多くのカザフ油田からの原油を自国へ輸送する予定にしている。これらは、現在は西側諸国ないし、又はロシア経由で北方に送られている原油である。したがって、新しいパイプラインのもつ、西側諸国に対する影響は無視できない。

北京による共産党独裁の堅持

　北京は、これまで、ワシントンからの支援を受けた一連の中央アジアを横断する民主主義的体制変化、すなわちグルジア（Georgia）からウクライナ（Ukraina）に至る「色彩革命（color revolution）」、やキルギスタン（Kyrgystan）の「チューリップ」革命を対象に詳細な調査・研究を行なった。その結果、北京が、長期のエネルギー確保に戦略的影響をもつ地域のみならず、中国国内で同様の動きを見せる非政府組織活動（NGO）の芽を摘み、未然に革命を防ぐことを決意したことは間違いない。

　2005年7月に起こったキルギスタンの革命は、北京に対し警告となった。中国のパイプライン（カザフ、トルクメニスタン、イラン、ロシアに接続する）が、ウクライナなど親北大西洋条約機構（NATO）諸国ならびに、潜在的な石油資源国より脅威を受ける恐れがある。これが警告となって、2005年後半には、ウズベキスタン（カリモフ大統領）と北京の間に緩い連帯が生まれるとともに、モスクワと連帯するベラルーシのルカシェンコ（Yuri Lukashenko）大統領と中国の会談が実現した。

　ワシントンDCの定期刊行物「外交政策（Foreign Policy）」は、2005年10月版で短い論考を載せた。以下はこの論文の引用である。注意深く読む必要があるものの、この内容は、現在の中国の一面を示しているので、参考までに紹介する。[23]

色彩（共産党の赤色）基準を守る中国の厳しい取締り

　旧ソ連の崩壊後、中国権力の中枢では、旧ソ連時代から続いた権威主義体制が低下し、大衆暴動の発生の可能性という"妖怪"が再現した。香港の非検閲自由雑誌によれば、中国の胡錦濤主席の報告書「人民戦争を無血で戦う（Fighting the People's War Without Gunsmoke）」は、中国共産党による「反革命」抑制の指導書である。党内で流布されたこのレポートは、中国での「色彩革命」発生の未然防止を意図する一連の施策の概説書である。

　中国で最近見られる明白な徴候は、「非政府組織（NGO）」に対する厳しい取締りである。北京の見方では、最近の中央アジアの体制変化の背後には、国際機関、なかでも支援NGO組織が、ワシントンの"黒い手（Black Hands)"の役割を果たしている。共産党広報部門の隔週出版誌によると、ワシントンの「世界の民主化向け年間予算は10億ドルである」と報道し、NGOとしては、「共和党国際研究所（International Republican Institute）」「民主主義のための国内基金（National Endowment for Democracy：NED）」「米国平和研究所（US Institute of Peace）」などがあり、地域住民を洗脳し、反体制を訓練する組織として「自由な社会研究所（Open Society Institute）」があるとしている。

　2005年8月下旬、人権のためのUN高等弁務官の訪問を控え、中国警察は急遽「権限付与と人権団体（Empowerment and Rights Institute）」（上記NEDが支持する人権グループ）の事務所に立ち入り調査をした。当初、2005年以内に、できるだけ多くの自由を複数のNGOに供与する新規則の制定が予定されていたが、取りやめとなった。「内務省（Ministry of Civil Affairs）」は、NGOの登録処理を中止し、多くの団体活動を、さしたる混乱なく凍結した。中国ではNGOを取り締まる専門の政府機関として、通常の警察の他に、国家安全保障機関としての「中国秘密警察（China's secret police）」がある。

　これら機関が地域のNGOの調査活動を開始した。これに関連する逮捕や拘留は報告されなかったものの、国際的NGOで働く上級の中国人の一部は、当局の"事情聴取"のために呼び出された。一部のNGO事務所には、内密に外国人スタッフと組織に関する情報を摘発するために、私服担当者を送り込んだ。中でも環境保護団体を対象に、大規模な政府調査がされた。その対象は、多分、彼らが物議を醸す問題、たとえば遺伝子組み換え食品や莫大な経費がかかるダムプロジェクトをテーマとして公開討論を開催し、当局を刺激する恐れであった。一方、現在、政府に登録を済ませた"緑のグループ"はわずか10％に止まっている。

　一方、北京は、中国でのNGOの活動に関する研究を複数の省立社会科学研究所の研究員に委託した。簡単な住所録を含め、便利な研究ツールとしてのNGOの出版物が、最近数ヶ月間大幅に売上げを増したことを受けて、色彩革命が芽を吹く初期段階の経緯の研究のため、専門家が中央アジアに派遣された。2005年5月19日「政治局（politburo）」会合に出席していた「中国社会科学院（Chinese

> Academy of Social Sciences: 外国の研究資金受け入れの評判が良い)」の事務当局は、2000年代におけるイデオロギー分野における"重大かつ綿密なる配慮"の必要性を理解した。すなわち、研究者たちは、政治的立場に対する注意が必要になったのである。
>
> 　一連の「色彩革命」が中央アジアで吹き荒れている限り（例えばベラルーシのように）、中国政府は、警戒レベルを"高"に点灯し続けるであろう。国内にあるNGO集団に対する北京の動きは、国外にほとんど知られていない。国際社会が自由で民主主義的な中国を必要とするならば、中国の自由な団体活動の保証と成長に、より多くの努力を払うべきである。さもなければ、中国は、相変わらず古い共産主義体制のままにあるであろう。

出典：文献(23)

9．2　テヘラン（イラン）の動向

　西欧諸国との関係において微妙な立場に立つイランは、北京・モスクワとの接近を図っている。

北京－テヘラン－モスクワ枢軸

　イランは、中国の石油の約14％を供給している。ロシアのみならず中国は、1990年代末以来、核技術をテヘランに供給する取引を行なっている。1997年、ワシントンの圧力を受け、北京は名目上、核関連施設のイランへの出荷を停止することに同意した。しかし、イランとの関係が中国にとって、エネルギー確保戦略上、重要であることを考えると、この潮流がその後も続いていくと考えられる。対イラン軍事行動をワシントンが決定すれば、イラクの場合に比べ、はるかに多くの関係国を紛争に引きずり込む懸念がある。

　イランと中国の石油資源外交も活発である。エネルギーは、中国経済成長のアキレス腱であり、弱点である。北京は、あまりにもそのことを自覚している。ワシントンも同様である。2004年末、北京はテヘランとの間の巨大なイラン・中国間経済協力合意の一部として、中国は、最大のOPEC取引として、700億ドルのエネルギー協定に署名した。中国の国有企業「シノペック（Sinopec）」

社は、イランの巨大な「ヤダバラン（Yadavaran）」油田を開発し、30年間に2億5,000万トンのLNGを買うことに同意した。その合意には、シノペック社がパイプラインを含むガス産業の建設、関連の石油化学製品と巨大なヤダバランガス田の包括的開発、ならびに、中国の国営の軍関係建築会社、「ノリンコ（NORINCO）」社によるテヘラン地下鉄の地下空間の拡大工事の請け負いも含まれている。イラン・中国間の戦略的エネルギー協力の第2期計画には、イランからカスピ海までの原油輸送パイプライン約386キロメートルの建設が含まれており、これはさらに、中国・カザフパイプラインへと接続する予定である（図2ルート#6と#7を参照）。

「テヘランは、日本に取って代わり、中国がイランで最大の石油輸入国となってくれることを期待する。イランは、ロシアについで、天然ガスでは世界の第2の規模の埋蔵量を保有している。したがって、イランは、中国・日本・ロシア・欧州連合（EU）はもとより、ワシントンにとっても、戦略的に極めて重要な位置にある国である。」（イラン石油相、取引の調印にあたり）

「国連安全保障理事会（UN Security Council）」に"拒否権"を持っている中国は、イランの核開発問題が「国際原子力機関（IAEA）」により処理されるべきであるとの立場である。2005年ノーベル平和賞受賞者「エルバラダイ（Mohamed El Baradei）」IAEA長官は、かつてのイラクや現在のイランで核爆弾保有能力の証拠は無いと世界へ向けて宣言したことがあり、ワシントンのタカ派の反感を買った。

2003年、中国が石油開発に対する最大の利権国であるイラク戦争を始め、ユノカル社買収阻止などブッシュ政権の行ったことは、エネルギー自立を目指す中国に対して障害になった。さらなる米国の妨害のおそれがあることを前提にすると、現在、石油とガス供給を長期に確保するにあたり、北京がとっている施策に特段の違和感はない。

最近の核開発を巡るイランの姿勢もこれを裏付ける。2006年6月15日に開催された「上海協力機構（SCO）」首脳会議の席上、アフマディネジャド大統領は、米国に次ぐ世界第2位のエネルギー消費大国に成長した中国の関心をそそるような甘言を使った。長期的な経済成長にエネルギーの安定供給が欠かせない中国に、南西部ヤダバラン油田開発と長期の天然ガス供給を提供して、数百億ドルから一千億ドル規模となる大規模な契約の成立を迫った。事実、米国による経済制裁下で欧州や日本からの投資が低迷し、アフマディネジャド政権下の経済運営は苦しい。したがって、核問題で対米関係がさらに悪化したとしても、中国との関係を密にすることで危機は打開できる。イラクの対中関係強化の背後には、このような判断がある。

9．3　カザフを中心に中・ロ台頭—エネルギー争奪過熱—[24]

ユーラシア大陸の内陸湖、カスピ海の東側にあるカザフは、陸上の要衝である。その首都アスタナで異形のパビリオンが立ち並び、博覧会場を想わせる。1997年の遷都を記念する高さ97mのタワー「生命の木」を取り囲み、巨大な卵を模した図書館、尖塔を頂く金色の高層ビルが並ぶ。目を見張る急成長はカスピ海周辺の石油、ガス資源の賜物である。

2006年5月20日、ナザルバイエフ大統領は、プーチン・ロシア大統領との会談で、ロシア向けガス価格を従来の2〜3倍に引き上げることを認めさせた。「ロシアと関係が切れても、石油、ガスを売る先はある」首脳会談前のエネルギー担当相会談で、カザフ側は大国ロシアを相手にこう啖呵を切ったのである。

ロシアは世界の原油生産の12％、天然ガス生産の22％を占める"資源大国"であるが、70％は国内の消費に回ってしまう。欧州向けの輸出で、外貨を稼ぐには、旧ソ連諸国から石油・天然ガスを安く買い付け、輸出量を確保する必要がある。

ロシアの足元を見たカザフが交渉でちらつかせたのは、中国カードだった。1990年代前半に石油輸入国に転じた中国が、2003年には日本を上回る世界第二の消費国となったからである。

　中国では胡錦涛主席ら首脳自らが中東、アフリカに飛び、エネルギー確保に熱心に行脚している。中央アジアから中国への陸ルートは、マラッカ海峡を通る海上ルートに比べ安定度が高い。カスピ海と中国を結ぶ陸上の要衝がカザフである。カザフの原油が初めて新設パイプラインを通って中国に入ったのは、2005年12月10日のロシア・カザフ首脳会談から5日後のことであった。

　エネルギー供給をめぐるロシアの覇権を好まない米国もゲームに加わった。2006年5月初め、カザフを訪問したチェイニー副大統領は、1990年以来続くナザルバイエフ氏の強権体制には目をつぶり、「この15年間の成果に敬意を抱いている」と持ち上げた。カスピ海沿岸の原油のほとんどは、これまで、ロシア領に敷設されたパイプラインで黒海に運ばれ、地中海に向かうルートの首根っこがロシアに抑えられていた。

　米国の狙いは、原油をロシア領土を通さずに、カスピ海よりアゼルバイジャンとトルコを経て地中海へと運び出すことであった。事実、西に約1千km離れた地中海に面するトルコの港町ジェイハンでは、カスピ海と地中海を結んだ「バクー・トビリシ・ジェイハン（BTC）」パイプライン（本文図2のルート#4参照のこと。）が完成し、2006年4月末よりタンカーへの積み込み作業が始まった。米国は、カザフの原油もBTCに合流させるべく推進している。ロシアの影響力を弱めようとする西側のもくろみは、他にもある。カスピ海の西岸、アゼルバイジャンの首都バクー沖では、英国系メジャーを中心とする国際企業連合が旧ソ連にはなかった高度な技術を使って石油開発を進めている。

　ロシアも傍観者の姿勢ではない。2006年6月15日に上海で開かれた中央アジ

ア諸国を含めた上海協力機構首脳会議に、ロシアと中国は核開発問題で米国と対立するイランのアフマディネジャド大統領を招いた。イラン封じ込めを図る米国を牽制し、米国抜きで、中東から中央アジアの協力態勢の確立を探ろうとする狙いであった。

9．4　米を牽制する求心力「上海協力機構」
　　　　―複雑な利害関係の衝突も―[25]

　中国、ロシアと中央アジア6カ国（ロシア、カザフスタン、キルギスタン、ウズベキスタン、タジキスタン、中国）でつくる「上海協力機構（SCO）」が2006年6月15日、創設5周年の首脳会議が上海で開催された。SCOは、当初の国境策定や信頼醸成から対テロ協調や合同軍事演習へと目的を拡大した。米国が名指しする"テロ支援国家"イランなどもオブザーバーとして加わり、米国の一極支配を牽制する枠組みとして、その存在感をにわかに高めた。なお、2006年におけるSCO加盟6カ国の概要は、表2の通りである。

表2　上海協力機構加盟6カ国（2001～2006年）概要

加盟国	人口 (万人)	面積 (万平方キロ)	GDP (億ドル)	大統領・元首（就任時）
ロシア	14385	1707	5814	プーチン（00年5月）
カザフスタン	1499	272	407	ナザルバイエフ（90年4月）
キルギス	509	20	22	バキエフ（05年8月）
ウズベキスタン	2621	45	120	カリモフ（90年3月）
タジキスタン	643	14	21	ラフモノフ（94年11月）
中国	129616	960	19317	胡錦涛（03年3月）

（人口とGDPは、2004年の世界銀行統計データ）

　もとは緩やかな枠組に過ぎなかったSCOが近年米一極支配に異を唱える姿勢を強めはじめ、注目を集めるようになった。たとえば、米国を始めとする反テロ連合国によるSCO加盟国の基地利用を終える時期決定が懸案となり、2005年、カザフスタンの首都アスタナで開催されたSCO首脳会議の共同声明では、中央アジアにある米軍基地に事実上の撤退を求めた。首脳会議後の2005年8月に中ロ両国が初の本格的な合同軍事演習を実施した際、他のSCO加盟国の国防相が

招かれたが、日米両国の視察は受け入れられなかった。2006年5月16日、中国の李肇星、ロシアのラブロ両外相がSCO外相会議をひかえ、老朽化した中・ロ国境のアルグン川の橋を共同で建て替える協定に署名した。中・ロ両国は2004年武力衝突の舞台ともなってきた4千キロにおよぶ国境画定問題の決着を宣言した。その象徴ともいえる橋の建設合意をSCOの会議に合わせたのは、両国を中心とした地域の安定ぶりを内外に示す狙いがあった。

2001年9月の同時多発テロ後、米国はウズベキスタンとキルギスに軍事基地を置き、この地域での存在感を強めた。しかし、2005年5月にウズベキスタンで起きた反政府デモ鎮圧事件に対し、市民数百人を治安部隊が殺害した事件を、ブッシュ政権は激しく非難したものの、SCO加盟国は"鎮圧は妥当"とし、ウズベキスタン政府に理解を示した。

米国は、グルジアやウクライナで親欧米政権を生んだ反政府運動を中央アジアに持ち込もうとしているのではないか？　ソ連崩壊後も強権的体制が続く中央アジアの加盟国は、そんな警戒感を共有している。中央アジアに米国の軍事的な足場が固定化されることを嫌う中・ロの思惑が重なり、米軍撤退要求につながった。

SCOは、2006年の外相会議や国防相会議で、2007年に再び合同軍事演習を行うことと、相互選挙監視団を創設する方向で合意した。「いかなる第三国も対象としない戦略的な協力関係」を強調するものの（中国の劉建超報道局長）、米国中心の世界秩序に対する反発が求心力を高め、具体的な取り組みが着実に進むことは間違いがない。「冷戦後、世界は米国が良き指導者となることを期待したが、"ならず者"として振る舞った。SCOは、団結の必要性が欠かせない。」（「独立国家共同体（CIS）」研究所のジャリヒン副所長）

ただ、SCOも"反米一色"というわけではない。各加盟各国は、それぞれ米

国と複雑な利害関係で結ばれ、加盟国同士の利害衝突も少なくない。カザフは豊富な石油・天然ガス資源の新たな輸出先を欧米に求めたいものの、ロシアとは利害が対立し、緊張関係にある。中ロ両国は、ともに、米国との協調関係を崩したくないとの思惑がある。

「"第二の冷戦"のシナリオは非現実的である。SCOは地域の強国となっていく中国が、周辺国との利害を調整する枠組みとして発展していくだろう。」（モスクワ・カーネギー研究所のマラシエンコ氏）

9．5　戦略的敗北をたどるワシントン

　米国にとって中央アジアは、安全保障、エネルギー、政治経済体制の変革という3点で重要な意味を持っている。テロとの戦いでは、アフガニスタンへの後方支援の拠点として中央アジアの基地が不可欠であった。ところが、最近、米国はウズベキスタンにおいて部分的に"ゲーム"に敗北を喫した。カルシー・ハナーバード空軍基地（Karshi-Khanabad）の使用停止の要求に始まり、ユーラシアの戦略地図がモスクワにとって有利に更新されつつある。そして2006年ウズベキスタンは、事実上、ロシアの主要同盟国の一つにまでなった。

　以下、これらの事情を展望する。

　ウズベキスタンの独裁大統領カリモフ（Islam Karimov）はウズベキスタン南東のカルシー・ハーナーバード空軍基地（Karshi-Khanabad：2001年9月11日以降設置されたワシントンのユーラシア"ゲーム"戦略地点）の使用権拒否通告を2005年7月29日付けでワシントンに送った。それと同時に、それまでワシントンが企図してきたユーラシアにおける中国／ロシア包囲戦略が事実上水泡に帰した。

　2005年3月、隣国キルギスタン（Kyrgystan）の"チューリップ革命"で、ア

カイエフ（Askar Akayev）大統領が打倒され、7月選挙で米国の支援を受けた大統領代行バキエフ（Kurmanbek Bakiev）が当選した。2005年5月、アンジャン（Andijan）で発生したカリモフ政権のイスラム原理主義者虐殺事件に対する米国の厳しい抗議以来、ワシントンとの関係が悪化すると、隣国キルギスの民主化の波を恐れたウズベキスタンのカリモフは、躊躇なく、基地使用拒否の決定を下した。

2005年7月29日、カリモフは、2006年1月の撤退予定日までに、完全に空軍基地から米国を立ち退かせると発表した。2005年10月、米国上院は、ウズベキスタンに対する報復として、過去の基地使用料2,300万ドルの不払いを可決した。モスクワと北京は、双方立ちすくみ、特段の動きが取れなった。ウズベキスタンは、戦略的に、中央アジアとロシア・中国・カザフの経路を定めるパイプラインが米国のような外国勢力に支配されることを阻止しようとした。これを受けて、2004年10月、モスクワは軍隊をウズベキスタン、並びに、隣国タジキスタンの首都ドゥシャンベ（Dushanbe）に配置する内容を含む長期の軍事基地協定を締結した。これはまさに、ワシントンが支援する「色彩革命」の拡散阻止を目指すロシアの動きに他ならなかった。ウズベキスタンにおける米国の敗北をみると、ユーラシアの戦略地図が、モスクワ主導で修正されつつある。ウズベキスタンは、2006年、事実上、中央アジアにおけるロシアの主要同盟国の一つになった。

ワシントンにとって、ユーラシアにおいて、カザフとの関係が、突如、高レベル優先事項となった。2005年10月時点のライス長官のカザフ訪問は、米国の勢力強化が目的であった。ブッシュ政権は、少なくとも地域の米国勢力がより強化されるまで、カザフでは、本格的な"オレンジ革命"は機が熟さないと判断した。

しかし、今、北京と協同してワシントン支配の相殺を目指すカザフのナザル

バイエフ大統領が地政戦略の大幅変更に踏み切った結果、事態は大きく流動化し始めた。1年前、中国は、売却に積極的であったカシャガン資本連合のシェア16％を英国ガス社（British Gas）から買い取ろうとしたが、その取引は、米国の資本連合のメンバー企業、エクソンモービル社によって妨害を受けた（上述の贈収賄罪により有罪）。今、カザフ原油のルートは西側へのルートのみではなく、東側中国ルートの開設が加わった。

　これは、ワシントンの支援を受けたBTCパイプラインの将来にとって、少なからず戦略的な影響がある。ブリティッシュ・ペトロリアム（BP）社が先導する「カスピ海石油資本連合（Caspian Oil Consortium）」によって建設されたBTCは、カスピ海石油輸送としては比較的、割高であり、かつ脆弱な輸送ルートであるにもかかわらず、クリントンとブッシュ両政権により支持されてきた。ブレジンスキー氏がロシアを迂回するBTCルートを支持するワシントンロビイストの代表格であった。BTCルート（図2ルート#4参照のこと。）は、バクーの石油のみならず、カザフ石油の大部分を占めるテンギス／カシャガン洋上油田からの石油積み出しを目途に建設されたものである。

9．6　「集団安全保障条約機構」ウズベク復帰を承認
　　　　（ロシアへの傾斜的加速）[26]

　ロシアなど旧ソ連6カ国でつくる「集団安全保障条約機構」の首脳会議が、2006年6月23日、ベラルーシの首都ミンスクで開かれ、7年前の1999年に脱退したウズベキスタンの復帰を承認した。同国は、2005年5月の東部アンディジャンでの反政府暴動を武力で鎮圧し、その後、駐留米軍を撤退させるなどの理由で、欧米との関係悪化を機に、ロシアへの傾斜を一段と深めていた。同条約は、1992年に調印され、ロシアをはじめベラルーシ、アルメニアと中央アジアのカザフスタン、キルギス、タジキスタンが機構の加盟国である。条約は、加盟国に脅威が生じた場合、軍事面を含む共同支援や共通の国際テロ対策実施などを目的にしている。

ウズベキスタンは2006年1月、アルメニアを除くと「集団安全保障条約機構」と加盟国が重なる「ユーラシア経済共同体（ベラルーシ、カザフスタン、タジキスタン、キルギス、アルメニアはロシアとの緊密な関係を保ち、5カ国で関税同盟を基礎にして、2000年10月結成）」にも加盟していた。約2,660万人と中央アジア最大の人口を持つ中央アジアの大国ウズベキスタンが両国際機構へ参加したことは、主導的地位にあるロシアにとって地域の覇権に一大成果になった。

　一方、1999年に、上記「集団安保条約機構」から脱退した5カ国協力体「GUUAM（グルジア・ウズベキスタン・ウクライナ・アゼルバイジャン・モルドバ：ロシアから距離を置き親欧米路線を強める政策を採る。）」を2006年5月に「民主主義と発展のための国際機関」に格上げし、ロシア離れと北大西洋条約機構（NATO）などとの協力をさらに進める姿勢を鮮明にした。今ここに、ユーラシアにおいて、欧米を含め覇権を競う大国の分水嶺が築かれようとしている。

基地撤退要求に米国は不快感
　「反テロを掲げる機関が、テロ国家の最たるものと言えるイランを取り込もうとするのは変だ。」ラムズフェルド前米国防長官は、2006年6月3日の講演で、イラン大統領（アフマディネジャド）を招待し、米軍基地の撤退要求を突きつけるSCOに不快感をあらわにした。米国にとって中央アジアは安全保障、エネルギー、政治経済体制などの改革という3点で重要な意味を持つ。アフガニスタンでの対テロ戦争への後方支援の拠点として、中央アジアの基地が不可欠だからである。

　中・ロの影響力増大に対し、米政府は、中央アジアから南アジアを経由してインド洋に出るルートの確立に力を入れている。石油やガスなど豊富な資源の輸出先が広がれば、中・ロへの過度の依存が避けられる。米国国務省当局者の

意見は、「中央アジアは選択肢を持つべきだ。パイプラインすべてがロシアを経由するというのは好ましくない。」

　高官の交流も活発である。ライス国務長官も2005年10月、カザフやキルギスを訪れ、チェイニー米副大統領は2006年5月、米国副大統領として13年ぶりにカザフを訪問した。

9．7　「上海協力機構」首脳共同宣言─米の一極支配を暗に批判─[27]

　「上海協力機構（SCO）」の創設5周年を記念する首脳会議が、2006年6月15日、対テロや経済分野での協力をうたった共同宣言を採択した。宣言では、政治・社会体制や価値観の違いが他国の内政に干渉する口実とされるべきではなく、社会発展のモデルの"輸出"はできないとして、相互尊重や内政不干渉の重要性を強調し、名指しは避けつつも米国を強く牽制した。「深刻化するアフガニスタンの麻薬問題で駐留する連合軍が成果を上げていない。」（ウズベキスタン、カリモフ大統領）、「威張り散らす国々の干渉を排除すべく、SCOが重要な役割を果たす。」（イラン、アフマディネジャド大統領）

　共同宣言では、「上海精神」として、相互信頼や相互利益、相互尊重を合言葉に利益を分かち合う"ウイン・ウイン（互いが勝者）"の関係を目指すことを強調した。胡錦涛主席は会議でSCOが「新たな歴史的な局面を迎えた」と語り、イスラム過激派など反政府勢力への共闘、地域の安全保障をめぐる協力などの幅広い役割を担うようになったことを手放しで評価した。しかし、関係国の思惑も一様ではない。オブザーバーの一人、パキスタンのムシャラフ大統領は正式加盟への意欲を明言したが、インドは唯一、会議に首脳の派遣を見送った。2006年3月の原子力合意を受けて米国の意向に配慮したとの見方が支配的である。(注)7

　SCO側も、米国に正面から対抗する考えはない。共同宣言は米国の名指しを

避け、イランの核問題にも言及しなかった。

「SCOは、いかなる第三者に対抗するものでもない」（中国の劉建超報道局長）、「NATO（北大西洋条約機構）に対抗する存在にはなり得ない」（ロシアのミロノフ上院議長）など、SCO警戒論を意識する反対発言も相次いだ。

SCO会議には中国の胡錦涛国家主席、ロシアのプーチン大統領ら6カ国首脳のほか、オブザーバーとしてインド・パキスタン・イラン・モンゴル・アフガニスタンの5カ国代表が出席した。共同宣言には、米国の「一極支配」を暗に批判する文言が随所に盛り込まれた。「ダブルスタンダード（二重基準）を認めず、論争は相互理解を基礎に解決されるべきだ。」念頭にあるのは民主化だ。米国は中国や中央アジアの一部には強く求めながら、資源開発などで協力する国々には寛容ではないか…。そんな不満を示した表現である。また、「加盟国の主権や領土の一体性を脅かすような形で領土を使用することを許さない」として、中央アジアの米軍基地存続にも間接的に異を唱えている。

イラン大統領包括案前向き
イランのアフマディネジャド大統領は2006年6月15日、上海でロシアのプーチン大統領と会談した。モッタキ外相と中国の李肇星外相、さらに中・ロ両国首脳もそれぞれ会談し、イランの核開発問題を話し合った米欧4カ国と中国、ロシアの6カ国が示した包括提案について、プーチン氏は「イランは前向きに反応している」と述べ、イランの包括案受け入れによる核交渉再開に期待を示した。15日夜に記者会見した中国外務省の劉建超報道局長は、中国とイランの

(注) 7　米印原子力技術協力：ブッシュ米大統領が2005年7月、インドのシン首相と基本合意。米国は、核拡散防止条約（NPT）未加盟国インドに核技術協力などを禁じてきた従来の政策から核協力推進に転換した。両国は今年3月、インドの22原子炉のうち民生用の14施設について国際原子力機関（IAEA）の査察下に置くことで一致。ただ兵器級プルトニウムが製造できる高速増殖炉は査察対象外。米国はイラン、北朝鮮の核問題には強硬姿勢のままで「二重基準」であるとの批判も出ている。[28]

外相会談に関連して「イランは包括提案を真剣に検討しているが、さらに時間が必要だろう」と述べ、関係国に"忍耐"を求めた。中国の胡錦涛国家主席とプーチン大統領の会談では、イランの核問題を外交努力で解決することで一致した。

9．8　ロシアSCOにエネルギークラブ創立提唱[27]

　2006年6月15日の上海協力機構（SCO）首脳会議では、ロシアのプーチン大統領が「SCOエネルギークラブ」の創設を提唱するなど、エネルギー分野の協力問題に焦点が当たった。ただ、中央アジアの石油・天然ガス資源を巡って、米・中・ロ3国が綱引きを演ずるなど、地域の利害関係は入り組んでおり、SCOが調整のための枠組みとして機能するかどうかは不透明である。ロシアの本音は欧米が形成する世界秩序に対抗する色彩の濃いSCOの枠組みの中で、"エネルギー協力"を「安全保障問題」の一環として位置づけることにある。

　プーチン大統領は、2006年6月15日午後、会議を総括して「SCOにはエネルギー協力の大きな可能性がある。資源開発、輸送設備の近代化などだ」と述べた。発言の背景には「エネルギー安全保障」を主要議題にすえる同年7月の主要国首脳会議（サンクトペテルブルク・サミット）の議論を有利に進めたいとの思惑があった。プーチン大統領は3月、中国の胡錦涛国家主席との会談で、ロシアから中国への石油・天然ガスパイプラインの建設を進めることで合意。ロシアはその直後から、欧州向け石油・ガスの輸出量削減の可能性をほのめかすなどして市場を揺さぶっている。豊富な石油・ガス資源が眠る中央アジアとの協力も、ロシアが有力なプレーヤーとして振る舞うためには不可欠である。

　一方、イランのアフマディネジャド大統領も、この機会に、エネルギー協力に関する閣僚級協議を自国で開く考えを表明した。

9．9　「21世紀のグレートゲーム」への日本の参加[29]

　2006年6月初旬、中央アジア外相会合が東京で開かれた。調印された行動計画には、エネルギーなど各分野ごとの支援策を盛り込んだ。中央アジア諸国は石油、天然ガスなどの資源が豊富だが、いずれも内陸国のため、輸出向け輸送ルートはロシアや中国に頼らざるを得ない。

　そこで、輸送ルートを分散化すれば、中・ロへの依存体質を弱めることができるとして、米国は最近、トルクメニスタンの天然ガスを、アフガニスタン、パキスタンを経由してインドまで運ぶ「南方ルート」である「TAPI (Turkmenistan-Afghanistan-Pakistan-India) 天然ガスパイプライン（図2のルート#3、#6を参照のこと。）」構想に力を注いでいる。しかし、政情が不安定な地域を通過するだけに、具体化が遅れている。その合間をぬい、日本の立場は、"ゲーム"で一役果したいところであるが、中途半端なことに終わるリスクも高い。

　日本が今回、アフガニスタンの外相をゲストで招いたのは、米国同様に南方ルートの開発を進める狙いがあった。具体的には、中央アジアとアフガニスタンを結ぶ道路網の整備である。日本はアフガニスタンで環状道路の復旧に協力し、パキスタンでは高速道路の建設を支援している。これらの道路網が一つにつながれば、中央アジアからインド洋に至る人や物の"大動脈"が完成する。TAPI構想の推進にも当然、好材料となる。南方ルートの道路やパイプラインによる資源の輸送が容易になれば、中央アジアの経済的、政治的自立にもつながる。

　資源小国の日本も、無関心ではいられない。米国と歩調を合わせ、地域の透明性、開放性を促す方向で支援を強めるべきである。インフラ整備などに政府開発援助（ODA）を有効に活用すれば、十分に役割を果たせるだろう。

9．10　中国と北朝鮮の海洋石油開発協力

　近年、北朝鮮が妥協を許さぬ独自の外交路線を取っていることは周知のこと

第4章　21世紀テロリズム世界誕生の背景とその行方　　　163

である。冷戦時代、ことに中国人の血の流された朝鮮戦争（1950/6/25〜1953/7/27）以来、北京と平壌の政治的関係は不可分である。エネルギー開発においても、2005年12月25日中国と北朝鮮が共同で洋上での海洋石油資源を開発するための協定に調印署名した。北朝鮮が石油採掘を予定する時点と場所は未詳とのことである。曽副首相によれば、2005年の両国の関係は、朝鮮半島における核問題のみならず、経済協力と貿易分野で進展が見られた。

中国と北朝鮮が海洋石油開発に同意[30][(注)8]

　北京（AFX）—中国の国有メディアの報道によると、2005年12月25日中国と北朝鮮が共同で海上での海洋石油資源を開発するための協定に調印署名した。中国の副首相、曽培炎（Zeng Peiyan）は北朝鮮の副首相、盧斗哲（Ro Tu Chol）が4日間に及ぶ北京訪問の機に契約に署名した。（新華社）

　北朝鮮が石油採掘を予定する時点と場所について記事は詳細を述べていないものの、曽副首相によれば、2005年の両国の関係は、朝鮮半島における核問題のみならず、経済協力と貿易分野で進展が見られた。

　中国は、「6者協議（the Six-party Talks）：中国、米国・ロシア・日本・韓国・北朝鮮が参加国」の主催国である。2005年末より2006年にかけて、会談は中止状態であったが、2006年10月に実施された北朝鮮の核実験を機に、事態は動きをみせた。2007年4月より、会談は再開され、貧困に窮し、国際的に孤立状態にある北朝鮮に、核保有の野望を断念させるべく多面的な働きかけがなされつつある。

(注) 8 　"狼のにおい（Wolf scent）"ともいえる貪欲さをアジアの大陸棚に置き、日本の権利を侵害する中国の極めて素早い動きは日本に対する強い圧力である。北朝鮮民衆の中には餓死したり、凍死したりする人がいることは、全世界は知っている。この記事の新しい中国—北朝鮮（Sino-PRK）石油探査の場所がどこであるかに依って、日本にとっては、深刻な脅威となるであろう。そして、北アジアの緊張がさらに増し、より高まることは確実である。—（文献(30)中のMichael C. Ruppertのコメント）

X．まとめ—テロリズム世界での覇権の推移—

　長く続いた東西冷戦が終わりをつげ、エネルギー・資源問題、地球環境問題、南北問題など世界が協力して取り組むべき課題が目前にあるとき、2000年代より新しいテロ戦争の時代が始まると誰が予想したであろうか。しかし、現実には、冷戦時代には核抑止力が機能して顕在化しなかった民族紛争、宗教紛争、人権闘争などが世界中で勃発し、そして、21世紀に入り、ユーラシアを中心とする覇権争奪を巡り、止むことのない紛争の世紀が始まったのである。

　科学技術の進歩は工業先進国に絶対有利とも言える立場を与える一方、IT技術は世界の距離を短縮し、互いの日常生活を目の当たりにするところとなった。そのような状況にあって、経済力や軍事力に基づく資源や労働の収奪の結果、生まれる不公平に異を唱える人々が生まれることは容易に理解できる。国際経済のグローバル化といっても、地域の文化や歴史・宗教を無視し、公平性を欠きがちな先進国主導のルールの適用であれば、当然のように反発が生じ、巧く機能しない事態が発生する。

　古来、覇権を求めて世界中で戦争が絶えることはなかった。しかし、歴史的には軍事力を背景とする大国間の対立に弱小国が付くかというスタイルであった。いわゆる代理戦争もこれに含まれる。しかし、9.11の発生に象徴的に見られるように、そのスタイルが後退し、テロリストグループ対利害関係国という新しい戦いの様相に変じた。テロリストグループの求めるものは、文化や歴史・宗教の尊重、資源や労働収奪の中止、伝統社会や環境の持続性を無視した市場主義経済体制の更新にあり、一方、世界的に、利害関係国の求めるものは、あらゆる意味での国益とそれを支える権益であり、世界中での資本集約的な政治・経済体制の樹立である。しかし、多分両者の間の妥協は永遠に訪れることはないであろう。石油・天然ガスをはじめ、現代文明に不可欠な多くの天然資

源が急進テロリストグループの多くが住んでいる中東、中央アジアの国々に埋蔵されている以上、問題の解決は容易ではないと考えられるからである。この地域、中央アジアを含む南部ユーラシア一帯が"不安定の弧"[注)9]といわれるゆえんである。このような背景にあって、たとえばイラクで、新しい政治体制による国内の治安維持が確立できるか否かをマクロに分析をすることはできない。すでにフセイン元大統領が死刑に処され（2006.12）、アルカイダのリーダーの一人、ザルカウイ（Abu Musab Al Zalqawi）が殺害されてもイラク国内のテロが止む様子がみられない（2007.5）ことを見ても明らかである。

かつてより世界制覇を計画し、"不安定の弧"で"壮大なゲーム"を演ずる米国が9.11を契機に米軍配置を見直し、現在、「再配置（トランスフォーメーション：transformation）」を進めつつあるのは、この地域の覇権がロシア・中国に確定することを殊のほか懸念していることを示している。にもかかわらず、最近の"ゲーム"の進展をみると、「上海協力機構（SCO）」の動きに見られるように、米国を排除した中・ロ・中央アジアとその周辺国（オブザーバー国：インド、パキスタン、イラン、モンゴル）の連帯が見られる。

これは、本章に紹介したブレジンスキーの著書の中で、覇権国としての米国が陰にはいる恐れを示唆した彼の懸念が顕在化したものである。そして、今後、"ゲーム"の推移は、一つには原油生産の過半を占めるOPEC諸国をいずれが取り込むかに懸かっている。すなわち、日本を含む「欧米先進国グループ」対「上海協力機構（SCO）」に代表される新興諸国グループのゲームに変ずる様相

（注）9　アメリカの世界戦略基盤としてとらえるとともに、イスラエルからカスピ海を通り北朝鮮を結ぶ線と紅海から韓国へと至る弧の間、つまり東欧から中東、インド、東アジア（特に中国、北朝鮮）にかけての地域が近年、テロの温床となり、米軍基地も少ない地帯であることから、「不安定の弧（arc of instability）」と名付け、米軍による関与の強化を明示している。2001年、アメリカにおいて４年に一度行われる「米国国防レビュー（QDR: Quadrennial Defense Review）」ではアメリカは不安定の弧について次のような見解が示された。①大規模な軍事衝突が起こりやすい。②力を伸ばす大国と衰退する大国が混在する。③豊富な資源をもつ軍事的な競争相手が出現する可能性がある。アメリカの基地や中継施設の密度が他の地域とくらべ低い地帯。[31]

が見られる。

　しかし、それらのいずれにも入ることなく、民族の伝統と宗教を守る中に、石油文明を超える永遠の価値を見出そうと試みるグループがいる。彼らは、金と物の価値に重点をおく資本主義（個人消費主義）追求に傾く前者の諸国に異を唱え、人、社会、環境、文化、宗教の価値に重点をおく「ポスト資本主義（消費主義より基盤構築主義へ）」を主張する国やグループの立場である。[02]

　人類史において石油文明が"一瞬の幻"に過ぎないものである以上、今、それを超越する構想の出現が必要であることは自明である。一体、我々がこの課題の解決に寄与できるのかと問われるところである。

XI. 結び

　20世紀末以来、これまで多くの識者が指摘してきた通り、現在、既に世界における原油生産の"ピーク"が到来し、乱高下しつつも、原油価格は高止まりする傾向にあると考えられる。事実、石油製品である交通機関燃料費や原材料費の値上がりが続いている。

　このような背景の中にあって、日本としては、この傾向に安易に追随し、単純な利権獲得競争に参加するのみの政策は好ましくはない。このままでは、いずれ国内的に格差の増大、犯罪の増加が顕著になり、国際的にはテロ戦争の拡散・拡大への道に自分自身も投ずる運命に通ずる。いずれにしても、ほとんどの資本が軍事安全保障と警察力的秩序の維持に振り向けられ、人々の生きがいを支える福祉に廻されることなく浪費されてしまうであろう。本章の結論として、このような問題を解決していくためには、新しい政治学と経済学の蘇生に相応しい"コンセプト（哲学）"の提案が望まれるところである。この点については、第8章・第9章で触れる。

本章の結びとして、今後戦争の無くなる世界を希求する我々が、持つべき基本認識を紹介しておく。1981年11月11日、未だ冷戦時にあって、MITで開催された核戦争阻止集会で、故MIT教授ローズ（David J. Rose）氏が、「戦争の根本的原因を緩和する」というテーマで講演したものである。その内容を読み取ると、我々は世界中に存在する「格差の解消」に向けて常に努力をしなければならないことがわかる。"格差"が"格差"から発生し、"格差"を生むからである。この講演の内容が今もって古びることはない。（附録1）

いずれにしても、我々は、地球規模の問題を身近なところから解決していかなければならない。具体的には「終焉を迎えつつある石油文明」からの離脱に如何に成功するか？ 限られた資源を世界の人々が如何に共有するか？ といった課題に、ペンのみならず、問題解決に実践力で立ち向かい、軍事力の行使が、いずれにしても恥ずかしくなるような世界を構築すべきであると考えられる。

附録1　「戦争の根本的原因を緩和する」
　　　　　　　　　　（デービッド・ローズ講演録、1981年11月11日）

　MIT原子力工学科の元教授故ローズ（David J. Rose）氏の講演録を紹介する[33]：数週間前、国務長官ヘイグ（Haig）は「我々は現実主義でなければならない」との政策を声明し、歓喜に満ちて力強く謳いあげた。その通り、我々は"現実主義"を固持しよう。

　米国は、どのような目的であれ、一体、文字通り合理的な定義による国益目的でソ連を征服・占領できるだろうか？ 現実的には、否である。ナポレオンはそれを試み、失敗し、ヒトラーも、それを試み、失敗した。今日の我々も失敗するに違いない。同様に、ソ連も、あらゆる国益目的であるとしても、米国を決して征服・占領できないであろう。可能性としては、この会議の講演者の多くにより十分に示された"後に残るは2つの荒れ地"という同じ結論である。

これは、1960年代にフルシチョフ（Kruschev 1894-1971）が抱いたスピリットに近いものとなるであろう。「生き残った者たちが死者を羨む」世界だ。したがって、これらの場合、「戦争の原因」は征服とは無関係である。

　次なる戦争の原因は、対峙する2人のガンマン相互の恐怖である。ちょっとした油断をも恐れ、より早く銃を抜こうとする両者、この"エスカレーション"が本日のテーマである。しかし、これらのみに止まらない。国務長官が言うように現実主義に戻ろう。軍備、対決姿勢、緊張のほとんどは諸外国との関係で発生する。互いに味方になりそうな国を引き入れ、あらゆる地域の不安定と紛争に乗ずることにより、諸国をいずれかの側につかせ、不安定を利用して一時的な利益を得ようとすることにより、ますます不安定性が増大する。そこに、戦争の主要原因が複数存在する。内部の不満と緊張、外部よりの脅威がなく、100％安全であると感ずる国には爆弾を作る動機がない。核兵器を作ろうとすれば作れるが、そうしない方がむしろより安全と感じる国の例：カナダ、スウェーデン、スイス、イタリア、オランダ、ベルギー、日本、オーストラリア、メキシコがある。

　核拡散疑惑を問題とするなら、ここに言及した別のリストがある、問題国の例としては：パキスタン、インド、イスラエル、イラク、南アフリカ、リビア、台湾、韓国がある。私は、このリストの真偽につき、十分な確信があるわけではない。しかし、全てに共通していえることは、恐らくは一般的不安定（正当性の有無に関わらず）、安全保障、政治的不安定、程度の差はあれ希望のない未来を共有していることである。ここで是非、私が主張したい点は、それらの困難の多くと、その結果生ずる世界的な不安定が、地球規模の共同プロジェクトにより改善される可能性のある問題より派生している場合が少なくないことである。それどころか、米国とソ連は相互に対して不安定に対峙しつつ、自ら核兵器を作る力もなく、経済状況も改善出来ず貧困に喘ぐ国々を含め、自らに劣らず厳しい問題を抱える多数の他の国々を巻き込み、主要国間の緊張を悪化

させる。もし、これらの国々が経済成長すれば、危険なゲームに簡単に引き込まれることもないであろう。

これら国家を援助し、自助を促し、より「公平で、参加性があり、持続可能な世界（Just, Participatory, and Sustainable World）：JPS世界」を樹立することができれば、戦争の根本原因が緩和／根絶できる可能性がある。これは、多くの場合、地味な仕事である。しかし、これほど誇りに満ち、やり甲斐のある仕事はなく、結局、それなくして、果実をもたらす手法はないだろう。国務長官が言ったとおり、現実主義で行こうではないか。

何が出来るか？　メニューは多彩である。ここに明白な問題がある。世界の最も人口の多い国々―インド・中国・パキスタン―と、人口は少ないが環境破壊の脅威に怯えている国（例、ネパール、アフリカ・サヘル諸国）では家族が野山で採取する薪や農業廃棄物から家庭で使う燃料を集める。森林はおろか、草原も破壊されて危険にさらされた状態になる。この地域の家族の中には1週間に丸1日以上も、この救いの無い時間を過ごさざるを得ない家族が少なくない。土壌は流失し、農業は凶作で、国民の不安は、強まる。国内の不安定は対外的不安定に繋がる；両者は双方共、植民地国との同盟関係を増やしつつ、"ハルマゲドン（最後の決戦）"を待つことになる。

痛みを伴うともいえるほど高コストで人が入手する薪は、ほとんどの場合、効率がせいぜい5〜10％にすぎないかまどで2.5〜5億人により料理用に使われている。効率の2倍以上のコンロは20ドル以上もし、民衆には購入する余裕がない。

しかし、単純計算でも5〜100億ドルもあれば、これらの国のみならず、世界の重大問題の一つをほぼ改善できる方法があることが理解できる。熱帯の森林伐採、耕地流失、そして当然の帰結である農村の崩壊が、MXミサイルや

B-1爆撃機に比べると、少ない費用で大きな利益が得られる。

　このような責務は、啓発された私益と人道主義により共存するJPS世界に先導する諸条件にとって当然である。それにもかかわらず、少なくとも簡単には実現しない。従って、その理想主義の論理にもかかわらず、何か不都合な部分が残っていると訳知りの現実主義者は言う。我々が、MXミサイルや、B-1爆撃機等の軍備予算を控えたとしても、料理用ストーブにそれを費すことにはならない可能性があると。おそらく、その通りかもしれない、しかし、実にそのことこそが、何かを欠いている証左ではないか。

　ここで再び熱帯林の例を挙げよう。伐採の渦中にある広大で脆いこの生態系は、往々にして農業生産性が２、３年で衰退するような農地を供給するに過ぎない。にもかかわらず、世界は食糧を必要とする。最もよく自分自身の土地を知っている人々と、それらを伐採するのではなく個々の環境に適合した森林や肥沃で栄養物を保持する生態圏にある果実種などによって農業開発を支援する能力のあるMIT（Massachusetts Institute of Technology：マサチューセッツ工科大学）等の教育・研究機関との間には、相互に有益な協力の機会が存在する必要がある。

　それらを支える精神を抽出するために、米国をはじめ先進諸国のはたすべき課題の一部をリストアップし、考察する：
  (1)　国家規模の再分配に資する所得税
  (2)　貧しい人への食糧支援の国家計画
  (3)　国家規模の社会保障制度
  (4)　国家レベルでの高齢者と小児医療改革計画案
  (5)　国家レベルでの小・中・高等学校における国民義務教育の無料化
  (6)　国家レベルの環境保護政策
  (7)　大企業に対する国家的監督

(8)　公平な国家レベル公民権
(9)　公平な経済的社会的機会を提供する国家基本行政。

　これらは必ずしも全てうまくいくわけではないので、課題は残る。今ここに現れた形容詞を"国家"や"国民"の代わりに、全て"国際的"、"グローバル"もしくは、"世界"に置換してみると、これらの課題は、極めて理想的であり、実に奇を衒うかに見えるが、却って、我々にはその必要性が認識できる。そのリストは、部分的とは言え、我々が目指すべきものとして、国レベルで当然であり、世界レベルで当然とすべきものである。

　「すべては経済性が決定する」とよく言われる。たしかに、それに相応しい経済行為もある、事実、古代ギリシア語の「オイコノモス（oikonomos）」は"家庭の管理"を意味した。我々は、我々の全責任をできうる限り最高に経営しなければならない。すなわち、そこでは単に金銭を超える責務という本質が普遍的なものとなる。それらの責務は、現代の経済システムの外に追いやられ、いささかなりとも不安と搾取を感じる非主流の人々を巻き込みつつ絶望的環境が人々と国家をして爆弾を作ることに追いやるのである。

　これらはいずれもUNを始め、国際機関を経て実現できるであろう。我々がそれらの進める日常活動に同意するか否かに拘らず、我々の支援を必要とする。この提案の大きいメリットは、自分達と協同するあらゆる諸国と共同して、必要に応じ、二国間、地域、地球規模で、独自に始め得ることである。米国と他の先進工業国の大学と研究機関は教育・訓練計画において類似の使命をもつ集団と提携し得るのである。

　米国は（1980年当時）GNPの0.3％しかこのような自発的活動に支出していない。誠心誠意これらの平和的、建設的な目的を果そうとするあらゆる国際機関と提携しつつ、より多くを支出することにより、後刻、不安定要素の発生と言うより大きな間違いにつながる武器の供給や販売に比べ、より建設的な利益

が得られるであろう。

以上の諸段階を通して、我々が地球上の全隣人と子々孫々の安全を増大させることこそ"現実主義"に徹することに他ならない。

以上

文献

(1) James J. Puplava , Powershift-Oil, Money, & War: FINANCIAL SENSEONLINE /http://www.financialsense.com/series3/intro.htm
(2) Howard, Michael, The Laws of War: Constraints on Warfare in the Western World, Yale University Press, 1997, 2. 中での引用。
(3) Kagan, Donald, On The Origins of War and the Preservation of Peace, Anchor Books, 1996, 567.
(4) Kaplan, Robert D., Warrior Politics: Why Leadership Demands a Pagan Ethos, Random House, 2001, 145-146. での引用。
(5) Stan Goff, The Infinite War and its Roots, The Wilderness Publications, www.globalresearch.ca/articles/GOF208A.html)
(6) Fromkin, David, A Peace to End All Peace: The Fall of the Ottoman Empire and The Creation of the Modern Middle East, Owl Books, 2001, 27.
(7) William Clark, Revisited–The Real Reasons for the Upcoming War With Iraq: A Macroeconomic and Geostrategic Analysis of the Unspoken Truth, http://www.ratical.com/ratville/CAH/RRiraqWar.html January 2003, Revised March 2003.
(8) "US plan for military action against Iran complete," *Sidney Morning Herald*, May 30, 2003.
(9) Clark, Wesley, *Waging Modern War: Iraq, Terrorism, and the American Empire*, Public Affairs, 2003.
(10) Michael C. Ruppert, *CROSSING THE RUBICON: The Decline of the American Empire at the End of the Age of Oil* New Society Publishers, http://www.copvcia.com/by
(11) Richard Heinberg , *The Party's Over: Oil, War and the Fate of Industrial Societies*, New Society Publishers, March 1, 2003.
(12) Richard Heinberg, "The Petroleum Plateau," *Muse Letter No. #135*, May 2003.
(13) Jean Charles-Briscard & Guillaume Dasquie, *The Forbidden Truth: U.S.-Taliban Secret Oil Diplomacy, Saudi Arabia and the Failed Search for bin Laden*, Nation Books, 2002.
(14) バーレーントリビューン（Bahrain Tribune）「エルサレムでの'譲歩'なし」、2000年8月30日（第5章、附録1参照）
(15) Stephen, Kinzer, *All the Shah's Men: An American Coup and the Roots of Middle East Terror*, John Wiley & Sons, 2003.
(16) Enforcing American Hegemony ― A Timeline, Josh Buermann
(17) Michael C. Ruppert, A War in the Planning for Four Years How Stupid Do They Think We Are?, 2001, www.copvcia.com <http://www.copvcia.com>
(18) "THE GRAND CHESSBOARD ― American Primacy And It's Geostrategic Imperatives,"

(Zbigniew Brzezinski, Basic Books, 1997.
(19) Project for a New American Century (PNAC); Rebuilding America's Defenses: Strategy, Forces and Resources For a New Century, September 2000.
(20) Clark, Wesley, Waging Modern War: Iraq, Terrorism, and the American Empire, Public Affairs, 2003.
(21) 「安全保障と平和に関するアメリカの新しい戦略 (New American Strategies for Security and Peace) 会議、October 28, 2003. におけるブレジンスキー (Zbigniew Brzezinski) の演説。
(22) Asia Times, December 21, 2005.
(23) China's Color-Coded Crackdown, Foreign Policy, October, 2005, Washington D.C.
(24) 「朝日」、2006年6月4日
(25) 「朝日」、2006年6月9日
(26) 「朝日」、2006年6月24日
(27) 「朝日」、2006年6月16日
(28) 「東奥日報」、2006年6月26日
(29) 「読売」、2006年6月7日
(30) Forbes, 2005.12.25.
(31) フリー百科事典『ウィキペディア (Wikipedia)』
(32) ポスト資本主義については、若林宏明、企業の社会的責任―新しい経営スタイルの理論的課題と諸概念―、流通情報大学流通情報学部紀要 Vol.8, No.2、119〜158. (March 2004) に詳しい。
(33) David J. Rose 教授講演, On Nuclear War, MIT, 11 November, 1981. Convocation on Prevention of Nuclear War, 11 November 1981.

第5章

イラク戦争の原因と
世界と米国への影響

Ⅰ．序論

1．1　緒言

　第2章で述べたように、今後の世界は石油文明からの転換が必至であり、それなくしては、世界経済・社会・政治の不安定化が避けられない可能性がある。事実、ニューヨーク世界貿易センター・ツインビルのテロ攻撃「9.11」のほぼ1年前の2000年8月時点で、エネルギーアナリスト、ダンカン（Richard C. Duncan）による「イスラエル・パレスチナ紛争と石油をめぐる中東情勢から、戦争の勃発が緊迫している。」との認識は、予想に違わぬものであった。[1]（附録1参照）事実、彼の予測より1年を経ずして、9.11が発生したのである。それでは、対テロ戦争としてのアフガニスタン戦争を経て、とどまり無い内戦状態となり、今も続く、イラク戦争の原因は何であったのか？

1．2　イラク戦争の背景

　米・英を主とする同盟軍が、2003年3月19日、先制的にイラクに侵攻したイラク戦争の開戦には、01/9/11を経て、「テロリズム世界の誕生」に至った歴史の一幕がある。開戦の裏には、「かりに中東や中央アジアの石油や天然ガスが、米国以外の覇権国により支配されるようなことがあると、先進国の文明が自由度を失い崩壊する。それは困るので、その代表格である米・英を主体とする同盟軍がそれを阻止するのだ」という米・英の修辞的論理（言い訳）がある。し

かし、これは、世界に対して安定的な石油供給の維持を保証するという"大義"を通して、同盟軍を送る当事国を裨益(ひえき)するという、彼ら独自の論理である。

さらに、この論理を支えるべき、より大きな理念として、現在の基軸通貨ドルを媒介とする米国による世界覇権の維持を、軍事力によりより強固なものにし、世界制覇につなげようとする米国の野望がある。これまで明言されたことのないものの、これら、"米国の国益"を求めて、イラク戦争が始まり、今日の内戦状態につながっているのである。

歴史を分析することに較べると、歴史を予測することは容易ではない。しかし、自然と人間の生得的本質を歴史から学ぶならば、かならずしも困難なことではない。すなわち、すべては「個としての人間は、他の生物同様、（快適な）生存と成長・平安を希求する存在である」という経験的事実に由来する。したがって、当然のことながら、彼は、それらを可能にするために必要となるあらゆる"資源（土地、エネルギー、水、食糧、人・・・）"を常に身近に置き、自分の自由にするという"欲望"から逃れることはできない。これは、持続可能な存在を求める家族や企業、国家などあらゆる組織についてもいえることである。それが基本的条件であるとすると、土地の争奪（例：イスラエル／パレスチナ紛争、附録１）を始めとして、あらゆる資源（利権）の取り合いが原因で紛争や侵略が勃発する。そうだとすると、少なくとも直接的には、よくいわれる宗教対立・人種対立・文明の対立などが紛争の第一義的な原因ではないことになる。それらは対立の側面として現れたものであって、むしろ"結果"である。"結果"を"原因"と混同する誤りが、問題の解決を長引かせ、困難にすると考えられる。我々は、紛争が起らないうちに、根源的な原因の芽を摘む努力をしなければならない。今日、世界中に見られるように、大小を問わず、テロ紛争や戦闘の事態が日常茶飯事となっている。その一つ一つが明確に定義できる場合もあるが、連続的なものの一部である場合もある。大きな紛争は、事件が起きて始めて問題が認識され、真の原因は何かと追求が始まりが

ちである。

　過去の戦争は、個人や国・組織の範囲が比較的明確な物理的・空間的イメージの中で行われたが、近年、インターネット技術が進歩した結果、テロリストを相手とするテロ戦争が戦争の中心を占めるようになった。その結果、今日、国家に属する軍隊は、むしろ事実上テロ集団を取り締まるべき'警察力'と化しつつある。しかしながら、軍隊は元来警察ではないので、かえって苦戦を強いられている。すくなくとも、一度終わったかに見えたイラク戦争に引き続くイラクでの内乱も、世界中に展開する集団を相手にしては、今後とも止まる見込みがない。9.11を許してしまった過去のCIAやFBIの活動が、米国政府の不手際ないし危機管理統治能力の不足を露呈した。[2] 今あらためて、これらシステムの再強化が言われるところである。しかし、本章の後半で述べるように、それを図れば、米国内のみならず世界の民主主義や市民の自由や平等の抑制につながるという矛盾が待っていることを忘れてはならない。

　9.11が起こると、米国ブッシュ政権は、時をおかず、ビンラディンを首謀者とするテロ集団アルカイダと、それを支援するアフガニスタンのタリバン政権を打倒し、さらにビンラディンなどのテロリスト支援国家をも敵であるとして断定し、「大量破壊兵器（WMD）」保有を理由に、イラク攻撃を決意し、第二次湾岸戦争であるイラク戦争を開始した。驚くべきことに、これら二つの理由に、さしたる根拠がないことは開戦前から言われていたし、後刻確認もされた。そうだとすると、開戦前より戦争の大義は無く、開戦の根拠は失われていたのである。そこで、困り果てた米国政府は、新しくフセイン政権の独裁圧制に伴う人権問題の排除や、中東広域への民主主義の流布・普及を新しい"大義"として持ち出した。確かに、一国の国民が圧制の下で苦しんでいる時、また、大量破壊兵器を開発保持していることが確実な時、また具体的にテロリストの活動を支援している時、国際社会や周辺国が、その状況を見るに見かねて近隣国や国際社会が介入することはあり得ることであろう。しかし、主権国家尊重の

立場を前提にする限り、それはよほど慎重でなければならず、たとえ妥当と考えられる場合であっても、国際社会が国際連合の決議を踏まえた上、合法的に多国籍軍を編成して行うべきものである。しかも、成功裏に事態が収拾した後は、駐留は暫定的であるべきである。今度のイラク戦争が必ずしもそうでなかったという事実自体が、米国と英国など同盟国が独自の国益を意図して進めた戦争に他ならなかったことの何よりの証左である。イラクの復興支援を掲げるわが国もまた、その枠組みに入っている。"国益"とは何か？　かりに、それに答えることがなくとも、大義の無い戦争のために起こした他国の責任を、修復や復興により償うという理解し難いスタンスは、当事国の国益につながる何か意図があることを示している。

米国は、なぜこのような一国帝国主義的な姿勢をとるのだろうか？　全ての国がその政策を支持するような"アメリカ一国主義"が持続できると考えていたのだろうか？　その背景には「新保守主義者（neoconservertives：いわゆるネオコン）」を中心とする米国共和党の主流である保守主義者が抱く脅威感があった。一言で言うと、石油資源の確保を目ざすアメリカの脅威とは、石油支配を明け渡すことによる世界支配権という"覇権の喪失"である。アメリカ的先進国文明が石油資源を前提に成り立つ以上、これは必然でもある。燃料としての石油の確保は、いずれの国においても当然であるが、OPECによる世界支配は、アメリカの場合、世界覇権の喪失を意味する。すなわち、石油技術立国アメリカは、その"血液"とも言える石油供給国カルテルであるOPECの言いなりになるような事態に耐えられないのである。

II．イラク戦争前夜

イラク戦争開戦時点（2003年3月19日）、日本人の多くは、純粋・素朴にも、米国政府が作り上げた9.11テロリスト支援国家に報復すると同時に、大量破壊兵器（WMD）保持国イラクを崩壊させることが、脅威を取り除き、より安全

な世界に導くとの説明を信じた。米国民も、映画監督ムーア（Michael Moore）など一部の人々を除き、政府の情報操作の影響を受けた。（附録2参照）

　以下、次節では、2003年3月イラク戦争開戦直前における、アナリスト、クラーク（William Clark）の意見を紹介する。このような意見は、当時のメディアを含め、公式見解にはなかった。その内容がいかに正鵠を得たものであったかは、その後の歴史が示しており、興味深い。[3]

2．1　米国の抱く脅威──ドルからユーロへの移行──[3]

　国が無知であり、無責任である限り、過去を知る意欲や未来への期待はなにもない。国民は、情報なしでは安全であるはずがない。メディアが自由であり、だれでも自由に接することができるとき、国民は安全である。
　──トーマス・ジェファソン（Thomas Jefferson：第三代米国大統領、1743-1826）

　ジェファソンによるこの言葉ほど、今では米国民の不運な事態を彷彿とさせるものはない。米国がイラクとの開戦準備をしつつあった時、政府はこの目前に差し迫った戦争に関して、次のような極めて基本的な疑問についてさえ、答える準備はできていなかった：

(1)　フセイン（Sadam Hussein）を倒すにあたり、国際的な多国籍軍を幅広く組織出来ない理由は何か？　イラクが保持していた既存の「大量破壊兵器（WMD）」計画が、偽りなく"脅威のレベル（ブッシュ大統領が繰り返して主張したように）"にあるとするならば、長年にわたる米国の同盟国の多くが、フセインの武装を解くために、多国籍軍に加わらない理由はなぜか？

(2)　少なくとも400回に及ぶ国際連合の査察にもかかわらず、イラクがWMD計画を再構築したとする証拠が発見されたとの報道はなかった。イラクのWMD能力に関するブッシュ政権の非難は明らかに間違いではなかったか？

(3) ブッシュ大統領が繰り返し指摘した非難にもかかわらず、CIA（米国中央情報局）はフセインと「アルカイダ（Al Qaeda）」との間の連携（リンク）を全く発見できなかったではないか？

(4) 米国政府の開戦を許した「イラク決議（Iraq Resolution）：上院の決議（2002年10月10日）」後、突如、北朝鮮の核計画停止違反が報告された。金正日（Kim Jong Il）は核兵器製造を目指して、照射済みウラン燃料を再処理していた。2001年1月時点、ブッシュ政権の発足とともに、北朝鮮の核計画疑惑の存在が報告されていた。明白な矛盾にもかかわらず、大統領は、フセインの見かけ上冬眠状態にあったWMD計画の方に矛先をむけ、当時すでに、より差し迫った現実的脅威であった北朝鮮の核兵器計画に関して、なぜ、合理的な説明をしなかったのか？

米国のみならず、世界中で、何百万もの人々が、素朴な疑問の声を上げていた：「なぜ、今、他国を侵略していないイラクを攻撃する必要があるのか？」過去の歴史をみると、プロパガンダの背後には、素朴ながら、隠れた本音がある：この度の場合、フセイン打倒の第一動機は、「石油」と「通貨ユーロ」にあった。これが、本章で詳述する主要テーマの答えである。

当時、米国のメディアは、あまり理解していなかったが、イラクを巡る謎は、単純であるだけにかえってショッキングである。対イラク戦争の原因は、主としてブッシュ政権におけるCIAの地政戦略である「石油」と「連邦準備制度理事会：FRB（Federal Reserve Board）、日本銀行に相当する」が共有したマクロ経済にともなう幅広い脅威「ドル対ユーロ」の対決である。しかし、公式・非公式を問わず、これらにつき、明らさまに明言されたことがなかった。すなわち、イラク戦争の真の原因は、①2010年頃発生すると予測される"原油生産ピーク"現象と、②石油取引通貨としての「ドル」にあった。このピーク発生を待たず、イラクは、石油取引通貨をユーロに移行させた。その後を追い、支配力

を増やそうとするOPECの思惑を妨ぐことが、ブッシュ政権の目標であった。米国としては、対OPECへの先制にあたり、原油確認可採埋蔵量第2位のイラクの地政戦略的支配権を確保する必要があった。

　以下は、「オイルダラー」に関わるマクロ経済学から、石油取引通貨がユーロに替わる可能性より、如何に米国の経済的覇権を死守するかに至るまで、ほとんどメディアに取り上げられなかったにもかかわらず、米国にとっての"真の脅威"の実態についての分析である。開戦間近に迫るイラク戦争の原因について、マクロ経済学者による極めて高度な分析結果に基づく「裏の真実」である：

(1)　FRBにとって最大の悪夢は、OPECが原油の国際取引を「ドル建て」から、「ユーロ建て」に切り替える可能性である。イラクは、2000年11月（1ユーロが約82セントの時点で）これを採用し、ユーロに対して、ドルの大幅下落を予期し、売り抜け大儲けをした。（事実2002年、ドルは、ユーロに対して17％低下した。）

(2)　ブッシュ政権がイラクの傀儡政府を必要とする隠れた裏の理由、つまり米国の軍産複合体がそれを必要とする理由は、"ドル本位制"を不動とすることである。つまり、サウジアラビアに次ぎ、OPEC第二の生産国イラン（石油輸出決済をユーロに移行させることに積極的）を始め、他のOPEC諸国がユーロに向かうことを阻止したいとの欲求である。

　OPECによる全面的なユーロ移行の可能性は比較的小さく、差し当たり、ドル関連で重大パニックは起らないと思われるが、漸進的に進展する可能性は無視できない。また、サウジアラビアの最近の立場は、いわば米国の"属国"であるにもかかわらず、同国の政治は、国内の不安定と、弱体化が著しい。したがって、泥沼化した米国のイラク政策の余波を受けて、サウジアラビア、イランを含め、その他の湾岸諸国でも、国内不安が顕在化する可能性が否定できな

い。

　当然のことながら、ブッシュ政権は、いち早くこれらの危険に気づいており、新保守的な枠組では、万が一、サウジアラビアで、反西欧グループによるクーデターが勃発する場合、米国としてはサウジ最大のガワール（Ghawar）油田を包囲し、確保する準備をしていた。したがって、サダム・フセインなきあとも、ペルシア湾地域には、"半永久的"に、一定規模の米軍の"軍事派遣（プレゼンス）"を必要とする。

開戦前のイラク情勢
　当時のイラク情勢は、以下の通りであった：
(1) 2000年11月、フセインがドルよりユーロへの移行を決定した（彼は、「国連（UN）準備基金（reserve fund）：イラク食糧・石油交換計画（UN Oil-for-Food Program）向け」100億ドルをユーロに移行した）。まさにその時、彼自身の運命の帰趨が決まった。ブッシュ政権のネオコンは、新たに"人工的"な湾岸戦争の開戦が不可避と考えたのである。目前に迫る戦争を中止することは、もはや事実上不可能であった。開戦時において、サダム・フセイン政権が軟化する条件は余りにも不足していた。

(2) より大きな視点からすると、通貨問題、サウジ国内の政治問題、国際的批判に曝されるイランの核問題を除くと、ブッシュ政権にとって重要項目はなかった。それどころか、ドル対ユーロのもたらす脅威は重大で、政権が石油取引通貨移行に伴う長期的なドル暴落阻止に走ると、短期的な経済的混乱という大きな危険の発生が危惧された。

　すでに、第4章で述べたように、これらの全てが、ロシア、インド、中国等、ユーラシア広域を巻き込む「壮大な覇権争奪ゲーム（Great Game）」の一部である。

当時、イラクの石油取引通貨に関わるこれらの問題を、米国メディアもブッシュ政権も論じていなかった。その理由は、本音が伝わると、投資家と消費者双方の信頼が低下する可能性があり、消費者の借入／支出が減少し、米国を中東の石油から徐々に引き離す方向での「新エネルギー開発政策」を、至急樹立すべきだとする政治的圧力がより強くなり、イラク戦争の中止に繋がることを恐れたためである。

　2000年11月1日、「自由ヨーロッパ放送（Radio Free Europe）」が'準国家機密'（2000年11月6日のフセインによる石油取引通貨のドルからユーロへの移行政策）の報道を行った[4]：

　フセインが行った原油取引におけるドルからユーロへの移行は、ワシントンの強硬派路線に対抗するものであり、その挑戦を欧州が支援してくれるとの期待である。しかし、この政治的メッセージは、イラクに数百万ドルの損失をもたらす恐れがある。いずれにせよ、"ユーロ移行"というバグダッドの決定がもたらす影響は小さくはない。

　この通貨移行時、政治的意思表明と引き換えに、フセインが石油収入の約2億7,000万ドルを潔く放棄したことは衝撃であった。事実、2001年末以来、ドル（対ユーロ）は、堅調に下落し、イラクが手持ちの外貨準備高と取引通貨をユーロに移行させた結果、十分な利益を得た。

　2003年2月16日付け、オブザーバー紙（The Observer）は、驚くべきことに、「ドル（対ユーロ）下落でイラクは十分な利益確保」という表題で、この事実を暴露した[5]：

　この異例とも言えるフセインの政治声明が、数億ユーロの'落下果実（棚ぼた）'をイラクにもたらした。2000年10月に、イラクは多国的通貨ユーロを利用して、米国ドル（敵国通貨）を下落させようと腐心した。

イラクの石油通貨移行問題について、米国のマスメディアに先立ち、2003年英国の論説が、ユーロが2001年末以来対ドル年約25％上昇したと報道した。これまでドルベースで送金された国連よりイラクへの100億ドルの「食糧石油交換基金」も、ユーロ移行に伴い、同率で増大した。つまり、2003年の報道ではイラクのUN準備基金の100億ドルが約260億ユーロにも膨張したのである。

その可能性は小さいものの、OPECが（漸進的な移行ではなく、）ある日突然、取引通貨をユーロへ移行したならば、次のシナリオが予想された：

(1) OPECがユーロへの転換を図ると、石油消費国の中央銀行の外貨準備高からドルが流出し、ユーロへの交換が必然となり、ドルの価値は世界中で20〜40％下落する。その結果は、過去の通貨崩壊による大規模なインフレーション危機と類似である（例えばアルゼンチン通貨危機）。米国の株式市場と、ドル建て資産市場から外資が流失し、1930年代と類似の銀行取り付け騒ぎが起こることは間違いない。これは、基本的に第三次世界経済恐慌シナリオである。

(2) 米国経済は、準備通貨としてのドルの役割や機能と不可分である。変化が漸進的であれば、米国はそのような破綻を回避することもできる。しかし、究極的にはグローバル化した国際経済における米国とEUの役割が交代することを意味する。

実際、"ドル暴落"を生む環境成立の可能性は小さく、好ましくもないが、ある種の経済情勢の下では起こり得る。それを生む条件の一つに"イラク戦争"であった。例えば、かりに原油価格が著しく急騰すると、ドルが暴落し、危機に瀕するドル外貨準備高の世界有数の保有者である日本銀行の傘下の金融機関が、担保価値を失うため危機に陥り、金融秩序混乱が発生する恐れがあった。

この問題の解決にあたり、ブッシュ政権が、通貨改革に関する"多国間協

議"の開催ではなく、"軍事オプション"を選択したことは不幸であった。その"戦後"にあっても、米国がペルシア湾に半永久的に大軍隊を駐留させ続けることは明白である。ふつう、軍隊側からは、"撤退戦略"の話は起こらない。秩序維持を要するイラク新政権を保護する必要性を掲げるであろう（事実、そうなった）。これは、他のOPEC産油国に対し、石油取引通貨をユーロに移行させようとするのであれば、イラクに対すると同様の"体制変更（regime change）"の予告メッセージの発信であった。

イラン

2002年以来、目の離せない話題は、「悪の枢軸国」にされたOPEC加盟国「イラン」の問題である。イランはユーロによる自国の石油輸出価格決定に関して態度を決めていなかった[6]：

(1) イラン政府と業界筋によると、欧州への原油販売の支払金をドルに代わりユーロで受け取るというイランの提案は経済合理性に基づくものである。

(2) しかし、外交が意思決定要因の一つである可能性は否定できない。つまり、イランを「悪の枢軸国」に分類した米国への報復として使おうとするものである。

(3) イラン国会では、中央銀行がこの提案を上程したならば、議会が承認する可能性が極めて高かった。ユーロがより強い以上、それは必然的でさえあった。

そして、事実、2002年イラン中央銀行の外貨準備高の大部分が、極めて成功裏にユーロに変換された。石油代金の支払いもユーロに切り替えるつもりでいることは、時間の問題とさえ思われた。イラン「議会開発委員会（Parliament Development Commission）」の委員は述べている[7]：

(1) 「石油余剰外貨基金（名称：Forex Reserve Fund）：石油外貨に依存する経済開発計画が、油価の変動で挫折しないように、石油代金の一部を積み立

るもの」に置かれたイラン資産の過半がユーロに交換された。今後、ドルに対しユーロの為替交換比率がより有利になると、アジア諸国、特に石油輸出国がEUと結託する可能性がある。

(2) 米国は、他国の通貨に対するドル支配が残る限り、国際取引を独占し、「通貨」を通して貿易取引、為替裁定、外貨準備等につき他国を支配できる。そこでユーロ／ドル間の競争をすれば、米国独占の国際取引の消失傾向が期待される。

フセインの打倒後、ブッシュ政権は、暗には、「ドルに対する不誠実」を根拠に、イランを次のテロ戦争の攻撃国としての条件を満たしているとの判定を下す可能性があった。イランが石油輸出通貨をユーロに移行させるという意向があることについて、広く報道されていた。もしそうなれば、イランに対する米国の軍事行動は、例の如く、極秘裏の工作から始まったであろう。

次の記事は、米国新保守派の究極の目的を示している：
イラクのフセイン打倒戦略策定の最中にも、ブッシュ政権は、既に次の攻撃目標国を捜していた。当時、ブッシュ政権とワシントンの親政府シンクタンクは、イラン、またはサウジアラビアが、次のターゲットであると見なしていた。[8]

日本

サウジアラビアとイランの地政学的危険性を除くと、危険要因は、実を言うと、日本にあった。イラク戦争が長期化する場合、影響を被るのは他ならぬ日本の脆弱な経済であるとみられていた。[9] 戦争が長期化し、原油高値（数ヶ月間にわたるバレル当たり45ドル）、または、短期の大規模な原油価格の急騰（バレル、80ドル〜100ドル）があると、日本の脆い経済が崩壊するといわれた。日本経済は、原油価格に極めて敏感に過ぎ、幾つかの銀行が債務不履行に陥る

と、世界第2の経済国の崩壊が始まり、一連の事象が米国の経済をも損傷する可能性がある。（注：このレベルの高騰は実質的にオイルショック並みで、日本経済にとって、懸念は杞憂であった。）それを防ぐには、"迅速な勝利を前提"に、米国が軍隊をイラクに展開し、主要な油田を確保する必要がある。

このような状況を背景にして、当時、イラク戦争開戦は避けようもない状況であった。

しかし、イラク戦争が順調にいかず、長期戦になれば、更なる危険が起こる可能性がある。すなわち、イラクは内戦状態となる（注：この通りになった。）さらなる内戦がイランやサウジアラビアを含め、中東の他のOPEC産油国でも顕在化する可能性がある。それはブッシュ政権が防ごうとしている事態を逆に激化させる方向に他ならない。つまり、他のOPEC諸国が自国の石油取引通貨をユーロに移行させる事態の発生が事実上進んでしまうことを意味する。

北朝鮮

最後の「悪の枢軸」北朝鮮は最近取引決済において、公式にドルを放棄し、2002年12月7日、ユーロの採用を決定した。[10] OPECの場合と異なり、北朝鮮のユーロ移行の持つ経済的影響は取るに足らないものであるが、ブッシュ政権の厳しい地政学的な副産物の一例ではある。より大きな懸念は、北朝鮮に対する「石油禁輸（embargo）」制裁政策である。北朝鮮は、石油と食糧不足が緊急状況にある中、必死の死活的政策の一つとして、1994年以前より続けていた核開発を復活させ、照射済みウラン燃料の再処理（プルトニウムの抽出）に着手した。この戦略の意図は食糧援助と石油供給に関して、米国との交渉を促進することにある。当時CIAの予測では、北朝鮮は2003年末までに4～6個の核兵器を製造するというものであった。皮肉にも、北朝鮮核開発危機の重大性に比較して、フセインとの戦争が欺瞞に満ちたものであり、疑いもなく、完全に企図されものに他ならないことをより強く裏付けるものとなった。このような背景

を経て、2006年10月9日、北朝鮮は懸案の核実験に踏み切ったのである。

　1990年代、世界は、米国が自己陶酔的であるものの、本質的には慈悲深い超大国であると見なしていた。例えば、イラク（1990～1991年、1998年）、セルビアとコソボ（1999年）での軍事行動は、NATOへの協力、ならびにUNの介入の一環として着手されたものであり、国際法に照らしても軍事行動が許容されたものであった。クリントン大統領は、北アイルランドの緊張緩和とイスラエル／パレスチナ紛争に終止符を打つための努力もした。中東を除くと、米国の超大国状態は概ね無害であると見られた。米国の貿易不均衡は許容範囲内であり、バランスのとれた財政政策には信頼があった。

　しかし、9.11を機に、ブッシュ政権の「米国第一主義（'America first'）」政策により、国際的取り決め尊重に消極的であるばかりか（注：例えば、'京都議定書'からの離脱）、攻撃的な軍事的外交政策は海外での米国の評価を著しく低下させた。9.11に続いて、ブッシュ大統領の「恐喝外交修辞（warmongering rhetoric）：武力を背景に物申すこと」が国際的緊張を生みだした。2007年ではやや和らいだものの、当時の米国は、国際連合（UN）の承認なしで、一方的に軍事力を適用する好戦的な超大国であると見られていた。また、ブッシュ政権はイスラエル／パレスチナの紛争に関する交渉にも消極的である。9.11攻撃という米国の悲劇発生直後にみられた強烈な国際的共感が、その後、米国政府への恐怖と怒りに生まれ変わったことは皮肉である。ブッシュ政権の好戦性が世界のアメリカ観を変え、'反米主義'の世界世論が、ごく親しい同盟国の間でさえも増殖した。[11]

　そして、外国政府が保有する外貨準備高をドルからユーロに大規模な移行することは、極めてショックな事項であるにもかかわらず、米国のメディアでは全く報道されなかった。米国政府が、自制のきかぬ危険な超大国とみなされれば、ブッシュ政権の経済政策が、より信頼度を下げ、国際社会は、OPECの動

きと連動しつつ、すぐにも経済的報復により、対処する用意があるかにみられる。メディアで報道されないにもかかわらず、基軸通貨がドルからユーロに移行する事態には現実味があった。その力関係と潜在的な結果は、次の記事でみられた。

　中東への米国の外交政策によってもたらされる原油価格高騰とドル価値の下落が複合し、米国の覇権が終わりを迎える可能性が高い。そのシナリオは以下の通りである[02]：

(1)　米国の対テロ戦争はやり過ぎであり、その結果、より大きな財政赤字が引きもきらぬ高レベルの貿易赤字とあいまって、ドル下落をもたらすことは間違いない。それのみならず、株価が下落し、景気が沈滞すれば、米国市場は、世界の資本にとって魅力的ではなくなる。

(2)　より多くの発展途上国が、ベネズエラと中国の指導に従うようになり、自国の準備通貨を多様化させようとして、ドルをユーロで相殺させようとする。ラテンアメリカとアジアによる外貨保有高のドルからユーロへの移行の結果、ドルとユーロは、ほぼ等価になる。

(3)　将来、OPEC諸国がウィーン総会で出す宣言は、OPECの原油が（公開市場におけるユーロの協調購入後）、バレル当たりユーロ（またはOPEC自身による石油に基礎をおく新通貨名）での再呼称を決定する可能性がある。その場合、米国のイラク攻撃の後では、バレル当たり40ユーロ以上に跳ね上がる。

(4)　国内の政治的アジェンダを押さえ込もうとするブッシュ政権の努力は逆効果につながる。9.11以前における諜報活動の失敗が明らかとなり、新しい次なるテロリストの攻撃の懸念が差し迫ったものになると、株価は大幅に下落する。

(5)　民主党と57％の米国民は、エネルギー政策を石油より自然エネルギー、エネルギー利用効率の向上、ガス税の値上げ、等へ移行させようとする努力をしているにもかかわらず、政府・石油産業複合体から妨害を受けている。このような環境下では、エネルギーの供給と価格の変動の影響をもろに蒙る脆弱な米国経済の体質は直らない。

(6)　EUはユーロの価値が上昇し、世界の基軸通貨の一つとなるに従い、自分自身の経済力と政治力に自信を示すようになる。G8はユーロとドル間で為替格差ができないように、投機取引パネルでこの二つの強力な通貨の交換幅を一定に抑えられれば、全ての当事国が満足できる。

(7)　ドルが不足する発展途上国は、ベネズエラの指導に従い、「電算機交換（Computerized swaps）」方式により、先進国の買いたたきを防ぎ、自国の商品を直接物々交換するバーター貿易を始めた。チャベス（Hugo Chavez）大統領は、自国の石油取引で13カ国に及ぶバーター国との取引を締結した。例えば、ベネズエラはキューバからの、いわゆる"赤ひげ医師"を田舎の村に受け入れ、"診療補助行為"を始めている。

　このシナリオによると、米国は、もはや莫大な経常貿易赤字を出せなくなる一方、テロリストや"悪の枢軸"との無制限の戦争を続ける余裕はなくなり、米国による単独主義の追求は、中止を余儀なくさせられる。したがって、次期に、大統領が変わると、米国の政権は多国間協議の伝統に戻り始め、他国への干渉を中止し、国連（UN）に再帰し、より現実主義の国際協力を追求することになるであろう。

　現在のベネズエラの事態に関しては、2002年4月に起きたチャベス大統領に対する軍事クーデターをブッシュ政権が支持したことは、拙速であったが、上記リスト(2)、(7)に関連して、その理由が想像できる。クーデターは2日後に崩

壊し、チャベスが政権に復帰した。CIAとブッシュ政権も、米国が民間／軍によるクーデターに活発に関与したことを、当惑極まりない中で渋々認めたと言われる。[13]：

(1) ブッシュ政権は、クーデターの第一敗者であり、覇権政策の破綻であった。2日間の大統領に終わったカルモナ（Pedro Francisco Carmona）を含むクーデターの首謀者とホワイトハウス当局との密会が判明した。米国高官のコメントは、ブッシュ政権はチャベスを除去するにあたり、「あらゆる非合法活動に対処した」と主張したが説得力を欠いていた。

(2) チャベス打倒にあたり、1971年、チリのストライキ時のCIAの役割が、事実上、経済・社会的不安定生成の雛型となった可能性がある。トラック運転手のストライキを機に、左派のアレンデ（Salvador Allende）政府を経済的に窒息させるため、CIAが意図的にストの延長を密かに画策し、資金を融資した。

(3) このシナリオでは、CIA工作員が、反対派のビジネス界と労働界の指導者とベネズエラ軍と行動を共にし、比較的小規模ながら中間管理職による長時間ストを成功させるはずであった。

ベネズエラ大使ミエレス－ロペス（Francisco Mieres-Lopez）がクーデター失敗の1年前にユーロ移行の考えを表明した。2003年時点でも、民主的に選ばれたチャベス政権を倒す米国の試みが継続中であった。

事実、2002年12月、ベネズエラで進行中のCIAによる秘密工作をウルグアイ政府官僚が暴露した[14]：

(1) 今後72時間以内に、ベネズエラ大統領チャベスを覆す目的の遠大な計画がCIAを含む米国情報機関によって実施に移されるとの情報を入手した・・・。［ウルグアイ議会（Uruguayan EP-FA）下院議員ナジャルデイ（Jose Nayardi）による。］

(2) "貴ウルグアイ政府は、経営幹部と労働組合の活動家がチャベス政権の反対勢力を潰す工作を支援されたい"。(ナジャルデイ氏が入手したワシントンのブッシュ政権とウルグアイ政府との間の極秘通信のコピー)

　ベネズエラが世界第4位の原油生産国であることを考えると、ブッシュ／チェイニーの寡頭政治により自由なビジネスを許されれば企業経営者達は、ベネズエラ石油産業の私有化に興味を示すであろう。また、米国政府は、ラテンアメリカ12カ国とキューバとの'バーター（交換）取引'が、'オイルダラー'の機能と交代する事態の発生を辛抱できないであろう。しかし、すでに多くの商品がベネズエラの石油と引き換えに、これら諸国間で取引される状況にあり、基軸ドルに対する信認が低下しつつある。これら異例の石油取引が増殖し、「オイルダラー還流機能」が決定的に弱まれば、ドル下落に向け、より強い圧力が生まれるであろう。そのとき、米国により、再度、チャベス大統領を引きずりおろす試みが続くおそれがある。

　ここ数年、米国経済は著しく構造不均衡の状態にある：5千億ドル規模の経常収支赤字、6兆ドル規模の財政債務、さらに最近の3千億ドル規模の年間財政赤字等である。ブッシュ政権のとった減税・財政政策のため、この不均衡は悪化しつつあり、2010年までの赤字は膨大なものになるであろうと言われる。これらの構造不均衡にもかかわらず、ドルが依然として基軸通貨である理由は何か？　それが"双子の赤字"（財政赤字が国際収支赤字を生むこと。）に対して"免疫"であるとみなされる理由は何か？　米国人の多くは、ドルの力は米国の国内総生産（GDP）の賜物と理解しているが、米国支配層は、ドルには、他の通貨にはない特有の利点があると認識している。

ドルの「安全な投資環境」を支える基盤とその「尺度」
　1944年、ブレトンウッズ会議を経て、固定為替相場制（金1オンス＝35米ドル）に入って以来、ドルは国際的な準備通貨として、いわば「安全な投資環境

(safe harbor)」を提供してきた。したがって、"オイルダラー"には、国際石油取引のための唯一の通貨として、特異な役割があるとみなされた。米国は数千億ドルもの基軸ドル紙幣を印刷し、米国消費者の輸入品購入のために他国に供給する。これらのドルは、"オイルダラー"になり、OPEC産油国（イラク・ベネズエラ・イランを除いて）から原油を購入するために使われる。約600〜8,000億ドルのオイルダラーが毎年OPECより米国に再投資される。「財務省短期証券（Treasury Bills）」ないし、「ドル建て資産（株、債権、不動産等）」購入経由で、OPECから米国へと'還流'するサイクルが基軸通貨ドルの国際流動性を支えているのである。

1974年、ニクソン政権は原油価格をドル建てとし、米国の財務省短期証券に石油余剰収益を投資する保証をサウジアラビアに要請し、その代わりに、米国はサウジアラビアの政治体制を軍事力により擁護するという'取引'を非公開で行った。[15] その後、これらの密約がもとになり、"オイルダラー還流"現象を生みだしたのである。OPEC経由の国際石油消費が豊富な見返り金を米国経済に提供する。そこで、欧州は、ドルと競うため、代替基軸通貨としてのユーロを創った。EUがユーロ建ての石油を望む理由は明白である。それがドルによる石油購入代金の通貨危機を、抑制ないし回避できるからである。

もう一つの特徴は、古くからの'伝統的尺度（基準）'による経済力の評価が基軸通貨ドルで行われることである。つまり、自由市場、商品の自由な流通、高い労働生産性と生産高、貿易黒字、証券取引委員会（Securities and Exchange Comission: SEC）による企業会計基準の国家監視、高い社会基盤整備、教育システム、トータル・キャッシュフロー、収益性等の"尺度"に基づいていた。これらに加えて、米国の優れた軍事力が基軸通貨ドルに対し、より大きな信認を与えた。現在もなお、基本的変化はないものの、ここ20年間にわたり、「安全な投資環境（safe harbor）」であるべき米国の経済ファンダメンタルズの幾つかが弱体化した。米国経済の中で膨張している広大な不均衡と構造上の問題にも

かかわらず、1974年以来、独占的石油取引通貨・ドルという"新しい尺度"である「オイルダラー」を生みだした。

「オイルダラー」の特徴

"オイルダラー"は、ドル覇権国米国にとってメリットになるが、ドル建て負債を抱える石油消費国にとっては、デメリットでもある。オイルダラーの特徴は、以下のように整理できる[16]：

(1) 第二次世界大戦末に「ブレトンウッズ会議（Bretton Woods Conference、1944）」で合意された"金本位制（1オンス35ドル）"から、1971年、第37代米国大統領ニクソン（Richard Nixon）によって金とドルの交換が停止され、基軸通貨が事実上"ドル本位制"になった。それ以来、「法定不換紙幣（fiat currency：法的に認められた取引通貨）」ドルは、記録的な経常収支赤字状態と膨大な債務国状態であるにもかかわらず、米国のみに法定通貨として発行特権を許されたため、国際金融調節機能を持つことになった。

(2) 今日の世界貿易は、事実上、米国がドルを発行し、他の世界がドルで買えるものを生産する'ゲーム'である。世界中で互いにリンクした経済圏（国）は、もはや経済原則による比較優位を獲得するための取引はしていない。彼らは、ドル建て外国債を購入するために、「ドル外貨準備高（foreign currency reserves）」を蓄積し、自国内通貨の交換機能維持に必要なドル獲得に向けて、輸出を競う。世界中の中央銀行は、自国の通貨に対する投機操作による攻撃が引き金となって発生する通貨危機を妨ぐために、自国の通貨に対し、相当量のドル外貨準備高を、常に、獲得・保持しなければならない。自国の通貨の平価切り下げの市場圧力が高ければ高いほど、中央銀行は、より高いドル外貨準備高を保持しなければならない。世界中の中央銀行が、互いにより強くなろうとして、ドル外貨準備高を獲得し、保持することを相互に強要しあうために、強いドルによる独自の維持システムが生まれた。この現象が「ドル覇権」であり、それは「地政学（軍事を含む国際政治上のバランス）」に

よって生みだされる。戦略商品である石油は、ドル建てである。ドルにより石油が買えるので、誰もがドルを容認する。"オイルダラー還流"とは、1973年以来、米国がOPECに石油輸出カルテルを認める代わりに、OPECが支払うべき対価に相当するシステムのことである。

(3) ドル外貨準備高は、基本的に、米国の「資産(asset)」に投資せざるを得ず、事実上、米国の貿易赤字補填に融資される。そのお陰で、米国の株価は過去25年間も高レベルにあり、世界の開発途上市場とくらべて、56％の"割増金（プレミアム）"がついている。

(4) "ドル建て資産"なるものは、それが世界のどこにあれ、全て事実上、米国の資産である。かりに、全ての石油取引をドル建てとすることが国により決定され、ドルが「法定不換紙幣」である限り、米国は基本的に"只：無料"で世界の石油を所有していることになる。さらに、米国は、"米ドル紙幣"を印刷すればするほど、米国の資産が高騰する。このように、"強いドル政策"が二重の利益を米国に与えてくれる。

先に述べたように、1974年に交わされた、米国とサウジアラビアとの間に交わされた特異な地政学的密約（同国の安全保障を約束する代わりに石油取引をドルに限るとするもの）が、米国の石油の通貨危険を排除し、過去30年間米国にとって有利に機能し、全てのドル建て資産に相当する全資産価値を上げ、FRBが大規模な負債と信用バブルを生むことを可能にした。そして、次の３条件が満たされる限り、米国の経済におけるこれらの構造的不均衡は止む事がない：
１．石油輸入国が、自国のエネルギー／生存の基本的ニーズとして、石油を購入し続ける限り、
２．国際的石油取引通貨である基軸通貨が米国ドルである限り、そして
３．国際的に取引される世界の原油市場（シカゴ・ロンドン・ドバイ）が米国

ドル表示を維持する限り。

　これらの要因に援けられ、第2次世界大戦後、ドル外貨準備高の立場によって与えられた米国への投資が「安全な投資環境（safe harbor）」の下にあるとの評価が、米国を経済的・軍事的覇権国の立場にのし上げた。しかしながら、"ユーロの導入"は、無視できない新しい要因であり、米国の経済的覇権にとり最大の脅威である。2002年12月には、新しく10カ国がEUに新規参加国として認められた。さらに、2004年には、25カ国の「拡大EU」が、GDP 9.6兆ドル・人口4億5千万人の規模となり、米国の経済規模（GDP 10.5兆ドル・人口2億8千万人）と真っ向から競い合うことになった。そして、2007年1月からは、27カ国体制となっている。

　次節でも、2.1に引き続き、アナリスト、クラーク（William Clark）の意見を紹介する。この論説も、イラク戦争開戦前に発表された（オリジナル2003年1月、同修正3月）。[3]

2．2　イラク戦争開戦前の暗黙の真実—オイルダラーの死守—[3]

　2003年当時、中東やラテンアメリカのOPEC加盟国では、米軍の公然とした軍事行動と、秘密工作を行う米国情報機関の介入によって、石油取引通貨をドルよりユーロへ移行するあらゆる試みが、阻止されつつあった。'対テロ戦争'宣言を隠れ蓑にして、ブッシュ政権は、言葉巧みな修辞により、間近に迫るイラク戦争開戦の理由を作文し、米国民を操っていた。イラク戦争の大義は、フセインの既存のWMD計画やテロリズムの脅威に基づくものではなかった。実に、この戦争の"裏の原因"は、国際石油の取引通貨を巡るものであり、石油取引がユーロ建てになることの阻止を意図したものであった。

　世界の人々にとって意外かもしれないが、米国人の多くは情報不足にもかかわらず、常に、自己満足・陶酔的である。彼らは、説得と真実を尊重するより

も、むしろ恐怖と欺瞞によって簡単に誘導される。事実、"先制攻撃"の大義を理解していなかったにもかかわらず、差し迫った脅威をサダム・フセインが米国にもたらすことが耐えられないことを理由に、米国民は、政府に危険極まりない開戦を許した。また、米国政府は、大規模な債務負担に喘ぎながら、2001年にとられた予算に不釣合いな減税、記録的な貿易赤字、持続不可能なクレジット規模、企業関連の会計基準の乱用、ほとんどゼロの個人貯蓄、記録的な個人負債、過剰な中東石油への依存と消費、等々米国経済が原因で生じた構造的経済不均衡の説明責任を果せない状況にあった。

開戦前、国連の査察責任者であった元IAEA事務局長ブリックス（Hans Blix）博士が、WMDの痕跡発見に成功することを待つことなく、先制攻撃により、イラクでの帝国主義的戦争の開戦を決意したブッシュ大統領の目的は、地球上に埋蔵される石油の大部分を確保すると同時に、イラク石油の保有する余剰生産力を利用して、OPECカルテルを破壊することにあった。最終的にこの賭けに成功するだろうか？　それは、いずれ歴史が証明するであろう。しかしながら、戦争というものはその結果について予断を許さず、意外な展開を見せるものである。イラク戦争とイラク占領の余波として、アルカイダが関与する'対米テロ攻撃'が激化し、戦後のイラクでゲリラ戦争（内戦）が生まれることもある。それどころか、とどまることない米国の"一国単独主義"は、今後、国際社会のみならず、OPECから経済的報復を受ける恐れがある。

米国政府と米国人は、自問しなければならない。一体、米国の軍事力は、全ての原油生産国を力ずくで支配し、自国の石油輸出取引通貨を自由にし得るだろうか？　端的に言って、否である。米国は世界の石油取引に'軍事支配経済'を実施することにより、たとえ不完全なものとは言え、忍耐強く努力を重ね、維持してきた自由市場や資本主義を失ってしまってよいのだろうか？　国際石油取引に流動する"ドルの覇権"を守るために、武器補給量を確保すべき石油のバレル量に比例させ、勇敢ながらも無垢の若い兵士を世界中に展開して

きたことは間違いではなかったと倫理的に抗弁できるだろうか？　ラテンアメリカで民主的に選ばれた政府を転覆させるという自国の裏工作を見逃した米国民が、米国の過度の石油消費を保証するために、帝国主義的な中東征服を認めるだろうか？　石油輸出通貨の選択権をもつOPEC諸国を米国大統領が軍隊で脅すことは受け入れられるだろうか？　これらの質問に対する、アナリスト、スコット（Peter Dale Scott）の答えは以下の通りである[17]：

(1)　まともな米国人であれば、アメリカ自身が作り出した財政危機に何の関係もない他国の一般市民に対し、ミサイルや爆弾の雨を降らすという考えに対し抗議するであろう。

(2)　これら基本問題の解決にあたって、とるべき唯一の方法は国連等による"多国間協議"である。米国の経済力は衰退しつつあり、産業は競争力を失い、債務は超過に陥りつつあるにもかかわらず、世界を軍事的に支配する力は十分であるとして、軍事的オプションに頼ろうとしている。ブッシュ政権の意図は、経済的報復を受ける恐れがないとして、経済的現実を軍事力により処理することである。かつて1956年、下落する英ポンドを下支えをする条件として、米国が英国に強要したスエズからの不面目な退却を忘れてはならない。ブッシュ政権は、この歴史を肝に銘ずべきである。

多数の欧州の同盟国と疎遠になりながら、米国は、究極的にアルカイダの国際テロの脅威を事実上阻止し得るだろうか？

皮肉にも、ブッシュ政権の困難な経済政策と好戦的外交政策は、自らの阻止目標—ユーロへ移行しようとするOPECの努力—を却って加速してしまう恐れがある。軍事力（脅威）の活用は、米国が地政戦略として機能させにくい手段であり、したがって、OPEC諸国のユーロ移行を長期に阻止することはできそうもない。ブッシュ政権の失敗に満ちた経済政策と、行き過ぎた帝国主義が、国際的地位にとって有害であるのみならず、経済と市民の自由を脅しているこ

とを愛国心に溢れる米国の知識人なら皆、承知している。このようにして、物言わぬ無口な大衆は道を誤まり、間違った愛国心を持つようになる。米国民は、米国がこのような帝国主義政策を続けることを看過してはいけない。米国が暴力に頼る孤独な"ならず者超大国"になってはいけない。その結果、他国にドル本位制を廃止する動機を与え、米国を超大国から引き降ろすことをさせてはならない。

現状の世界が米国にとって宿命的であるとは限らない。米国政府が省エネを促進し、再生可能エネルギーを開発し、均衡予算を維持し、赤字減少を真に可能にするために、長く、険しい道をとることを国民が要求したことがあったろうか？　何時になったら、米国は、バランスのとれた年度予算を容易にするために、予算に矛盾する減税（2001年）を撤回し、企業会計基準を軌道にのせ、物作り（製造業）と輸出部門に大幅に再投資し、米国の経済を、たとえ徐々であっても、真剣に貿易赤字から貿易黒字に転換できるのだろうか？

実に、ここ四半世紀間におよぶ、米国の生産力の大規模な低下は、持続可能な経済を維持すべき米国の国際競争に負の影響を及ぼした。1990年代の「ニューエコノミー（New Economy）」は、自由なグローバル化経済にあって、米国の経済軍事的地位の維持にとっては間違った「サービス経済（Service Sector Economy）」を生みだした。米国が国際的に「安全な投資環境（Safe Harbor）」の回復・維持を目指すならば、米国は、これ以上に、より多くの困難な構造変化を自国の経済に起こさなければならないことは疑いない。

それのみか、国際通貨制度を改善するために、米国政府がG7国との討論を始めることは、避けられないと考えられる。米国は、準備通貨の代替として、ユーロの必然的な支配を考慮する経済システムを採用しなければならない。啓発に富むエコノミスト達の多くが、米国は次期の"ブレトンウッズ会議"を召集するプロセスを開始すべきだとする勧告をしている。米国政府も、ユーロが

次期の準備通貨の一つになることに妥協し、同意すべきである。OPEC取引に用いる二重の基軸通貨の漸進的、かつ段階的導入により、多国間条約に基づくユーロ／石油問題の妥協を図ることが必然である思われる。それのみか、バランスある国際通貨制度の観点より、外貨準備高オプションとして円／元による第三の経済圏である「アジア経済圏」の誕生も熟慮の上、検討するに値する。

これら多面的改善をすれば、米国の過度の石油消費を引き下げ、米国政府に財政責任を伴う政策を強要し、米国の軍事的影響力を部分的に抑制させうる。同時に、米国の外交政策に向けられる外国の抱く敵意も、部分的には抑制できる。さらに、より望ましい改善は、今後、米国人がエネルギーを効率的に消費するように、動機づけることによって、米国人とその子孫の生活の質を向上させることである。バランスのとれた財政政策をつくり、EUを始め、国際社会との同盟を再構築し、エネルギー効率改善を果すことは、米国の長期の国家安全保障にかなうものである。世界的に歴史的事態である"ピーク・オイル"は、人類にとって避けられぬ課題であり、それを克服するためには、空前絶後の国際協力と調整が必要である。それのみか、国際通貨改革は、ただ必要であるだけでなく、それにより、石油争奪に伴う軍事的・経済的な戦争が緩和され、究極的には21世紀において、より安定し、安全で、繁栄する国際経済が促進されることが期待されるのである。

報告書「新しいアメリカの世紀計画（Project for a New American Century：PNAC）」[08]に記された新保守派のアジェンダ（指針）を一読すると、その理想とする目標が、米国の軍事・経済的国際支配に他ならないことがわかる。米国が'卓越した'世界帝国であるとの前提にたつ、これまでの新保守的な動きからすると、通貨改革やエネルギー効率改善を提案する多くの"多国間協議"は歓迎されなかった。しかし、今後、事態は新しい展開を見せる可能性がある。

ブッシュ政権においては、確固とした政治イデオロギーと多国間協力による経済改革との両立性はまったくない。彼らが一切の妥協は有りえないと考えているかぎり、いずれ米国民が政権交代を要求しなければならない時がくるであ

ろう。米国は、潔く、均衡予算と保守的財政政策と広範囲な国際協力を求めつつ、多国間外交政策に取り組むという米国の伝統に戻るべく、責任感のある指導者を必要としている。

そしてまた、民主主義を保護するには、唯一のシステムとしての出版の自由が極めて重要であると主張した第三代大統領ジェファソン（Thomas Jefferson）のような'米国建国の父'の英知を、米国民は忘れてはならない。今も米国民の多くは、自国がイラク戦争開戦に至った経緯を理解していない。その原因は、米国のマスメディアが少数の主要メディア集団（米国中に流れる情報の90％を流通させる）にまで、統合・縮小されたからである。今日起こっているジレンマの責任の一部は、議会のみならず、憲法上の義務である大衆への意思伝達を怠った帝国主義指向マスメディア集団の一握りのエリート達にある。イラク戦争関連の重要情報は、真に制約の無い唯一のニュース源としての"インターネット"でのみ、利用可能であったと言って過言ではない。

このようなメディア報道の姿勢にもかかわらず、現在押し寄せる国際的な反米主義の波は、米国人や米国の価値に対してではなく、'攻撃的な米国の帝国主義の偽善'にのみ向けられたものである。恐怖による市民操作や、PNAC文献に見られるような新保守的政策、一方的な米軍隊の出動は、米国市民に対し、背信的であり、かつ、米国創設の基本原則そのものと矛盾する。

既に、第4章で詳述したように、およそ"戦争"と呼ばれるものは、ほとんどの場合、資源と経済に関して行われる。いわゆる"宗教戦争"でさえ、普通は経済目的であり、その隠れた動機は、"資源入手"である。戦争のための新しい枠組みが"石油通貨"導入に形を変えても、イラク戦争も他の近代戦争と何ら異なるところはない。しかしながら、国際社会は、主権国の征服に軍隊を使い、自ら国際法を無視する帝国主義的超大国である米国を許さない方向にある。それは、他のOPEC産油国が石油取引を、ドル建てではなく、ユーロ建て

で輸出価格決定を下し、最終的覇権を確立させる可能性が生まれるということである。

　米国が直面している基本的な問題は何か―石油取り引き通貨であるドルを守りきり、軍隊と諜報機関を駆使して、全ての原油生産国の政府を支配できるか？　―端的に言って、否である。"対テロ戦争"に潜む裏の口実を根拠に、何カ国も倒すことを米国民が政府に許可するだろうか？　それどころか、そのような地政学的戦略は、米国と米国市民に対し、国際社会からの"反撃"をもたらすものであろうか？　ブッシュ大統領がイラクに対して正当な理由なく、基本的に一方的な戦争を追求するならば、将来、歴史家の評価は、ブッシュ政権に対し、厳しいものになるであろう。国際社会にとっての課題は明瞭である。しかし、いつになったら、米国の愛国者は自分自身の身の処し方を自覚し、確信するのだろうか？

　国（国家）が世論の形成を監督することは、絶対的な権限である。国が大きい嘘をつき、それを繰り返し言い続けるならば、人々は、結局それを信じるようになるであろう。国が、その偽りの下に生まれる政治的・経済的・軍事的影響から国民を隔離し得るかぎり、その偽りは、維持され得る。したがって、国が反対意見を抑えるために、全精力を使うことが絶対に重要になる。その理由は、真実は、偽りにとって致命的な敵であり、真実は国にとって極めて偉大な敵だからである。

　　　　　　　　　　　　　　　　―ゲッベルス（Joseph Goebbels）
　　　　　　　　　　　　　　　　1933～1945年のドイツの広報大臣

　アナリスト、クラークによる以上二つの論説とほぼ時を同じくして、2003年1月末、アナリスト、ヌナン（Coilín Nunan）がアイルランドのウェブサイト上でコメントを公表した。[19]（附録3参照）

Ⅲ. イラク戦争の原因と今後の米国と世界

2004年1月1日時点、アナリスト、クラークは、イラク戦争開始前夜より2003年末に至る事態の推移より、イラク戦争の原因を、以下の通り整理した。[3]

今、真実が浮かび上がった。つまり、イラク戦争は以下の 二つの目的に沿い意図的に企画されたものである：

(1) 世界経済において「原油生産ピーク（Peak Oil）」現象を目前にし、米／英両国の石油供給を確保すること。

(2) 大規模な軍事的展開により、産油国に、石油取引通貨としてユーロへの移行を阻止すること。

世界経済における米国の主導権（覇権）の維持にとって、これらの二大目的が決定的要素である。イラクがオイルダラーに戻るか否かはさして重要問題ではない。米国にとっては、世界経済のオイルユーロへの移行の阻止を"死守"することが地政戦略の要である。事実、ブッシュ政権は、米国国民を欺いて、戦争へ駆り立てる一方、メッセージを他のOPEC産油国へ送ったのである。「貴国は米国の味方か、敵か？」

結局は、経済学（基軸通貨）と物理学（原油埋蔵量）の諸法則が「世界帝国（Global Empire）」を目指す米国の夢を破壊するであろう。EUが2007年に拡大した後、OPECにとっては、ユーロ建てで石油販売を行うことがより'賢明'である。[20] さらに、"ピーク・オイル"時点とみられる2007年頃以降より、石油の需要が供給に比べ過剰になり、品薄になる時代が到来する。"新保守派"は、既にこの認識を共有している。超大国アメリカと、それが抱いた世界帝国の夢が破綻するということである。米国の指導者と市民にとって、真の試練は、米

国が夢の破綻に伴う経済的苦難に耐えられるか否かにかかっている。地球上の全人類が等しく"ピーク・オイル"の影響を受ける以上、"一国単独主義"では世界平和をもたらすことが出来ない。"多国間主義"が平和を生み出す唯一の方法であることは自明である。

　まず、第一に、いずれの工業先進国も、「新エネルギー開発政策」を再構築し、適切なエネルギー政策を樹立する必要がある。しかし、今日の米国の場合、高消費構造と債務構造を克服出来そうもない。例えば、米国の場合、多くの住環境が都心より離れている。基本的に都市郊外の社会基盤が自動車を前提に設計されているため、"ピーク・オイル"時期に到っても、列車など必要十分な大量輸送機関の利用は十分ではない。米国は、限られた時間内に多くのことをなさねばならないにもかかわらず、余りにも大きな債務により、すぐにも必要な施策が打てない状況にある。第二に、米国の通貨は、第二次世界大戦（WWII）以来初めて、代替通貨ユーロの挑戦を受けている。

　米国は長きにわたり、覇権維持のために軍隊を使うことを抑制してきたものの、新保守派の下、この度は、国際社会の反対にもかかわらず、公然かつ傲慢な方法で、軍事オプションを採用した。勝敗が決まらないまま、同盟国に勝ち目のないイラク戦争を支援させつつ、国際連合（UN）を過少評価し、過去何十年にもわたり守り続けた米国の伝統的外交政策を急進的に転換した。さらに、国際社会は、米国の市民以上に、新保守派のアジェンダ「新しいアメリカの世紀計画（Project for a New American Century）」がもつ意味を、既に十分理解している。しかし、攻撃的かつ一方的超大国としての米国を、世界が受容するわけがない。ドル本位制の離脱から生ずる経済的混乱以上に、米国が世界の安定にとって、より大きい脅威であると先進世界が気づくならば、米国を覇権状態から引きずりおろし、米国を打倒する方向に向かうであろうことに、新保守派は気づいていない。世界はドル暴落に伴う"パニック"に寛容ではありえない。

ドルは米国のアキレス腱である。米国が政策を固持して欧州連合と妥協しなければ、米国は徴兵・政治的抑圧の独裁国となり、独立（1776年）より、イラク戦争開戦（2003年）に至る227年間の生気に満ちた「米国の実験（the American Experiment：常に新しいことを試みる精神と実践力）」が終わり、米国は破滅する恐れがある。それを回避するために、米国市民がまず認識しなければならないことは、海外での公然たる"帝国主義"追求が、究極的には、皮肉にも、米国内の"独裁"に帰着することである。米国内では、すでに、イラク戦争にまつわる絶え間ない脅し・詐欺等により、既にこのプロセスが始まっている。

このジレンマから脱出する唯一の方法は、国際協力、指導性、世界通貨改革、エネルギー等のコストを支払う米国の市民の痛みにある。米国の"政治家"は、民主・共和両党ともに、少なからず'軍／エネルギー産業複合体'に支配されており、一人ひとりの個人としての"国民"に誠実を示す意思希薄の解消につながるような選挙制度の改革が必要である。

以上の論拠に基づき、アナリスト、クラークのまとめた、「今後の米国が進むべきシナリオ」は、以下の6項目である[3]：

(1) 「米国の実験（the American Experiment）」を維持し続けるためには、'新保守主義'の目標・'世界支配'をできるだけ早く放棄すべきである。米国が一方的な「予防戦（preventive war）」により国際法を破ったとの認識は、先進工業国の多くは許さないであろう。（附録4を参照のこと）

(2) 米国がドル本位制の維持を望むならば、財政政策を再構築しなければならない。米国は、イラク紛争に2003年末までで、約3,000億ドルを費やしている。現在、軍事支出は1週間に約10億ドルになっている。1991年の湾岸戦争と異なり、納税者とその子供、孫にいたるまで、2003年のイラク戦争の支払いをすることになる。通貨の信用度は国の租税徴収能力に基づくと言われるが、2002〜2003年のドル下落は、国際社会がブッシュ政権の税政に対する信

頼不足から起こった：

　イラク戦争のさなかの2003年に、大減税を通過させたことは、財政上、この上なく無責任な対処である。米国人は戦争と税に関する歴史を良く知らないように思われる。正直のところ、米国が軍事支出と国内支出の大規模な増大を許しながら、大幅減税をする余裕があるとは誰が考えるだろうか？　2003年、現代史において国家が大戦争の最中に減税を始めて行った。共和党のある議員は言っている：

　米国は減税に関し、このような偏見や神秘的ともいえる思い込みを払拭する必要がある。戦争に直面している中にあって、減税とは何事かと。

　IMFと各国の財務相は、米国が自制心を失ったと考えるに違いない。たとえわずかでも、健全な財政政策が、ドルの防衛にとって必要である。歴史的にもこのような税政は受け入れ難いものであるが、それ以上に、戦争は、極めて高価なものにつくという現実を、米国は直視する必要がある。アフガニスタン戦争とイラク侵攻の戦費処理はまだ終わっていない。すべては予備費ないし、債務支出である。さしあたって支払うべき代償はドルの下落分に相当する"戦争税"はさし当たり回避されるであろうが、これは一時的なものに過ぎず、一休止に過ぎない。国際連合（UN）の命令なしでイラク戦争を始めた米国であってみれば、イラク戦費を支払うためには、市民が大幅な支出をしなければならない。

(3)　いずれにせよ、米国は危険な状況にある。FRBは弱体化するドルを支えるために、遠からず金利の引き上げを促される。米国企業と消費者は既に多くの負債を負っているので、金利上昇とともに、国内の経済成長が止まり、米国の庶民に多くの苦痛を強いる。事実、米国は減税・低金利・財政赤字・経常収支赤字といった"幻想"の環境にあまりにも長く安住してきた。歴史的にみて、軍事帝国が安上がりであったためしがない。"ワイルドカード（予測不能要因）"はドルであると思われる。ドルが、急速に下落していること

である。FRBが貸出金利を1.0％以上引き上げた時の経済的苦痛は、正確に知られていない。楽観的なシナリオで、連邦政府は数年にわたってこの苦痛を引き延ばせたとしても、ドルは急激に下落する。

(4) 輸送用石油代替燃料を開発するため、専門家からなる「エネルギー開発国際組織」の形成を国際連合（UN）に要請すべきである。それは、バイオマス、燃料電池、自然エネルギー等、非化石燃料の組み合わせであろう。米国が、最大のエネルギー消費者として、代替石油開発を促進する際には、各国政府は指導力を示さなければならない。これは国際規模のいわば"第二次マンハッタン計画（第一次マンハッタン計画は第二次大戦時の米国の原子爆弾開発計画）"に相当する。それを始めるとすれば、＄50億（＋＄10億/年）の国際的な支出が必要となろう。予算として、軍の研究開発資金と人的資金の流用が可能である。すでに世界的に原油生産がピークに達した現在、米国には、あまり時間が残されていない。

(5) いずれにしても国際連合（UN）は、"ピーク・オイル"から生じる原油枯渇傾向に対処するためには、科学・技術者の集団を糾合して"エネルギー開発国際組織"を形成すべきである。国際社会は、この企業に数百億ドルに及ぶ規模の財源供給をすべきである。国際連合（UN）は石油の"配給制"に関する新方式も考案すべきである。この目標を達成するには、多くの議論があり、技術的にも難しい。とはいえ、これに代わる対策は、唯一、ペルシア湾における"石油戦争"か、国際的為替市場における"経済戦争"である。経済成長と人口増加を考慮する理論（メドウス"世界モデル"：第8章参照）により冷静に対処するならば、いずれ不幸な結果に繋がるこれら両方の戦争が回避される。

　国際連合（UN）は、エネルギー価格に基づき、制度と指針を策定してゆくべきである。米国にとって、"エネルギー節約"は、今すぐにでも必要であり、

"ピーク・オイル"に到達して、エネルギー改革が極めて厳しく、高価にならないうちに、米国の基盤を修復させる必要がある。米国が世界で化石燃料の25％を消費するにかかわらず、今後十年間に石油代替政策が実行されないならば、米国は最大の利益を得つつも、完全な敗北を喫するに違いない。"ピーク・オイル"は科学者と政治家の行動開始を待っている時間的余裕がない。

(6) たとえ痛みを伴おうとも、世界経済の'安定化'のためには、世界経済の'通貨改革'は絶対に必要な改革である。消費国である米国が、世界経済の成長にとって、一つのエンジンでありながら、借金地獄に入るわけにいかないし、FRBもバブル再膨張を永遠に続けることはできない。世界経済における過度の信用がドルの構造上の問題とリンクして、ドルが下落すると、デフレが世界経済を収縮させる可能性が懸念される。[20] すなわち、ドルの大暴落によるパニックによって、ドル信認が失墜すると、世界経済が停滞する。デフレ不景気が発生すると、世界経済の総需要が増加しない限り、不景気が極めて長期間持続する。G8国家は世界経済システムに関して、新規の通貨改革プロセスを開始すべきであるにもかかわらず、大危機が顕在化するまで、この改革が進むことはないであろう。

一方、世界経済は、米国・EU・アジアの三つのエンジンによって成長に向けバランスがとられるならば、好景気が期待できる。アメリカにとっては認め難いことであるが、原油の異常な高騰などを契機にしてなすべき第一の改革は、ユーロをドルと同等の第二国際基軸通貨とすることである。そうすれば、OPECとの石油取引で、「二重通貨本位制」が可能になる。これにより、米国とEUが同列におかれ、「共同覇権者（co-hegemons）」になれる可能性がある。

将来のある時点で、アジアブロックによる"第三の「準備通貨（reserve currency）」"が意味をもつことになろう。おそらく、2010年頃、円／元通貨

により、日本と中国は自分達の通貨によって石油購入が可能になるであろう。これらの改革は、多くの議論を要する提案であることは間違いない。しかし、これらの通貨政策で妥協がなければ、究極的には、世界的な石油／経済戦争が勃発し、危険で不安定な多極世界に帰着するとの懸念が残る。"ピーク・オイル"後のエネルギー環境において、世界中が絶望的な状況にならないうちに、"通貨"と"エネルギー"の問題につき、多国間で一致し、妥協する交渉を始めることが望ましい。

上記(1)〜(6)のシナリオの通貨改革を進めるには、米国は過度の軍事支出を約50％（驚く無かれ、2,000億ドル／年）大幅に減少させる必要があり、増税により、米国の債務を減少させ、省エネルギーライフスタイルにむけて、米国のエネルギー基盤を向上させる必要がある。ライフスタイルの転換は、大型のSUV (Sports Utility Vehicle) 車を利用する人々にとって難しいことに違いない。

しかし選択肢は、ますます制約されていく。戦後の「ベビーブーム世代 (Baby Boomers)」、や「新世代X.Y (Generation X：1990年代の無関心・無気力・無目的・高学歴の若者、Generation Y：コンピュータとともに育ったベビーブーム世代の子ども)」を含め、過去の数世代は、全て超大国アメリカと共に成長したので、米国がEUや、中国と同等の覇権を共有するという極端なシナリオに、基本的に同意できないかもしれない。しかし、祖父母が属する「最も偉大な世代 (Greatest Generation)」の人々はアメリカが超大国ではない時代に育った。彼らは辛苦に耐えて人格を形成した。今の米国人もまた、新しい現実に適応せざるをえないであろう。

最大の制約は'時間'である。米国はいま、全ての旅客機や外国に潜むテロリストをあまりにも極端に恐れる軍事国になってしまってはいないか？　これは、1930年代のドイツ国民と類似している。米国は理のない恐怖を自ら克服できるのか？　そして、痛みを伴いつつも米国の経済社会に必要な調整を平和裡

に行えるのか？　前章で元大統領補佐官ブレジンスキー（Brzezinski）の言を紹介した[22]：

「米国は、どちらかというと'偏執的な'世界観を習得したことが問題を生んでいる。我々は、そのような恐怖を捨て、現実主義でなければならない。変わったのは米国であって世界ではない。実は、先進国であれ、発展途上国であれ、米国経済が崩壊することを望んではいない。彼らは米国の技術基盤、研究開発能力、教育システムを賞賛しているし、消費者としての米国を必要としている。」しかし、米国の知識層に残る言い訳は、せいぜいこの程度のものにすぎないのだろうか？

しかしながら、国際社会の認識では、世界の覇権帝国である米国の地位を再定義するために、ブッシュ政権が採用した戦略は"対テロ戦争"であった。これは危険な政策である。アルカイダは、自分の犯罪を正当化するために宗教を歪めるような、少数の急進的な熱狂者である点が問題である。テロリストのとる戦略は全く残酷で、いささかの正当性も認められない。しかし、通常政治への苦情という彼ら側の怒りに道理があることも少なくない。ビンディン（Bin Laden）は'自由な米国'に対して嫌悪感を抱いてはいない。彼は、米国の外交政策に対して嫌悪感を抱く過激な反帝国主義者であり、攻撃的なイスラム原理主義者である。彼は原理主義イスラム教「ワッハーブ派（Whabbism）」の出身である。妥協を許さぬイスラム教のこの偏狭な一派は、サウジアラビアとパキスタンに支援された狂信派のみが信じている宗派である。事実、彼の主張はイスラム教を異様に歪めるものである。サウジアラビアは、多岐にわたる政治・社会改革に着手する必要があるが、多分イスラエル／パレスチナ紛争が解決すれば、この改革が進展するであろう。（附録1参照）しかし、現在のところその兆候はなく、その道は容易ではない。

アルカイダのメンバーを把握し、テロリズムを排除するには、米国、EU、アフリカ、中央アジア、中東の国家を巻き込んだ、共同の情報／警察活動によ

る大規模な国際協力が必要である。高レベルの権限が付与された「国際警察 (International Police INTERPOL)」の活動が世界的な対テロ軍事行動でのゲリラを最小にするであろう。[23]

FBIによると、2002年末において、絶対的な忠誠を誓う「アルカイダ（Al Qaeda）」メンバーの数は全体でわずか約200人に過ぎなかった。それに比べ、悪名高い「アル・カポネ（Al Capone）」のシカゴ・マフィアはアルカイダの2～3倍のメンバーがいた。FBIの歴史をみると、"対組織犯罪戦争"を名目にシチリア攻撃はしなかった。今日、米国は、爆撃による"体制変更戦略"によっても、アルカイダを抹消できずにいる。ヨーロッパやイラクをはじめ、かつては存在しなかった場所に、新しく対米テロリストが生まれている。例えば、フセイン崩壊後のイラクの状況は、内戦状態も含め泥沼化しており、危険極まりない。これは、不完全戦略の最たる状況にある。

世界は、米国人が地球上を歩く限り、テロリズムの危険が存在することを認めざるをえない。米国人は、恐怖に慄くのではなく、毅然として生きていかなければならない環境にいる。恐怖と憎悪を育てる無知とそれに駆り立てる抑圧を減少できれば、テロリストグループ予備軍を抑制できる。米国人は、少数の犯罪者が犯す犯罪行為も、国際的なテロリズム像として注意深く見なければならない。そして、自分の認識を整理しつつ、国際的枠組の中で勤勉に協力する必要がある。

さらに、米国は中東に存在する'反米'の主要要因の一つであるイスラエル／パレスチナ紛争にも直面しなければならない。（附録1参照）この紛争が平和裡に解決されるならば、一般的にアラブ人の屈辱はいずれ沈静化し、真に必要な政治改革が可能になる。イスラエル人とパレスチナ人はいずれも平和、安全、繁栄裡に生きる権利がある。クールなアナリスト達は、イスラエル／パレスチナ問題への平和的解決が、反テロリズム活動を勝ちとる最重要要素の一つであるとの認識を共有している。

米国における真の'戦場'は国外であるより国内にある。「独立宣言（the Declaration of Independence）」「米国憲法（Constitution）」「米国権利章典（Bill of Rights）」において荘厳かつ明瞭に述べられているように、米国が偽りなくその価値を発揮するならば、米国は世界から恐怖と嫌悪で見られるのではなく、世界の尊敬を得るであろう。現在の'反米主義'を克服するには、バランスのとれた対イスラエル関連外交や抑圧体制の支援が不要になるような'脱石油・天然ガス'を目指す、新規の「国家エネルギー開発戦略（National Energy Strategy）」が不可欠である。その鍵は、まさに建国の士が構想したと同様、新たな'持続可能なエネルギー'への転換政策と啓発された外交政策である。米国は共和制の原点に戻り、帝国への願望を自制できるか？　米国は、EUを含む先進工業国共同体に再び参加できるか？　これが「米国の実験（American Experiment）」の究極的試練となるか？　財政とエネルギーからみて、米国が再び自国の資源のみで自立できるか？　米国がこれらに成功すれば、今日、外国でみられる'反米主義'とテロリストに怯える米国の国内問題は、いち早く沈静化するであろう。

　「米国の実験（American Experiment）」を固守し、米国の孤立した権威主義国家への移行をくい止めなければならない。いずれにしても、今後、米国は4つの難しい挑戦に取り組む必要がある：(1)国際的な通貨改革の取り決め、(2)広い米国の財政政策の再編成、(3)「国家エネルギー開発戦略（National Energy Strategy）」の再編、(4)UN、EU、ロシア、中東と米国の間の損傷した外交関係の修復。

　今、米国は歴史における新時代の始まりを迎えた。現実は、21世紀の始まりが石油関連の軍事と経済の戦争という悲惨な時期にあって、世界経済ではエネルギーと通貨改革の国際協力に向かって、真摯に努力をしてゆく時でもある。選択肢は手中にある：米国はテロ戦争を隠れ蓑に、死に物狂いで戦い「帝国」を求めるのか、それとも建国の士の智恵に留意し、「帝国」への誘惑に抗って、平和への妥協を求めるのか？

（補足）新しい戦争（テロ戦争）が世界と米国都市に及ぼす影響について

経済のグローバル化とテロ戦争が与える影響については既に述べた。本項では、（補足）としてゴフ（Stan Goff）が整理した要点を、次の枠組みに再整理しておく。[24]

新しい戦争（テロ戦争）が世界と米国都市に及ぼす影響について

(1) 不平等な開発の結果、南北問題が生じ、世界人口の大部分が都市に集中している。かつての都市には、土地の喪失や雇用の魅力の故に流入する人口を"吸収する"能力があり、空腹を抱える労働者の失業と貧困を従順なレベルに保ち、不安を緩和し体制が維持できた。しかし、今日の"グローバル化"による急速な再編成の結果、経済成長は停滞した。多くの一般大衆は、「労働階級化（proletariatization）」ではなく、「堕ちこぼれ化（lumpenization）」し、様々な犯罪組織にさえ加担している。

(2) 世界の都市に見られる新しい現実と国内の"反グローバル化"運動に、軍事的に二つの軍事的側面が見られる。一つは、より親密化した軍隊と警察の関係であり、両者の区別がぼやけたことである。もう一つは、"準致死レベル"の武器システム（Sub-lethal weapons）」の技術進歩とグローバルな"軍の警察化"による極めて高度化した"大衆制御戦略"である。これは、ラムズフェルド（Donald Rumsfeld）（前）国防長官が進めた「全形態支配（full spectrum dominance）[注]1」という気違いじみた構想の一要素である。

(3) 2002年当時、司法長官アシュクロフト（John Ashcroft）は、1878年の立法「自警団召集権（Posse Comitatus）」の弱体化を目論んでいた。この法律は米軍が米国領内で警察行動をすることを禁じている。その弱体化は軍隊と警察が連携し、軍隊の米国内での国境警備の強化とともに始まった。このような連携のケースが1980年代初期より急激に増加した。

(4) 「パックス・アメリカーナ（Pax Americana：アメリカ合衆国支配による世界の平和）」のために準備された"軍の論理"は、海外の都市の内乱を対象とする論理も含んでいる。

(5) エネルギー・通貨・戦争間の相関分析が、危機に瀕した帝国主義時代の"軍・産・官複合体"の精神構造の調査に不可欠である。

（注）1　核戦争や戦場戦はもとより、小規模のテロ、平和維持軍や人道援助活動にも優位性を確保するという2000年時点の米軍事ドクトリンのこと。これが9.11の迅速な展開に役立った。その後、"対テロ戦争第一主義"の下に、国内的には議会制民主主義の形態をとりながら、国民が自分自身を束縛・抑圧という体制派の管理を含むものに発展した。昂ずればナチズムや、ファシズムにつながる。

(6) "民主主義"体制下において、危険な帝国主義が成熟すると、強固に武装した真のファシズムが新たに発生する恐れがある。"民主主義"では、そのリスクから逃れる方法がない。帝国主義のリスクが海外から押し戻され、国内に向かう時、米国の労働組織はすでに弱体化しており、労働者階級に対する国家の攻勢は一段と鋭くなるであろう。アルゼンチンの場合と同様に、深刻な経済格差への傾斜が必然となり、貯蓄の差し押さえ目的で銀行がドアを閉じるので、自らを"中流"と自負する人々も、急速に貧困化する。

(7) 生活水準が劣化するにつれ、押し付けの人工的愛国心のもたらす愚劣さに平均的な米国人が目覚め、反体制に向かうか、(最悪の場合)本能的に反人種差別/反ファシズムに、駆り立てられるであろう。そのいずれであるかは、我々が、彼らの期待できるものを明らかにし、その根拠が何であるかを分かり易く伝えられるか否かに掛かっている。

出典:文献(24)

＊＊＊＊＊＊＊＊＊＊＊＊＊＊＊

アメリカは、外力では決して破壊されないだろう。米国がためらい、自由を失うのは、米国が自制心を失った時である。

—エイブラハム・リンカーン
(Abraham Lincoln、第十六代米国大統領、1809-1865)

私は、米国民を信ずる。真実が分かれば、国民はあらゆる国家の危機にあっても、頼りになる。要は、真の事実を彼らに伝えることである。

—エイブラハム・リンカーン (Abraham Lincoln)

私は人心に刻まれるあらゆる形の暴政に対し、神の祭壇で、永遠の敵意を誓った。

—トーマス・ジェファソン
(Thomas Jefferson、第三代米国大統領、1743-1826)

Ⅳ. 結論

本章では、前章のテロリズム世界誕生の背景の中に浮かび上がった一つの典型的な歴史的事象であり、文明の衝突の表象とされる"イラク戦争"の根本原因が何であったかを分析した。

米国やその同盟国が現在戦っているイラクでの戦争の原因と、その影響が明白に浮かび上がった。イラク戦争は以下の2つの目的に沿い、意図的に企画されたものである。

(1) 世界経済の「原油生産ピーク（Peak Oil）」現象の発生を目前にし、米／英両国を始め、消費国への石油供給を確保すること。
(2) 大規模な軍事的存在により、他の産油国に、石油取引通貨として、"ユーロへの移行"を思いとどまらせること。

2004年11月の米国大統領戦において、僅差ながら、共和党ブッシュ候補が勝利して、米国では政権が引き継がれることとなった。勝因となった争点はイラク石油戦争の是非ではなく、むしろキリスト教右派勢力が先導した「道徳的価値（moral values）」の擁護、経済政策、自分の家族の身近に迫る国内テロの防止の観点からの"対テロ戦争支援"といったものであった。依然として米国国民には真実が浸透していないと思われる。彼らは差し迫る"ピーク・オイル"後の世界が如何に不安定化するかについての認識を欠いたままである。遺憾ながら日本や中国でも、その状況は変わらない。しかし、この問題が近々大議論を呼ぶであろうことは間違いない。

現在、自由主義経済圏では「自由貿易協定（Free Trade Agreement: FTA）」構想により、地域的な人・物・金・情報の流れが促進されるようになった。しかし、元来、米国は自国内で、そのような自由主義経済を実現した国であり、今

日では南北アメリカ大陸にそれを広げようとしているものの、その進展は容易ではない。一方の雄はEUであり、近年周辺国を巻き込み拡大し続けている。そして、アジアにおいては、日本・韓国・中国・アセアンの諸国が経済統合を目指している。このような国際経済の環境にあって、イスラム諸国が石油を武器に、出来るだけ有利な商取引を目指そうとすることは自然である。世界経済に秩序がもたらされるためには、国際政治秩序の安定が前提である。主権国家に政府が必要であるように、世界にも"世界政府"が必要な時代になった。既に、国際連合（UN）があるものの、この度の米国と国連との対決をみても、国際機関も、結局、軍事力に優る国の一国単独主義的行動には勝てず、世界の紛争処理にも限界があることが解った。しかし、ITを通じて、今世界がネットワーク化されつつあることを考えると、国際連合の機能を強化し、文字通り各国政府から独立する存在にして、それを事実上の「世界政府」にせざるを得ないであろう。その場合、主権国家を手本にすれば、国連が中央政府になり、その他の加盟国政府は、地方政府の位置付けとなる可能性がある。しかし、中にはこの世界政府に参加しない国もあろう。したがって、そのことが不利益につながらないような世界システム構想の樹立が急務と考えられる。

附録1　「エルサレム帰属問題に譲歩なし」
（バーレーン・トリビューン、2000年8月30日）

「イスラム会議機構：OIC（the Organisation of the Islamic Conference）54加盟国」の「エルサレム委員会（The Jerusalem Committee）」は、2000年8月29日、東エルサレムでのパレスチナの主権制限には、例外なく反対すると表明した。南モロッコの都市アガディール（Agadir Morocco）で大臣レベルが一堂に会した。委員会は、声明を出し「東エルサレムを首都とするパレスチナ国家を世界が承認するよう」要請した：

「中東の"平和か戦争かのカギである"エルサレム（Jerusalem）の将来につ

いて、"譲歩は一切有りえない。"」（ヤセル・アラファト（Yasser Arafat） PLO議長）

「中東の "真に公正な平和（real and fair peace）" は、イスラエルが1967年の「6日戦争（Six-Day War）」で獲得した「アラブ側東エルサレム（Arab East Jerusalem）」の返還なしには不可能である。」（モハメド（Mohammed）モロッコ国王）

アラファトは、「アルクッズ（エルサレム）委員会（Al Quds Committee）」の開会式でも、エルサレム問題に対するパレスチナの支持を国際社会に要請した。

彼は述べている：
「我々は、キャンプ・デービッド首脳会議 で和平交渉の妥結へと動きだしたが、それは、我々が我らの土地、特に、神聖都市アルクッズ（Al Quds）に関して、如何なる譲歩も受け入れること意味しない。アルクッズは、我々の精神の最も深い根底にあり、わが人民の心であり、世界の全アラブ人、イスラム教徒、キリスト教徒の心中に等しく存在している。アルクッズはパレスチナ問題の本質であるので、その判断を誤ると最も危険であり、あらゆる問題で最も敏感である。それは、中東の地域の平和か戦争かを決める鍵である。」

アラファトは、2000年7月のイスラエルとのキャンプ・デービッド和平交渉が、エルサレム問題に対し両者が鋭く対立した結果、崩壊したことを受けて、委員会開催を要請した。そこで、イスラエルが一切の譲歩なく "平和と領土の両方" を求めたため、米国大統領の別荘での会談が無に帰したと非難した。国連連合（UN）決議に従って、パレスチナの権利が尊重されない限り、エルサレム問題の解決は有りえないと述べ、イスラエルがパレスチナの土地から撤収するという公約を守らず、「エルサレムのユダヤ化（Judaise Jerusalem）」を続けたとして非難した。イスラエル政府にゴラン高原の「植民地化（colonisation）」を終

わらせ、パレスチナ難民の帰国を可能にするよう要請し、補償が必要なことを付け加えた。彼の警告は：

「エルサレムは危機に瀕しており、一刻の余裕もない。国際社会がイスラエルによる植民地化からエルサレムを解放する努力を倍加させることにより、アラブ人、イスラム教徒、キリスト教徒に共通の"共通的地位（unified status）"を確立する必要がある。我々は、アルクッズの合法的所有者への返還を主張する。それが合法的に所有者に戻らないかぎり、中東に平和と安定はないだろう。これが"譲れぬ一線（a red line）"である。」

附録2　開戦直前、ジョージ W.ブッシュ宛書簡
　　　　　　　　　　　　（マイケル・ムーア、2003年3月17日）

　米国の映画監督マイケル・ムーアはイラク戦争開戦2日前ブッシュ大統領に書簡を送った。その内容は以下の通りである。この内容がほぼ正確であったことは、歴史的にみて、実に興味深い。原文はwww.michaelmoore.comにある。

2003年3月17日（月曜日）
George W. Bush
1600 Pennsylvania Ave.
Washington, DC

　親愛なる"（元テキサス州）知事"ブッシュ殿：
　いよいよ、本日、閣下が決定的瞬間と呼ぶ日、つまり、「フランスを始め、世界中の全ての国々がテーブル上にカードをきらなければならない」日が参りました。私は、「この日が遂に来た」と聞き、嬉しく思います。正直言って、貴殿の440日にわたる虚言と法螺（ほら）に耐えてきた以上、これ以上の確信が生まれるとも思われません。従って、私は貴殿より「真実の日（Truth Day）」と伺い満足です。私は貴殿と2、3の真実を共有いたしたく、お伝えしたいと思います。

1．進んで参戦に忠誠を尽くすアメリカ人（ラジオトークに参加する変わり者　（talk radio nuttersと呼ばれる）と右翼ニュースを流すFox News社は例外として）

第 5 章　イラク戦争の原因と世界と米国への影響　　219

は事実上皆無であります。この点は私を信じてください。ホワイトハウスを一歩後にされ、アメリカの街路を歩かれるとき、心底情熱をもってイラク人を殺したいと願うアメリカ人5人と出会われる事は無かろうと思います。貴殿は、決してそのような人に出会わないでしょう！　なぜでしょうか？　その理由はイラク国民のだれ一人も、かつてここ米国に侵攻し、我々のだれも殺したことはないからです！　イラク人は、アメリカ侵略の威嚇を示したこともありません。我々平均的な米国人は誰であれ、自分達の生命にとっての脅威と感ぜられない以上、彼を殺すことを望まないとの考えを抱いています！　これまで不思議にも、これで上手くいってきました！

2．貴殿に投票しなかった大多数の米国人が貴殿の言う「大量破壊武器（WMD）」によってだまされることはありません。我々は、紛れも無く自分達の日常生活に影響を及ぼす問題が何であるか知っていますが、その中にIで始まり、Qで終わる問題はありません。今、我々を脅すものは貴殿が就任してより、失われた250万の職、退職金が注ぎ込まれながら冗談でなく残骸化した株式市場、2ドル/ガロンにも達したガソリン代・・・等々枚挙に暇がありません。イラク攻撃によっては、この一つさえ解決できないでしょう。これらの問題を解決する立場にあるのは貴殿をおいてしかありません。

3．先週、マーハー（Bill Maher：政治風刺をするコメディアン）が言ったように、フセインとの人気投票にさえ負けるとなると殊のほかむかつきを感ぜられることになりますよ。全世界が、貴殿に反対しています、ブッシュ殿、世界の仲間としての米国人を信じてください。

4．ローマ法王は言われています：この戦争は「罪（Sin）」であり、誤りであると。ローマ法王はおろかデキシー・チィクス（Dixie Chicks：女性カントリーバンド）さえ貴殿に反対しています！　貴殿が散々な目にあってはじめて、自分達がこの戦争に参戦した軍隊であったことが残念に身に沁みて解るでしょう？　もちろん、この戦争は、貴殿個人としては戦いたくはない戦争です。貴殿が無断で離隊中、貧しいものが貴殿の代わりにベトナムに送られたときと同じです。

5．議会の535人の議員のうちで、兵籍にある息子、または娘がいるのは南ダコタ州のジョンソン議員（Sen. Johnson）ただ一人です！　貴殿が本当にアメリカを支持することを望むならば、どうぞただちに貴殿の双子の娘をクウェートに送り、彼女達に化学戦防護服を着させて下さい。そして、同じく徴兵年

齢の子供を持つ全ての議員がこの戦争努力のために子供達を犠牲にするものかを見てみましょう。貴殿はどう思われますか？　信じられますか？　実を言うと、正直のところ、我々も信じられません！

6．最後に、我々はフランス人が好きです。もちろん、彼らが、いくつか特大の失敗をしました。彼らがいささか迷惑なことは事実です。しかし、貴殿は、フランス人がいなかったならばアメリカとして知られているこの国が無かったことを忘れましたか？　アメリカ独立戦争における彼らの援助なしには我々は勝てなかったことを忘れましたか？　我々の最も偉大な思索家、であり父なる創設者―ジェファソン（Thomas Jefferson）、フランクリン（Ben Franklin）等―が、当時のパリで長時間を費やし、先導的概念である独立宣言や米国憲法を推敲したことを忘れましたか？　我々の自由の女神を我々に与えたフランス、シボレー（Chevrolet）を造ったフランス人、及び、映画を発明したのがフランス人兄弟であったことを忘れましたか？　そして、今、彼らは、良い友人にしか出来ないことをしています。今、直接貴殿に関わる歴史的事実のみを包み隠さずお知らせしました。フランス人にうんざりするのをやめ、彼らの正しい忠告を今度だけは感謝して受け入れなさい。貴殿は、就任前に、一度ならず世界旅行をすべきであったのですよ。世界を見る目の無い無知が、貴殿を愚かに見せるのみならず、救いの無い窮地に追い込んだのです。

　まあ気を落とされることはありません――吉報があります。貴殿がこの戦争をやり通すならば、サダム・フセインを警護するために、自分の生命を捨てることに乗り気のイラク人が少ないので案外すぐに終わるでしょう。貴殿が戦争に「勝った」後では、いつもは第三世界のばか騒ぎに嫌悪するものの、人は例外なく勝者を愛するものなので、人気投票において貴殿は大勝利を得るでしょう。従って、何としても来年の選挙にこの勝利を乗せるために、最善を尽くしてください。もちろん、それは、まだ先のことでので、我々は経済が下水の中にまっ逆さまに沈むのを辛抱強く見続けざるをえないでしょう！

　しかし、選挙の数日前までに、貴殿がオサマ・ビンラディンを見つけだす保証などありません。しかしその努力は良い考えです。希望を失われない様に！
　そしてイラク人を殺し続けなさい―彼らは、我々の石油の保有者ですから！！

敬具

マイケル・ムーア（Michael Moore）

附録3　ドル・ユーロ・石油
（コイリン・ヌナン寄稿、2003年2月6日）

　2003年2月6日、ヌナン（Coilín Nunan）は、「間近に迫る対イラク戦争の裏の真実：真の理由」を説明した。[19]

　今日、米国が経済・軍事的に、世界を支配しているということは誰の目にも自明であり、殊なるニュースではない。しかし、今日みられるような、米国の覇権が確立され、維持されてきた正確なメカニズムは広く理解されているとは思われない。そのメカニズムを支える上に、この上なく効果的なツールは、"ドル"である。しかし、欧州で"ユーロ"が導入されて以来、最近になってドルの威力が揺るぎ始めた。

　"ドル"は事実上の世界の"基軸通貨"である。全世界の公的な外貨準備の約70％、全ての外国為替取引の80％以上をドルが占める。また、全世界輸出の50％はドル建てである。さらに、IMF借入金も全てがドル建てである。

　しかし、現状、より多量のドルが国外で循環すればするほど、また、より多くの外国人がドルを米国資産に投資すればするほど、米国以外の国々は、これらのドルを入手するために、米国人の消費欲を満たすべく、より多くの財貨・サービスを米国に供給しなければならない。一方、米国は、ドル紙幣を印刷する以外に、ほとんど何も負担する必要がない（不況でない限り）。従って、世界がこのようにドルを流通させるということは、米国が事実上「只（free）」で、膨大な財貨・サービスを輸入できることを意味する。

　一方、外国人は、米国の財貨・サービスをあまり購入しないので、米国が、毎年莫大な貿易赤字を出しても、深刻な経済的問題にはならない。例えば、公

表された数字をみると、2002年11月時点で、米国は48％の輸入超であった。米国以外で、このレベルの貿易赤字を出すことが許される国はない。融資関連メディアの説明によると、米国は"最後の砦"の消費者として機能すればよいのであって、事実上、米国が全世界から大規模な"無利子ローン"を得ていると言うと分かり易い。

このような、現在の米国の地位は一見、侵し難く強固に見える。しかし同時に、"多くのものを持てば失うものも多い"ことを忘れてはならない。今日になってやっと、米国が敗北を喫し始めた兆候がみられる。

"ユーロ"創出時に定められた経済的目標の中、最大の目的は、ユーロを準備通貨として変えることにより、ドルに挑戦し、EUもまた米国と並んで"濡れ手に粟"ともいえる利益を得ることであった。

しかし、これにより、米国の被る被害は大きい。毎年、事実上"無料"であった財貨・サービス提供という"補助金"の大部分を失うばかりではなく、外貨準備高をドルからユーロに移行させる国が続出すると、ドルの価値が下がることになる。米国への輸入品は高価になり、米国人の負担は増加する。かりに、外国のドル保持者が、より多くのドルを消費し始めると、米国は外国への債務返済に代わり、財貨・サービスの供給を始めなければならない。その結果、米国民の生活水準は低下する。

外国政府と企業が、ドル資産をユーロ資産に転換すると、米国の資産・株式のバブルは間違いなく崩壊するであろう。「米国連邦準備制度理事会（FRB）」は、バブル再膨張にあたり、現在までは公然と行えた"ドル増刷"はもはや許されないであろう。その理由は、バブル崩壊を払拭してくれるべき外国による下支えの外貨準備高が不足する状況で、そのようなことをすれば深刻なインフレーションが生ずるので、外国の政府や企業は、ドル保有にますます消極的に

なるからである。これは金融危機発生の前兆である。

　このような金融危機発生を押し止めるべき歯止めとして、"石油"がある。石油は単に国際的に取引される貴重な商品であるのみならず、現代の産業経済の"血液"そのものでもある。石油消費国は石油を購入するほかはない。国際市場で石油購入を望む国は、ドルを準備していなければならない。つい最近まで、OPEC加盟国では、例外なく、基本的に石油取引をドルに限定するとの合意があった。それが覆されない限り、基軸通貨としてのユーロに出る幕は無かった。石油購入のたびに、ユーロをドルに変えるのであれば、ユーロを備蓄する意味がない。この体制は、米国が全世界の石油市場を実質的に支配していることも意味している。つまり、"ドルを持っている国のみが石油を買える（ドルを印刷する権利がある国は、わずか1カ国、米国のみである）"。

　かりに、OPECがその石油代金としてユーロのみを受け取ることを決意すれば、米国の経済支配は終焉を迎える。欧州では、これ以上のドルを必要としなくなる。一方、自国で消費する石油の少なくとも80％を中東から輸入している日本では、そのドル資産の大部分をユーロ資産に転換する方が賢明と考えるであろう（大量のドル投資を維持する日本は、米国の主要融資国である）。

　一方、世界の最大の石油輸入国である米国は、ユーロを獲得するために、貿易黒字に向かわざるを得ない。米国資産と株価が下落し、石油と天然ガスの国内供給が縮小しつつある環境で、貿易赤字から貿易黒字への転換は、米国にとって痛みを伴う転換となる。

　少なくとも、ここしばらく、OPECのユーロに移行に関する議論では、純経済的理由が支配的であろう。ユーロ圏は、これまで大きな貿易赤字を出していないし、米国の場合のようなおびただしい対外債務もない。ユーロ圏の世界貿易のシェアは米国より大きく、中東が主要貿易相手国でもある。事実、石油を

除くと、ドルで買える商品やサービスは、全てユーロで購入できる。

　OPECが、ドル資産をユーロに転換し、さらに、石油の支払いにユーロ建てを要求するならば、石油輸入国が資産の一部を同様にユーロに転換せざるをえず、ユーロの価値が上がるので、OPECの資産価値が、即座に増す可能性もある。つまり、OPECによるユーロの下支えは、OPECの大儲けにつながる。

　しかし、以上の流れが必ずしも純経済的に決まるわけではない。

　これまでのところ、OPECの中で、わずか1カ国が大胆にもユーロに移行した。2000年11月時点のイラクである。これはフセインが熟慮の上、米国に対する逆襲に出た行動であった。しかし、経済的にもそれが成功したことは疑いない：イラクがユーロへ転換した時、ユーロは約0.83ドルであった。しかし、2003年2月6日1.05ドルであった。（注：そして2004年9月16日1.21ドルとなった。）その結果は、周知のごとく、フセインの決定が"開戦"につながった。

　OPEC加盟国イランは、1999年以来、ユーロへの移行の可能性について公然と検討してきた。その結果、ブッシュ大統領により、"悪の枢軸"の一国とされたのである。

　米国政府に従わない第三のOPEC加盟国は、ベネズエラである。ベネズエラもドルに対し、誠意を示してこなかった。キューバにならい、チャベス（Hugo Chavez）大統領下で、ラテンアメリカ12カ国と石油のバーター取引制を確立した。米国がドルに対する既得権を逃すことを意味する以上、米国には、これに対し、何としてもチャベスを追い払いたいとの意思が明白であった。2000年9月のOPECサミットで、その年、1月にチャベスが開催した国際会議「エネルギーの将来に関する国際セミナー（International Seminar on the Future of

Energy)」の報告書（化石燃料と再生可能エネルギーの将来の供給量についての調査報告）をOPEC国家の元首に進呈した。報告書は、その主要勧告において、OPECがハイテク電子機器と石油のバーター取引により、石油消費発展途上国とOPEC産油国の間の"二国間交換経済"を進めるべきで、OPECが石油取引において、ドルやユーロ通貨による取引を回避すべきだとした。

そして、2002年4月、OPECの高官が明らかにした：OPECにはこれまでのところ、ユーロ建てでの石油販売の計画はないが、これは考慮に値するオプションであり、多くのOPEC諸国、特に中東のOPEC国にとって、経済的利益になる。

ほとんどの産油国で原油生産が急速に低下しつつある今日、現在残っている大規模原油生産国、特に、中東諸国の重要性が増大しており、その勢いが今後とも鈍ることはない。

特に、イラクは、目前に迫る世界の石油不足の緩和に寄与できる数少ない国のひとつである。イラク戦争開戦時、欧州のみならず、米国とイラクの対立が平和的に解決され、イラクの制裁が徐々に解禁されることを望んでいた国は少なくなかった。それが、疑いも無く、利益になるからであった。しかし、イラクの石油がユーロ建てになると、ユーロが現在より広く流通し、ドルの規制が緩み、米国経済に、より甚大な負の影響を与える可能性があった。これらは、米国経済とドルにとっては耐えられないことである。ワシントンのもつ懸念は、将来の原油価格のみならず、通貨システムが過去の軌道より外れることにあった。

以上が、米国が世界を支配するにあたり、第二のツールである"軍事力"に、より強く依存するようになった理由である。

附録4 「米国の実験」を維持する
　　　　　　　　（ビル・クラーク寄稿、2003年3月10日）

　227年間に及び生気に満ちた米国民が持ち続けてきた、「常に新しいことを試みる精神と実践力を発揮するという伝統（米国の実験）」を救うべきだとして、イラク戦争開戦前、2003年3月10日、アナリスト、クラークは次の寄稿をした。[25]

　米国が直面している経済的課題と、今、イラクで始まろうとしている石油通貨戦争の嘆かわしさを考慮すると、できるだけ速やかな国際通貨制度の改善が要請される。即ち、(1)ドルとユーロを平等の地位をもつ準備通貨として、二重のOPEC石油取引通貨本位とするか、一定の交換幅の中に置く。(2)G7国家は、アジアにおける円／元経済圏という第三の通貨オプションも探究する。

　このような改善により、米国の大規模な赤字への資金提供、過度の石油消費、グローバルな軍事展開が軽減される。しかも、米国に対する国際的な敵意のレベルが引き下がり、米国民の生活水準と、子供達の教育レベルを向上でき、財政的に、米国政府はより責任ある政策を追求できる。

　世界の輸送システムの95％が石油に依存していることを考えると、米国では、直ぐにでも、新エネルギー・代替エネルギー開発の開始が不可欠である。米国政府が米国自身のエネルギー消費水準の改善を表明するならば、代替エネルギー源を開発・実行することにより、国家として、安全を高めつつ、この上なく愛国的な目標を追求でき、世界の指導国になれる可能性が高い。真の米国の指導力は、9/11を契機に発揮されるべきであったにもかかわらず、それを逃してしまった。あの時、米国はエネルギー政策に関して、例えば、2010年末までに「月面着陸」といった国家的義務へ人を鼓舞する檄文を受け取ったとみなす

べきであった。しかし、送ったメッセージは次のようであった：「団結せよ。買物や空路の旅行を恐れるな。」米国の国家を強化するために、真に愛国主義を示す市民の結集に失敗したことは、冷戦後における最大の機会損失であった。

　米国は、テロリズムに関する無限の戦争ではなく、真に実効性のある「国家エネルギー開発戦略（National Energy Policy）」を必要としている。今日、イラクではゲリラ戦の様相を示しているが、これは腐敗した中東を支援することにより覇権を目指す米国にその原因がある。[26]

　伝統的な欧州との大西洋横断的関係を維持しつつ、出来るだけ公平な世界的通貨制度を樹立することが、長期にわたる米国の国家安全保障に資する。通貨システムとエネルギーシステムの改善が、石油がらみの将来の軍事的・経済的戦争を緩和し、より安全で、繁栄する21世紀を究極的に促進するであろう。

　残念ながら、ブッシュ大統領は、第二の世界基軸通貨として、ユーロを受容するために、米国経済が始めなければならない困難を伴う構造改革の着手に消極的である。さらに、エネルギー改善の緊急の必要性を国民に伝達すべきであるにかかわらず、それをせず、米国の持つ優秀な軍事力を行使して、石油取引に国際的ドル独占を実施するつもりでいる。米国の帝国主義的軍事地政戦略が、米国の孤立を生み、究極的に米国の経済的失敗に帰着する可能性を予告しているとの認識があれば、2010年を待たず、新しい"米国の挑戦"への準備は間に合う。なぜ、世界が一体となって米国に逆らうのか？　なぜ、力ずくまでしてイラクの石油を確保し、米国の石油通貨ドルに固執し、ペルシア湾領に半永久的に軍事展開をしようとするのか？　攻撃的な米国の帝国主義が米国自身の夢を挫く恐れが強いにもかかわらず。

　「自由に対するあらゆる敵の中で、戦争は、最も恐るべきものである。なぜなら、それが他の全ての"細菌"を含み育てるからだ。とどめなき戦争の最中

にあって自由を守れる国はない。」

―ジェームス・マディソン

(James Madison、第四代米国大統領、1751-1836)

文献

(1) Richard C. Duncan, Crude Oil Production and Prices: A Look Ahead at OPEC Decision Making Process, Page 13 of 15 of the paper, presented at the West Coast PTTC (Petroleum Technology Transfer Council) Workshop, Barksfield, California, 22 September 2000.
(2) Thomas H. Kean, Chair, and Lee H. Hamilton, Vice Chair: The 9/11 REPORT, The National Commission on Terrorist Attacks Upon the United States, 2004. St. Martin's Press
(3) Revisited ―The Real Reasons for the Upcoming War With Iraq: A Macroeconomic and Geostrategic Analysis of the Unspoken Truth by William Clark, http://www.ratical.com/ratville/CAH/RRiraqWar.html, January 2003, Revised March 2003, Added January 1., 2004.)
(4) Recknagel, Charles, "Iraq: Baghdad Moves to Euro," *Radio Free Europe*, November 1, 2000.
(5) Islam, Faisal, "Iraq nets handsome profit by dumping dollar for euro," *The Observer*, February 16, 2003.
(6) "Economics Drive Iran Euro Oil Plan, Politics Also Key," *IranExpert*, August 23, 2002.
(7) "Forex Fund Shifting to Euro," *Iran Financial News*, August 25, 2002.
(8) Gutman, Roy & Barry, John, "Beyond Baghdad: Expanding Target List: Washington looks at overhauling the Islamic and Arab world," *Newsweek*, August 11, 2002.
(9) Costello, Tom, "Japan's Economy at Risk of Collapse," *MSNBC News*, December 11, 2002.
(10) Gluck, Caroline, "North Korea embraces the euro," BBC News, December 1, 2002.
(11) "Euro continues to extend its global influence," *europartnership.com*, January 7, 2002.、Garmaut, John," US Dollar Losing Its Position As Asia's Reserve Currency," July,17, 2002, および、"Canada sells gold, keeps shift into euro reserves," *Forbes*, January 6, 2003.
(12) Henderson Hazel, "Beyond Bush's Unilateralism: Another Bi-Polar World or A New Era of Win-Win?" InterPress Service, June 2002.
(13) Birms, Larry & Volberding, Alex, "U.S. is the Primary Loser in Failed Venezuelan Coup," *Newsday*, April 21, 2002.
(14) "USA intelligence agencies revealed in plot to oust Venezuela's President," *vheadline*. com, December 12, 2002.
(15) Spiro, David E., *The Hidden Hand of American Hegemony: Petrodollar Recycling and International Markets*, Cornell University Press, 1999.
(16) Liu, Henry C K, "US dollar hegemony has got to go," *Asia Times*, April 11, 2002.
(17) Scott, Dr. Peter Dale, "Bush Deep Reason's for the War on Iraq: Oil, Petrodollars, and the OPEC Euro Question," February 15, 2003.
(18) Project for a New American Century (PNA); Rebuilding America's Defenses: Strategy, Forces and Resources For a New Century, September 2000.
(19) Coílín Nunan, Dollars, Euros and Oil, http://ming.tv/flemming2.php/_show_article/_a000010-000538, 2003.

(20) "European Central Bank believes pricing oil in euros is sensible," *Moscow Times/Alexander Gas & Oil News*, October 14, 2003.
(21) Duncan, Richard, *The Dollar Crisis: Causes, Consequences, Cures*, John Wiley & Sons, 2003.
(22) Speech by Zbigniew Brzezinski at New American Strategies for Security and Peace, October 28, 2003.
(23) "Interpol's involvement in the fight against international terrorism," www.interpol.int
(24) Stan Goff, The Infinite War and its Roots, The Wilderness Publications, www.globalresearch.ca/articles/GOF208A.html
(25) 文献(3) Saving the American Experiment (March 10, 2003)
(26) Johnson, Chalmers, Blowback; *The Cost and Consequences of American Empire*, Owl Books (2003)

第6章

富の偏在と福祉国家の持続可能性

I. 序論

　先進諸国では、今、我々の生活環境の一つである「福祉」が危機に曝されている。すなわち、「福祉国家の危機」という「環境問題」である。この危機の根本的な要因として、経済の基盤である資源やエネルギーが枯渇状況を迎え、高騰するため、経済がゆっくりとインフレーションに向かいつつあることがあげられる。

　21世紀に入り、国際的な環境問題の昂揚を受けて、社会・経済開発の目標として、「持続可能な開発（又は発展）(Sustainable Development)」の必要性が指摘されている。「持続可能性（Sustainability）」とは、「未来の世代のニーズを満たす能力を損なう事なく、現世代が自らのニーズを満たすことである」。[1] 具体的には、「個人であれ、生態系の生物であれ、生きとし生ける者が現時点において、また子々孫々が将来において、"福祉（Welfare）"を享受しつつ、受容し得る運命の展開を保証すること」である。そして、「あらゆる人間活動を、経済・社会・環境の境界のバランスをとりつつ発展させることにより、地球規模であれ、地域周辺であれ、短期的には貧困を撲滅し、長期的には種としての人間の絶滅を回避することである」。[2] 我々の生活基盤を支えるあらゆる福祉環境を維持するには、持続可能な開発を目標に機能すべき政治・経済社会システムの構築が不可欠である。

最近、わが国において"格差"の発生が問題になっている。「貧富の格差」のみならず、「男女間格差」「世代間格差」「地域間格差」など多くの"格差"がある。そして、残念なことに、それらがますます深刻化し、拡大する傾向にある。基本的に、"格差"の有る状況で、「持続可能な開発（発展）(Sustainable Development)」が維持されることは難しい。したがって、これら格差発生の原因が何であるかを特定しつつ、福祉環境につき、現状の推移と将来動向を分析することは、時宜を得ていると言える。

　「貧富の格差」は、市場主義経済に特有であって、資金や情報の有無により生ずる。金融資産格差の状況を見れば一目瞭然である。つまり、市場主義経済とは、お金持ちが益々お金持ちになる構造である。世代間格差問題は、高齢者年金の負担と給付のアンバランスが典型的な問題である。今は、少ない労働人口で多くの高齢者を支えなくてはいけない時代を、どのように設計するかが問われる時代である。地域間格差では、地方自治体の財政状況の悪化により、独自の公共政策を余裕をもって進められない自治体が増えている。最近の北海道夕張市の財政破綻状況は、すでに有名であるが、これは、ただ単に、一都市の問題というわけではなく、全国に拡がっている。

　"格差"を国際的視点でみると、いわゆる「南北問題」である。「南北問題」が言われて久しい。現代の南北問題は、第二次世界大戦後、西欧先進国と資源供給国の二極化の下に固定化した国際関係である。その背景には、第二次世界大戦後の科学技術の発展が密接に関係しており、それは又、とりも直さず石油文明の遺産であると言うにふさわしい。一方、時代は、情報化社会の進展とともに、世界経済が国際化（グローバリゼーション）し、資本調達を最低のコストで最速に行える自由な市場（マーケット）を目指して、国境や業界を超えて世界的に熾烈な企業間競争（メガコンペティション）が進んだ。そこでは、金融を含めた経済の波が開発途上国の表層部を襲い、途上国の経済・政治・社会に甚大な影響を与えつつある。地域の固有文化の破壊を通じ、過酷なまでに貨

幣経済を左右する即時的な国際貿易の進展は、途上国の人々の日常生活を苦しめている。とはいえ、世界的な経済開発のお陰で、かつての南北問題は、総じて軽減化された。しかし、それは、新しく先進国内と途上国内における新しい経済格差と交代した。すなわち、かつての南北問題に加えて、南北各々の中での新しい地域内格差が生まれつつある。

　先進国においては、格差社会発生と共に、現代の福祉社会が危機に瀕しつつある。具体的には、少子・高齢化問題や青少年の教育問題、失業者、非就労者問題といった、公共政策に密接に関係のある雇用問題の発生である。近年、質量ともに厳しさを加えるこれらのひずみの発生は、安価な原油の枯渇をはじめ、資源が減退に向かう中で、発生する現代資本主義社会の典型的な事象であると理解される。石炭文明の時代に成立した福祉国家の基礎は変質を余儀なくされ、今、"ピーク・オイル"の発生を経て、ポスト石油文明に向うとともに、多くの矛盾が噴出しつつある。まず、これらの背景から説明する。

　人間は外界と遮断して、独りで生きていくことは難しい。一つの家族のみで生きていくことも難しい。少なくとも消費生活を支える原資が必要である。育児、教育も自分だけで処理することは難しい。社会システムの一環としての学校システムが必要である。人間は誰しも病気になる。身体の調子がすぐれないとき、病院で診断を受け、治療を受け、一日も早く回復したいと思うのは自然である。家族の一員の病気についても同じである。事故や災害が突然襲うこともある。これら人生に起きがちなあらゆる困難に対処するために、個人や家族レベルの「自助」がある。それには限度があり、より広く社会の人々が助けあうことが「相互扶助」である。相互扶助には家族規模、親戚、近隣、地域などの血縁・地縁のみならず、学校、職場などでの助け合いがある。学校間、企業間の相互扶助もある。しかし、家族や親戚に余裕がなくなり、近隣社会の協力にも限界がある場合には、国家による社会保障である「公的扶助」をベースとする国家福祉が必要となる。

「福祉国家（Welfare State）」とは、国民の生存と幸福を保証するための公共福祉の基本事項として、1.年金と高齢者介護、2.疫病・事故補償と健康保険、3.出産・育児と教育、4.雇用確保と失業保険、に重大な責任をとる国家に他ならない。これらに加えて、青少年・高齢者教育システム、高齢者や障害者向けサービス等、生活関連システムがある。福祉国家における公共福祉の充実が、20世紀社会進歩の最重要成果の一つであることは事実である。しかし、石油文明の終焉を迎えつつある先進国において、歴史的に、典型的福祉であるとの評価が高かった欧州型公共福祉の成果が、今後何十年にわたり、持続することが保証されているわけではない。[3]

　今日、多くの中央集権国家は、基本的に「福祉国家」である。福祉国家は、ハンディキャップを負った一人の人間が生きていくのに困らないように、また、困った時にも直ぐ対処するように機能することが前提のはずである。しかし、その実、「子供の教育や老人の介護、医療を請け負うことにより、国家が社会システムとして、生産者人口を確保し、安心して働かせるシステムの一部に過ぎない」との説もある。かつて、サッチャー政権時代以前の英国に見られたように、福祉国家は成熟するとともに、今にも落ちる熟れ柿のようになる。すなわち、義務教育や医療など社会保障が充実すると、能力があるにもかかわらず徹底的に怠ける者が現れる。そして、あらゆる理由のもとに、積極的には労働せず、失業保険をもらって生活を維持する。そして、それが切れると暫く働き、その後、また失業保険金により、生活するといった者が出てくる。このように、当初は、本当に困っている人を皆で助けあうシステムであった公共福祉の目的を悪用する者、ないし、濫用する者が出てきてしまうのである。そのような個人のみならず、かつてわが国の医療機関でも、例えば医療保険を使って、治療の容易でない成人病の定期的診断と処方治療を長期に行うことにより、莫大な医療費を国庫に保険請求する医療施設が多く生まれた。そこでは、患者は医療施設存続の媒体として"生ける屍"と化しているともみなされる。しかし、これらは社会システムに対する妨害行為であるにも拘わらず、違法とは限らない。

事実、専門知識を欠きながら、選挙結果を最優先せざるをえない政治家もそれに寛容でさえあった。しかし、新しく療養型の施設が作られ、今では、事態は修正された。

　近年、いずれの先進国でも、財源難と行政処理機能が低下しており、国家レベルの保険制度と社会保障制度は、ますます困難に直面し、多くの国で破綻に瀕している。国家債務の高騰はもとより、最近わが国でみられる各省庁の不祥事に起因する行政への信頼性低下、さらには行政機能自体が以前に比べ弱体化していることがあげられる。わが国では、2002年10月には厚生労働省の行政不備により高齢者雇用助成金がチェック不備のまま、間違って支給されたし、2007年現在政治問題化している社会保険庁の5000万件に及ぶ給付対象者不明問題も然りである。そのような事態をみても分かるように、過去において、弱い規制力しか働かない政府・役所の引き起こしてきた問題が少なくない。中央・地方を問わず、福祉システムが破綻に瀕し、構造改革が必要な政府や地方公共団体は、急速な社会変化を適切に処理できない状況にある。このように、昨今、西欧型の伝統的な国家福祉の実効性に、様々な側面より疑問が投げかけられている。とはいえ、一方、個人にも、人生に現れる生活維持の困難さを自分独りで適切に処理する力はない。

　しかし、新しい社会の発展にも期待がもてる。すなわち、政治の直接対象となる社会保障や保険制度に責任を負っている政府機関に並んで、社会福祉システムを補強する「非営利組織（Non Profit Organization＝NPO）」の活動である。社会の様々な分野で、ITを駆使する新しいNPOが組織化されることより、細やかな学習訓練の機会が提供され雇用の充足が強化される。NPOは、今日、既存の公共福祉と並んで不可欠なものとして捉えられるようになっている。

　本章では、石油文明の終焉を迎え、放置すれば必然的に瀕死に至る宿命にある福祉国家の理論的背景を見直し、その再興の可能性を見出す枠組みを提案す

る。まず、福祉国家成立の経緯を展望し、歴史を分析する。次に、その危機的状況に関していくつかの評価を行い、結論として、高度情報化社会にあって、ITを活用する市民ネットワークが独自の組織によって国家の福祉を補うことにより再興が期待されることを述べる。

Ⅱ．福祉国家の概要

2．1　福祉国家の成立と発展

　欧米では、福祉国家の萌芽は古く、キリスト教精神を通して行われた貧困救済や弱者救済などの活動と、その延長線上にある社会的伝統としての民間公益活動に長い歴史がある。福祉国家成立の歴史として、典型的福祉国家であるスウェーデンと英国の例がよく知られているが、ここでは英国の例を紹介する。

　英国では、17世紀にはいり、国家福祉の萌芽である制度的な福祉政策が始まった。まさに1601年、エリザベス1世（1533-1604）の治世に、「1601年エリザベス救貧法（the 1601 Elizabethan Poor Law）」が生まれた。実は、この「救貧法（the Poor Law）」の目的が、貧民のうち、社会の安寧を損ねる恐れのある者を取り締まることであったので、呼称としては「貧民取締法」がより適切である。また、公共福祉の基礎として、エリザベス救貧法と並んで1601年に成立していながら、あまり注目されなかった法制度として、「慈善信託法（the Statute of Charitable Uses）」がある。慈善信託法は、その前文において、労働不能力者の救済の他に、学生への支援、橋や道路、港湾などの建設や補修、孤児の教育や労働者支援、施設の建設や維持の支援、貧民女子の婚姻の促進、若年の商職人の援助、囚人・捕虜の救済や釈放、生活困窮者の租税支払いの援助など、幅広い対象が慈善救済として、促進・保護されていた。[4]

　驚くべきことは、21世紀初頭の今日、先進国の多くで、政府機能の衰退とともに、高齢者介護など、新たに必要となる項目を含め、これらの機能のよりき

め細やかな部分をNPO活動が補強していることである。今日、市民によるまちづくりや拉致被害者支援などにおいて、新しい役割を演じつつあるわが国NPO活動の原点が17世紀の英国にあることは、上記の趣旨を今の言葉で読み替えれば明白である。そして、このことは、人間と社会が世紀や国を越えて基本的に不変である構造を持っていることを示唆するものであり、真に興味深い。

18世紀末までは、当時のNPOに支えられてきた社会福祉が19世紀に変貌する。18世紀後半に始まった産業革命により、エネルギーと技術開発が人間を肉体労働の頸木(くびき)より開放すると同時に、生産が飛躍的に増大した。とはいえ、19世紀前半の欧州はまだ農業社会であった。その家族構造が、大家族、血族関係の基盤であるのみならず、農耕と牧畜業務の処理者としての農民の組織化に役立った。人々のニーズの大部分は、システム要員として、大家族のメンバー自らが充足した。当時、市場はまだ成熟していなかった。しかし、19世紀半ば頃、産業革命が成熟するとともに、工業化が顕著に進み、機械化（トラクター、草刈機、脱穀機）と化学肥料の施肥により、生産性が大幅に増大するとともに、農民の多くは都市近郊の工場労働者になった。

ヴィクトリア朝時代の繁栄を謳歌する1850～1870年頃の英国は"世界の工場"とよばれ、経済は拡大し、人々の生活水準は向上した。工場システムは分業体制が基本であった。そこでは、社会システムのあらゆる部分が細分化され、分業体制が確立していった。19世紀後半、工場労働者はいうまでもなく、あらゆる立場が機械の一部に転換されていくと同時に、多くの労働者にとって共通する福祉サービスのうち、住宅・教育・医療・年金・環境が政府の役割に委ねられることになった。[3] すなわち、"国家全体の工場化"とともに、それを支えるために発生した国家による公共福祉の誕生である。このような公共福祉制度をベースとする国家が、今日の"福祉国家"である。

さらに、20世紀に入ると、小都市はもとより、人口100万の都市でも、両親と

子供数名の"核家族"が標準家族になった。その結果起こったことは何か？　新しい小さな家族では、大家族時代の伝統的な家族の相互扶助が消滅した。かつての対話型扶助が無くなり、第二次世界大戦後半世紀以上にわたり、わが国で見られる無口な運転手の乗ったタクシーにも似た、新しい社会基盤と社会慣行に移行した。この無口な「国家福祉」が新しいニーズに対する答であった。労働組合の先導する労働運動が執拗に福祉政策を要求し続け、勝利した。職場訓練を行うための専門学校ができ、家庭薬が医療処方薬に変わり、祖父や祖母は農園内の別棟から老人ホームに移った。そして、失業者には失業給付金が支払われることになった。事実、今日、多くの欧米諸国において、家族の規模は、収縮し、文字通り核家族化した。単身赴任世帯が支配的家族規模になり、さまざまの社会基盤の維持に個人（税金）への依存度が増大していったのである。[3]

　一方、それまで教会などが行ってきた福祉的機能のうち、国が行う部分が増大し、福祉国家成立を目指すようになった。第二次世界大戦後、福祉国家行政は、貧困や失業を個人の責任範囲ではなく、社会的な原因であるとして、シビルミニマム（最低限保証）を国民の権利として認めることを前提とした。そして、福祉国家はいずれも、文字通り福祉を全面的に国が面倒を見る国家建設を目指した。[5]

　このような背景にあって、現代の我々が、国家に依存する公共福祉から決別することは容易ではない。これらの歴史的事実が示すように、長きにおよび、個人のニーズは家族や隣人によってではなく、政府が責任をもつ大規模な社会政策によって充足されてきた。公共福祉が確立する限り、相互扶助における個人の直接責任が不要になった。職業軍人による"軍隊組織"と横並びの、類似の組織により、公共福祉が失業・教育・病気・高齢者擁護など福祉問題処理の専門仲介者の役割を果してきた。しかし、社会は明確に二分化した。一方では、他の個人や家族の"辛苦除去サービス（就職斡旋、医療、介護、ホスピス、受

刑者の社会復帰、宗教活動、葬儀など）"を行う"戦士"としての専門家であり、他方では、大多数を占める一般市民としての非専門家である。[3]

　20世紀後半には、新しく調整を要する項目も発生した。それにもかかわらず、無条件、当然のことのように、人々は「生活水準の改善」を基本的"進歩"であると見なした。事実、今日、平均所得の増加によって個人は（極端なケースは別にして）ごく身近な問題に関する限り、より容易に対処できるようになった。一方、ケースバイケースの個人的事情に対する細やかな配慮は、ごく一部へのえこ贔屓はできないという歪んだ"公共"の名の下に、切り捨てられてきた。それにもかかわらず、その中間部分を補うべき家族的基本機能（親身になって問題処理をするシステム）は欠落したままであった。

　21世紀に入っても、分業化の流れは不変であるばかりか、IT情報化の時代に入り、状況は極端化している。文字通り、すべての価値が"情報化（ビット0/1）"に向けて突き進んでいる。情報技術活用による労働時間短縮により、人々が工場やオフィス外で生活を楽しめる余暇が生まれるかに思えた。しかし、最近わが国において見られるように、バブル経済崩壊後、贅肉を殺ぎ落とし、筋肉質化を目指した経済活動や経営体質のリストラ化が続く中、著しく進歩したIT技術による単純労働の置換の結果生まれた失業者数は、止まることなく上昇し、過労死・自殺人口の増大につながった。この現象は、資本主義経済においては、社会的コストの一部として処理される。一体どうして、このような経済がIT革命であり、ニューエコノミーなのか？　そして、人間性溢れる経済学はどこにいったのか？　社会・経済発展に奉仕すべきITはどこに行くのか？　現在、このように素朴な疑問が我々を取り巻いている。

　一方、さらなる余命延長の結果、社会は単なる高齢化社会を超えて、新しく高齢者のつくる「第二社会」とも呼ぶべき社会の建設を必要とするようになった。その結果、将来、わが国でも、引退後、健康な状態で過ごす数十年のライ

フサイクル計画策定のために、高齢者を対象とする新しい義務教育システムの準備も必要になってくるのではないだろうか。

2．2　福祉国家成立の理論的側面

　20世紀末に共産主義が敗北するとともに、福祉先進国家において重篤な慢性病が驚くほど急速に蔓延した。それらは、「ヨーロッパ硬化症（Eurosclerosis）」、「英国病（The British Disease）」、近年では、「民主主義硬化症（Demosclerosis）」と呼ばれている。20世紀後半以降の特徴として、これらの疾病が原因で工業先進国の経済・社会・政治的な構造が著しく衰退したことが明白になった。[6]

　いち早く国家ベースの福祉国家になった英国は「英国病」に罹り、サッチャー政権（1979-1990年）の時代まで続いた。そして、今日、わが国の社会・政治・経済をみると、病名こそ異なれ、基本的に同じ病、「日本病」に罹っている。このような事態の必然性は、既に第二次世界大戦の末期より識者により指摘されてきた。すなわち、第2次世界大戦後長期にわたり、内部の陰謀、あるいは外部からの侵略であるか否かにかかわらず、大部分の人が恐れたものは、西側民主主義工業国の安全保障に対する最大の脅威、共産主義であった。

　ミーゼス（Ludwig von Mises、1881～1974）、ハイエク（Friedrich August von Hayek、1899～1985）らと並び称される西ドイツの自由主義経済学者で指導的論客の一人レプケ（Wilhelm Röpke：1899～1967）は、1957年、大方とは意見を異にし、西側にとっての最大の脅威は共産主義ではなく、自分自身の持病である「悪性慢性病：最も恐れるべき内的退廃」ならびに、いち早く「テロ攻撃」から起こりうることを指摘した[6]：

　共産主義は、自由な西側世界の諸国に対する当面の脅威ではないし、我々の間から全体主義の幽霊がその醜い頭を擡げることもない、むしろ、慢性的な内的退廃である「福祉の止めなき膨張」と「忍び寄るインフレ」、ならびに、「外部からのテロ攻撃（unscrupulous attack）」が脅威となろう（9.11の予言になった）。

しかし、レプケの時代はまだ、石油文明の時代でなかったので、エネルギーを始め、資源涸渇に伴うインフレの可能性を示唆することは無かった。本書のテーマである「石油文明の衰退」は、より広い立場で理解すると、エネルギー価格の高騰の中にある「忍び寄るインフレ」の一部であるに違いない。

1960年発刊されたWilhelm Röpke著、「A Humane Economy: The Social Framework of the Free Market（人道的な経済：自由主義市場の社会的枠組み）」の表紙に、次の献辞が贈られた[6]：

経済がかって経験したことのない行き詰まりに達し、歴史上未曾有と思われたまさにその時、奇しくも、かつての伝統を復活させ、意欲ある人々に新たな行動を促す一冊の本が上梓された。西ドイツ政府の経済政策建築家と呼ばれ、その現実的理論は、西ドイツ共和国に活力を与えるものとして国際的名声を馳せたエコノミスト、レプケ教授がその本の著者である。彼のテーマのタイトルそのものが、20世紀の人々に新しい希望を与えるに余りある。過去50年間、我々は、一方では明らかに全体主義システムの仮借なき暴政か、他方では自由の名のもとに、冷淡なまでに非人間的な、古い「自由放任（laissez faire）」のいずれかより選択せざるを得ない"ジレンマ（板ばさみ）"に囚われてきた。しかし、その著書「人間的な経済（A Humane Economy）」において、レプケ教授は、これらライバル関係にある2つの主義の間の穏やかな妥協ではなく、それらを止揚する新しい統合主義として、奴隷的強制労働の時代への後退を防ぐはもとより、傲慢なまでに利己的な唯物主義から"人間を解放する経済学"を樹立した。

これは21世紀初頭における、昨今の文章ではない。一体、今、石油文明の終焉の時期にあって、彼の経済学は何処へ行くのか？

第二次大戦後西欧では、勃興しつつあった共産主義体制に対抗して、注目すべき変革が多くの国で進められた。中でも、それらの多くが、こぞって自らに

とり最も有利とみられる一つのアイデア（理念）を熱狂的に歓迎した。それは1942年英国国王の命により、ビバリッジ卿により議会に提出された「社会保障と関連サービス」という表題の報告書、「ビバリッジ計画（Beveridge Plan）」である。[7]

　当時はまだ戦時中であったが、戦争は連合軍の勝利に終わりを遂げるとみられた。そして、専門家、非専門家を問わず、戦後の未来が"福祉国家"にあると考えた。実際、ことに、専ら社会主義により実質支配された北欧諸国で、確かな生活保証と、収入が平均化した国家の創造に向けて、幅広く熱心に努力がなされた。戦後、今にも失業の大波の恐れが襲うという誤った予測がなされ、その進展に、より一層弾みがついた。[6]

　"ビバリッジ計画"とは、かの有名な"揺りかごから墓場まで"と言う標語に象徴される、第二次大戦後の福祉国家の理念を代表する英国の福祉国家計画である。それとともに、歴史的伝統のあった英国の"NPO"活動は衰退した。しかし、1980年代に入り、増え続ける財政負担に耐え切れなくなり、その病理症状が深刻な"英国病"として顕在化した。サッチャー政権は市場主義マネタリズム政策を採用し、小さな政府を目指して、国有産業を民営化させ、福祉を含む公共予算削減を求めた。21世紀初頭にある現在、日本のみならず、先進諸国はこれまでの社会保障の理論的前提にまで立ちかえって、この問題の再検討に迫られている。ビバリッジ報告書が発表された直後、極めて根源的かつ体系的な批判をこれに加えたのは、レプケであった。彼の自由主義思想と理論は、戦後の西ドイツの経済政策に大きな影響力を与えた。

　レプケが既に第二次世界大戦中より執筆し、発表した著書「ヒューマニズムの経済学（原題：人間的な都市国家―利益社会と経済改革の基本問題：*Civitas Humana-Grundfragen der Gesellschafts und Wirtschaftsreform, Erlenbach-Zürich 1944.*）の中で「ビバレッジ計画」を批判して以下のように述べている[8]：

イソップ物語の寓話の中に「金の卵を産む鶏」の話がある。これは、毎日一個、金の卵を産む鶏のおなかに、金の卵が詰まっていると思ったお百姓さんが、鶏の腹を裂き、その鶏を殺してしまい、元も子も無くすと言う教訓に満ちた御伽話である。この寓話の教訓は明らかである。その第一は、人間の個人生活でも、国家財政の場合でも、目先の利益を追求するということが長期的に思いもよらぬ不利益をもたらすことがあるということである。第二に、富というものは生産組織があってはじめて拡大するものである。鶏という生産組織があって、はじめてタマゴという富が産み出されてくるのであって、生産組織を切り裂いてしまっては元も子もなくなってしまうということである。

レプケの批判は、ビバリッジ計画が、実は社会の生産組織の活力を、経済的にも、社会的にも、心理的にも奪ってしまう、真に愚かなプランであり、金の卵を産む鶏の腹を割く愚かな百姓の行為に対応しているというものである。レプケが「分配可能な財そのものを拡大する機能・動態的な構造」が必要だという主張は、まさしくこの点を突いていた。[8]

しかし、2007年時点、時まさに石油文明の終焉を間近にして、自由度は狭まりレプケの主張を実現することが、ますます困難な時代を迎えている。

Ⅲ. 宿命的に衰退する福祉国家

本節では、現代福祉国家の抱える危機の構造につき、何ゆえ石油文明の衰退と関係するのかに付いて述べる。

3．1　現代福祉国家の危機

レプケの強い影響を受け、西ドイツの経済復興に尽力したエアハルト西独首相（L. Erhard：1897～1978）はその著書、「万人のための繁栄（Wohlstand Fur Alle, 1958」のなかで次のように述べている[8]：

よく考えることなく、盲目的賛意と知的怠惰の中で福祉国家に向かおうとすることは、我々に弊害をもたらすだけである。このような衝動と傾向は、他の何にも増して、真の人間的な諸々の徳性、進んで責任をとる心、隣人（人間）愛、試練への挑戦、将来への決意など、多くの徳を、徐々に、しかし確実に失わせることになる。そして、その終局は、無産階級の社会というよりも、おそらく魂の抜けた機械化された社会となるであろう。私が描いている理想は、個々人が次のように叫ぶ強い意志をもつことの上に立っている。「私は自力で自分を試してみたい。私は生活のリスクを自分で負担したい。国家は私がそのようになれるように配慮されたい。」すなわち、「国家よ助けに来い、私を保護せよ、助けよ」というのではなくて、反対に「国家よ私にかまわないで、私が自分で私の生存、私の運命を形成し得るように、私に自由を与え、私の労働の成果から、それだけを私に残してくれ」と。

　まさに、このエアハルトの主張のなかにこそ、強力な自由への意志と、自由精神を基礎とした自立と連帯の思想が流れているというべきであり、我々は、レプケの言う「プロレタリアート」、つまり自立するに足る私有財産を持たず、もっぱら国家の生活保障に依存して生きるほかない「無産者（失業者、ワーキングプア）」を大量に産み出すような社会を決して作ってはならない。こうした国家の生活保障のみによって生きる「無産者」は、「近代乞食」とも呼べ、惨めな存在に堕落してしまう危険を持っている。我々がめざすべきものは、自立するに足る私有財産を持った、自由な、力強い新中産階級の形成をおいてない。[8]

　原油価格高騰の時代に入りつつある今、ここに言う個人の自由な発展さえも許される条件は限られたものとなり、エアハルトの理想の実現は困難なものとなりつつある。つまり、後に残るものは、恒久的で完全な二極化、ないしは、負け組の勝ち組みに対する反撃の開始という混乱の発生である。このように、石油が高騰し、"富の偏在"が極限化するとともに、社会は不安定化の一途をたどっていく恐れがある。

しかるに、これら欧州での歴史の教訓が生かされることなく、わが国においても小泉・安倍政権の時代より、構造改革・規制緩和の政策を受けて、貧富の差は拡大し、多くの「無産者（失業者、ワーキングプア）」を生み出した。安部政権に於いては、極端な個人の生活状況に対するセーフティーネットの構築（一度失敗しても再チャレンジできる環境の整備）が言われるが、人工的な環境により、力強い新中産階級の形成が保証されるとは限らない。勿論、すでに一定の資産基盤のある人々にとっては、自由な資産成長が望めよう。しかし、そうでない人々にとっては、自立への期待は無理である。

　国によって、貧困対策は多様である。米国の場合、大学入学の学資を稼ぐために、まず軍隊へ入学し、除隊後「GIビル（GI bill）」という学資の給付を受け、人生計画の手はずをとれるようになっている。日本ではこのような制度を活用できる枠は限られたものである。したがって、官民一体となって、ワークシェアリング制度を確立し、貧しくとも一定の生活が保障されるような労働体系を確立すべきであろう。2007年現在、有効求人倍数は１を超えているとはいえ、技能、年齢、性別、地域性などに基づく雇用のミスマッチは大きく、雇用者として適切な収入が得られず、働けど働けど貧乏なままの状況（ワーキングプアー）で、安心できる生活水準が獲得できないような人口が若年者、壮年者ともに拡大している。このような国家を福祉国家と呼ぶには、かつてエアハルトが理想とした国家像からはほど遠いと言わざるを得ない。

3．2　石油文明衰退下の福祉

　エネルギーや食糧価格の高騰とともに、福祉国家の水準維持があらためて危機に瀕している。福祉国家が一定レベルの水準を維持するためには、そのための税収が前提である。税収のレベルは、景気の良し悪しに直接関係するので、税収の維持は、経済成長の維持が前提になる。しかし、今日の日本のように、低成長時代にあっては、十分な福祉予算は見込めない。国レベルのみならず、日本中の地方自治体が同じ問題を抱えている。世界レベルでも、"ピーク・オ

イル"現象により、資源インフレになると、いずれ消費活動は減退し、世界経済は縮小せざるをえない。このような背景にあって、いずれの先進国にあっても、今後、福祉レベルの維持は困難な状況を迎える。石油文明の最中にあって、高度経済成長の時代、成長を遂げた福祉国家が、衰退に向かうとすると、それに対抗するのに、どのような手段があるかを検討することは、現在、政治・経済学における最重要課題の一つである。

可能性のある一つの解決策は、経済・社会全体を省資源・省エネルギー型に変換させることである。具体的には、道州制採用による地方分散、地産地消によるエネルギー・資源節約ならびに、自然エネルギー利用をはかることがあげられる。そのような経済・社会を新しいコミュニティーのなかで実現していく地域社会開発が新しい福祉の発展につながるであろう。具体的な取り組みの方法については、第9章において述べる。

3．3　福祉国家における自立精神の衰弱

古代に栄えた世界の四大文明は言うに及ばず、ギリシャ・ローマを含め、地球上の文明の多くが滅びた。そのことよりすると、科学技術を基礎におく石油文明も例外ではないであろう。身近に見られるように、企業や大学などあらゆる組織も独善に陥ることにより崩壊する。石油文明衰退期の福祉国家もまた然りである。少なくとも、社会と経済の大幅な変革を余儀なくされるであろう。

石油文明衰退下の福祉国家病の病理メカニズムを簡単に図式化してみると図1のようになる。これはまさに、悪循環のメカニズムに他ならない。そして、大衆民主主義の下で、政治が目先だけの有権者の人気取りに終始する場合、このような悪循環のメカニズムが急速に形成される。[8]

①エネルギー・食糧高騰と少子高齢化に伴う福祉（医療、年金、教育、住宅など公共サービス）の量的増大
⇩
②公共財への依存心の増大、自立精神の衰弱
⇩
③自由競争原理の後退と、自立自助の努力の低下、エゴの拡大
⇩
④公共需要の一層の拡大
⇩
⑤国家財政の膨張、非市場経済部門の肥大化と市場経済部門の縮小、租税負担率の高騰
⇩
⑥高度累進所得税、高い法人税、産業への公的資金の注入
⇩
⑦勤労意欲、創意工夫意欲の低下、投資意欲、生産性向上のインセンティブの低下
⇩
⑧原油高騰に伴う、経済の停滞、生産性の低下
⇩
⑨歳出・歳入のアンバランスによる財政破綻
⇩
⑩社会的責任感の衰退と社会的統合の崩壊、政局不安定

出典：谷村栄、http://homepage2.nifty.com/tanimurasakaei/eikokubyounosinndann.htm、[8]に追加修正

図1　福祉国家病の病理メカニズム

　石油文明の衰退下の福祉国家に見られる病理症状には、①エネルギー・食糧高騰に伴う経済停滞症状、②公共財政破綻症状、③慢性的組織機能不全症状、④政局不安定症状、の4つの病理現象が考えられるが、この根底に共通に横たわる、より本質的な病理症状には図2に示す4つの現象がある。[8]

> ①石油文明の衰退に伴う自由で創造的な社会的活力の低下
> ②自立精神の衰弱と国家への依存心の増加、自由な競争原理の崩壊と国家の肥大化
> ③エゴの拡大とモラルの低下
> ④国家社会の意思決定能力の低下

谷村栄、http://homepage2.nifty.com/tanimurasakaei/eikokubyounosinndann.htm[8] に追加修正

図2　福祉国家の病理現象

このような症状は、自由主義経済の存立の基礎を危うくし、自由な社会を内部崩壊の要因となる。豊かさと福祉を拡大していこうという前向きの意志にもかかわらず、エネルギー・食糧の高騰と少子高齢化の結果生ずる福祉増大メカニズム（図1参照）を通じて、繁栄の基礎そのものが蝕まれ、自由な制度そのものの存立を危うくするという恐るべき文明のパラドックスがここに生ずる。[8]

最近のメディア報道をみてもわかるように、日本のあらゆる組織において、上記類似の症状が顕れており、残念ながら日常茶飯事となっていることは驚くばかりである。問題の解決には、人口動態に合わせた経済政策の調和を図っていくことが大切であると考えられる。

3.4　公共福祉危機の諸要因

周知のように、近年、欧州や日本では、公共福祉危機がますます増大している。政治家や社会科学者の多くが主張する公共福祉の危機の根拠には、以下のような諸要因がある。

3.4.1　公共福祉費の増加要因

公共福祉の主要項目は、①年金と高齢者介護、②病気・事故補償、健康保険、③出産・育児、教育、④完全雇用と失業保険である。これらの4主要分野が少なからず国家予算を占める。規模的に、その順序は、年金、健康保険、教育の順である。一例として、EU諸国における将来の福祉予算傾向を表1に示す。[3]

表1　EU諸国福祉部門のコスト予測

福祉の政策問題	対GDPシェア（2000年度）	将来予測
年金と高齢者介護	5～13％	30年間に3～4％増大する。しかしながら、ここ10年では増加は少ない（＋／－1％）。
健康保険	7～11％	増大し続ける。原因は、高齢化社会である。医療費が約10％増加する。生命科学の進歩により、寿命が延びる。
教育	5～8％	進展する。しかし、それは、既存の伝統的な教育のシステムではない。
失業保険	3～5％	現在すでに緊急臨時支出の必要が有り。各国で異なる。
積極的雇用政策	0.4～3.2％	国が永久失業者数の減少を望むならば、この支援政策の増加が必要。
全福祉計	20.4～40.2％	

出典：Peter Fleissner（2001）、文献(1)

　表1より分かるように、EUでは、各国平均して福祉がGDPの20～40％も占めている。主要国では、支出カテゴリーの中で、公共支出が最大シェアを占めている。

　しかし、福祉予算が軍備と無関係でないとして、レプケは述べている[6]：
　我々は、すでに提起されながら、今一つの疑問を看過できない。それは、政治的コストなくしては、もはや削減し得ない福祉国家の壊滅的なコストが自由世界の決意と共産主義帝国に対抗する軍隊の防衛力を損ない、西側諸国を核軍備に団結させている主たる要因の一つではないかという疑問である。それが故に、福祉国家に憧れる国々は、残されたこの最後の究極の安全保障さえも、西側諸国から急遽導入したいとの希望を表明することは間違いない。

　事実、多くの先進諸国は、軍事費が少なくて済む核保有国になるか、核の傘の体制に入っていながら（注、例えば、日本・韓国の場合）、こぞって北朝鮮の核開発に反対してきた。そして、2003年当時、北朝鮮の核計画受諾を前提に、当時の「朝鮮半島エネルギー開発機構（Korean Peninsula Energy Development Organization=KEDO）」は、北朝鮮に対して、重油や軽水炉の提供を取り決めたものの、2006年5月に中止された。2006年10月9日には、北朝鮮は地下核実験

に踏み切った。2007年2月の6者協議において、あらためて重油や軽水炉の提供が再燃した。これらの約束を守る場合、提供者側は「福祉」も北朝鮮に供給するべき立場になることを覚悟しているのだろうか？　いずれにしても、国家の福祉問題は、国家の安全保障問題と表裏一体にあることを忘れてはならない。

3．4．2　人口統計的要因

福祉財政が資金難になる人口統計要因には、2つの因子がある。

一つは、平均出生率の低下である。先進国の多くでは、年金原資は国民の負担する保険料に依存する。出生率の低下問題に対する対策の一つは、将来世代に対する高負担増の適用、またはサービスの切り下げによる対処である。生産人口（15〜64歳）、が減少する"逆人口統計ピラミッド"の進行とともに、この問題はますます深刻化する。

もう一つは、生産人口の平均余命の延長による加齢とともに、定年退職による高齢者数が増加することである。その結果、生産人口一人当たりの年金負担が増大する。高齢者医療は若年齢層の医療と比較すると、著しく高価であるので、寿命延長の結果、新規の財政問題が生まれる。それに加えて、医療技術と医療サービスのコストが平均インフレ率以上に高騰し続ける傾向がある。[3]

これら少子高齢化のもたらす直接的要因は複雑ではあるが、石油文明の衰退自体が基本的要因を内包していることは否めない。IT技術駆使による自動化は分業体制を生み出し、男女共同参画社会が推進されたにもかかわらず、多くの健全な青年が家庭を創出し、家族を育成していくことを困難とするような労働環境が生まれていることは、"文明の終焉"と無関係ではない。

3．4．3　経済的要因

原油高騰とともに、経済成長率が鈍化し、低レベルのまま推移すると、増大

する福祉費の原資は、莫大な資金不足に陥り、社会保障制度を維持させるためには、個人の負担金である保険料を引き上げざるをえなくなるが、賃金レベルが上がらない前提では問題を生ずる。たとえ賃金が上がっても、妥当な範囲に個人負担レベルを抑制するため、一定以上の賃金に、負担上限を設ける国が多いので、賃金上昇も社会保障資金の増加につながらない。そこで、国によっては賃金増の一部を社会保障費へ回すために、医療費税負担を抑制し、患者個人負担の最低費用負担を引き上げている。[3] 平成15年4月より、わが国でも賃金低下の中にあって、この方針を選んでいる。

EU諸国と日本では、上流社会階層の所得水準が絶えず上昇している一方、失業者も増加している。その結果、多くの国で、個人収入が極端には、"ある"・"なし"に二極化し、社会的連帯は弱体化し、福祉費の維持が困難になり、予算を増やすことは無理になった。その結果、社会的結束がますます低下する。これを防ぐために近年、フランス、ドイツ、オランダなどで、ワークシェアリングを取り入れる国が多くなっている。[3]

これらの状況は、事実上、わが国でも変わらない。雇用に関する将来の傾向の不透明さがいわゆる"閉塞感"を助長している。今こそ、ワークシェアリングなど格差是正対策を真剣に考えるべき時である。

3.4.4 政治的要因

国民総所得に対する賃金所得の比率が減ると、賃金支給額に格差傾向が顕れる。そして、社会的に三位一体であるべきパートナー（国、労働者、企業）のうち、労働者部分の一翼が徐々に蝕まれている。それとともに、野党がかつての影響力を失い、十分な福祉レベルの向上はおろか、むしろ最低レベルを要求するに過ぎなくなっている。先進諸国では、労働者組織は弱体化する一方、国・企業とも伝統的な福祉レベル維持能力が激減している。[3] このことは、正社員、派遣社員、契約社員など、労働環境が多様化した現在、弱い立場の労働

者を守るシステムが絶対的に必要となっていることを意味している。先進国の多くでは、政党が多極化し、常に連合政権が必然的になっているが、今後ともこの傾向が続くものと考えられる。

3．4．5　社会システム的要因

英国の場合と同様、わが国を含む工業先進国では、社会が多様なモザイク社会になり、核家族化（独身者の増加を含む）するとともに、福祉の役割は政府が担わざるを得なくなった。官僚制への過度の依存が福祉国家行政に問題を発生させる。福祉国家が機能するためには、予算を効率的に使用して、政策を実現する官僚機構の発展が前提だからである。これは、理念を重視する社会学者・経済学者であるウェーバー（Max Weber：1864～1920）による「官僚制度が最も効率的な形態である」との主張によっている。(注)1

しかし、近年になって、やっとこの認識が変わった。上述の財源問題と並んで、官僚制には公共福祉に付随する多くの負の遺産が認められる。例えば、図3に示すように官僚制度における透明性欠如の特徴を示す例は枚挙に暇ない。事実、このような特徴を表すに、いずれの国においても共通する形容詞は「官僚的」なる常套句である。

たとえば、図3の5非人間的処理の典型例として、ハイテクを駆使する医療システムがある。ハイテック医療システムに身を委ねる時、人々は、"ぞっと"し、"身がすくむ"ような"冷たさ"を経験してきた。極めて高価な最新

(注) 1　1905年時点、プロテスタンティズムの倫理を資本主義社会の規範であるべきであるとしたウェーバーは、その当時まだ残っていた封建的制度、すなわち、有識者や専門家以外の特権者による封建制度に対比して官僚制度を賞賛した。彼は、社会変革の基本的な特長として「能力評価主義（meritocracy）」が欠かせないとし、官僚制度がそれに相応しい制度であるとした。マックス・ウェーバーは、当時萌芽しつつあった官僚制度が道路・水路・鉄道・電信・電話と並ぶ「新技術（new technologies）」であり、時代を引っ張る牽引車の一つであると確信していた。そして、官僚の資産ではないにしても、生産手段が官僚制度によって官僚に提供されるものと主張した。[3]

```
1  「プライバシー保護」の濫用（情報の隠匿・非公開）
2  近視眼的で長期的視野の欠如（担当期間数年間のみの保身）
3  恣意的な行政指導権限の濫用（権力者の代行的振る舞い）
4  新事態に対する即応性の欠如（前例のない事態の処理機能の無能力）
5  非人間的処理（常に公共のみを言い、個別事案への人間的理解・配慮を欠く）
6  自己弁護（責任感の欠如・保身）
7  経済感覚の欠如（親方日の丸的予算処理）
                                                括弧内斜体は著者の注
```

出典：Peter Fleissner（2001）、文献(3)

図3　官僚制度における透明性欠如の例

式の設備を駆使する病院関係者の多くは「ヒューマンタッチ」を欠きがちである。患者は、治療や手術に長時間待たされるばかりでなく、時には院内感染により、あるいは極端にストレスを持っている看護師や医師により、死にさえ追いやられる。たとえそこまでいかなくても、現代の官僚制度にあっては、個人が介護を希望すると、当然のことながら、まず、法律に基づき申請用紙記入を要求し、標準化された複雑な手続きを機械的に処理する事務官により、最終決定が匿名で行われるという構図である。その間に、たとえミスがあっても被害の発生までチェックされることは稀である。[3] しかし、最近になってやっと、情報公開や内部告発の制度化がなされ、環境改善がみられるようになってきた。

Ⅳ. 福祉国家再興の方法

4.1　強力な市民参加の必要性

　以上より分かるように、石油文明終焉下にある現代福祉国家が抱える基本問題を処理するには、新しい発想が必要である。それは、たとえば最新のNPO活動やコミュニティーのニーズを処理するような、コミュニティービジネスの発生を含め、責任、制度、資源の再配置が新規に生まれつつあることより理解できる。元来、キリスト教に基づく相互扶助としての福祉が出発点であった欧米において、NPO活動がメールやインターネットを駆使したネットワーク活動へと転換が図られてから既に20年近くが経つ。一方、わが国においても、

1995年の阪神・淡路大震災でのボランティア活動を契機に、NPO活動の必要性と重要性が認識され、1998年3月に議員立法としてNPO法が成立し、同年12月に施行された。そして、多くのNPO活動が機能し始めているが、欧米キリスト教社会のような根ざすべき倫理基盤を欠くわが国にあって、財政基盤を含めてその運営は、容易ではない状況が続いている。しかし、高度情報化社会に入った今、「仲介者（インターメディアリー）」や「代理人（エージェント）」の役割を確実に果すNPO活動に相応しい福祉を展開する新しい社会システム設計が考え直されるべき時代になったと考えられる。

レプケ教授が、福祉国家の本質、家族システムの崩壊、NPO活動の必要性について、ややリベラルの立場から、次のように言っている[6]：

　責任感溢るる隠れた個人が社会の原動力の基盤であるが、福祉国家の均一化マシンにより、成功・失敗にかかわらず、その努力を正当に評価しないならば、この原動力が緩む危機がある。福祉国家が成熟し過ぎると、誘惑に屈し、調子を崩し、国家の道徳的かつ社会的健全性が衰退するのではないかと、多くの評論家が考え始めたのは当然である。このような考えはゲーテ（Johanan Wolfgang von Goethe: 1749-1833）の心にもあったにちがいない。フランス革命の2年前、ゲーテはつぎのように予言した：

　私は、人道主義（humanism）が結局は世界を支配すると思う。しかし、同時に私は、自分の隣人を介護するにあたり、世界は、すべての人を収容する巨大な病院になるのではないかと懸念する。(Italienische Reise II, Naples, May 27, 1788.)

確かにゲーテが言ったように、今日の福祉国家は、全体として、一つの「病院国家」であると見なされる。

さらにレプケ教授は、社会単位としての家族とNPO活動の重要性を指摘した[6]：

個人と国家という両極端の中心にある政治と行政の重心として、不可欠、内在的、自然であり、潜在的固有の小コミュニティである"家族"が存在する。"家族"は確かに健全な社会の礎石に違いない。したがって、多種多様な中小のコミュニティの発展を促し、国家型社会福祉につきものの、冷静かつ無表情な対応を回避するために、ボランティア活動、責任感、愛情溢れる集団組織の支援を奨励することは、我々の義務である。

我々にとって、個人の自由を尊重するとの美名に隠れて、隣人や隣国の困窮状態を、座したまま、看過することは許されない。わが国の拉致家族の窮状のみならず、食糧不足や人権蹂躙に悩む市民を抱える国の状況も放置できない。一刻も早く具体的な解決策が見出されるべきものである。そのような見地から、コミュニティーの所蔵する"ソフトパワー"(社会資本：ソーシャルキャピタル)[注)2]を積極的に活用するコミュニティービジネスの起業活動が始まっている。[(9)、(10)]

4．2　高度情報化技術の役割

すでに、広範な分野でITが利用され、医療現場では何百万人もの患者のデータが効率的に処理されている。課税システムの情報化に並んで、社会保障と健康保険システムでも情報技術が活用されている。また、オープンネットワークシステムであるインターネットは、電子メール、情報検索はもとより、遠隔授業、電子会議などで、すでに幅広く活用されている。[(11)]

しかし、持続可能な社会開発である福祉の分野で、ITにより一体何ができるのか？　それは、地域レベルのネットワークの構築を最大限に活用する福祉、個人・家族レベルの「自助」、公的・私的機関による「公的扶助」、類似の立場にある人達の「相互扶助」における広域・即時的なニーズの充足や問題解決の

(注)2　地域の所蔵する、人材、組織、情報など活用可能な資源のこと。

ツールとしての役割を果すツールとして、活用することであろう。[9]

　介護、医療、教育、雇用などの分野で多くの検討課題がある。そこでは、「電子ネットワーク」が多様、かつ多機能なインターフェースの役割を果すと言える。オープンシステムとしての特徴を生かして、大衆の福祉ニーズを満たすにあたり、より人間的で、政治的に中立で、高い費用対効果の代替案がありうるのだろうか？　いずれにせよ、今後、この方向の福祉活動が大幅に展開せざるを得ない時代になる。

　このネットワークを新しい社会システム基盤の一つであると考え、それを通して、メンバーが社会の暗黒面を含めて、人生や社会の多様なモードを直視できるという教育的意義もある。また、多くの類似例のデータを比較することにより、我々は、自分自身の労働環境の保全対策としても期待できる。さらに、選挙時に、マスメディアによって作られたイメージではなく、自分自身の経験に基づき、候補者を選び投票できる。このように、高度情報化社会が国家福祉を水平方向の横糸で補強するものであることが期待される。

V. 結論

　現代の福祉国家は、元来、各種リスクを補償し、生まれ出た者全てにとって公平な人生の出発点を提供すべきものであった。今すでに高い生活水準にあり、自分たちの幸福と繁栄状態が今後も持続する環境に置かれた人々や企業にとって、NPOやコミュニティービジネスを主体とする新しい福祉は不必要と思われるかもしれない。しかし、社会経済的危機の徴候が顕在化し、社会生活での心配事やストレス感がたまるとともに、アメリカ合衆国ではもとより、最近の欧州や将来の日本のように、国際化の結果生まれつつある、多くの外国人が暮らす複合的国民社会にあって、多様な集団組織の公平性の維持を強化しなければならない。特別な社会階級、社会層、または人種、特殊な性、国民性、宗

教、年齢、心身障害などの理由でメンバーが社会差別され疎外されるべきでない。石油文明の終焉の時期に当たり、世論もまた、社会がより結束強化する方向へと推移することが期待される。

　福祉国家には伝統的に、国もしくは地方の行政機関を通して、個人ないし世帯に資源を配分する機能的責任があると考えられる。また、直接、個人的に親類や隣人の世話に携わる負担から市民を解放したという意味で、歴史的課題に対する適切な答でもあった。しかし、今日では、官僚制のもつ疎外性、非人間性、無責任といった欠点の放置が許されぬ新しい状況が生まれたため、それらを払拭するにあたり、国家レベル福祉の再設計が必要になった。現代の福祉国家は、例外なくこれら新旧の要請を同時に満たさなければならないので、将来的には、市民が直接統治できる社会システムとしての「非公的社会化 (Vergesellschaftung statt Verstaatlichung)」[3]の代表であるNPO活動や地域の持っている広範囲な"ソフトパワー"（これは「ソーシアル・キャピタル＝社会資本」と呼ばれる）により、既存の行政機能を補い、強化することによって、政府は小さい政府へと転換しながら、伝統的な福祉と追加的な福祉の同時的充足が容易になるであろう。そこでは、IT技術の果すべき役割が少なくない。現代の国家福祉に市民が高度情報化技術を駆使して運用するNPOなど独自の組織の活動が相まって、衰退する福祉国家が再興し得ることに期待が持てる。そして、全ての人間が等しく人生を楽しみ、自由と平和な状態で高齢化が進む社会の基盤作りを高度情報通信社会の中に、市民が進める改革により福祉国家の再興を図ることが有意義であると考えられる。

　本章で主張した石油文明の終焉期における福祉国家再興の提案が、先進諸国にあって、回復不能なまでの格差状況におかれた、少数派、弱者に甘んじるあらゆる人々の社会経済的地位の改善を通して、持続可能な社会の開発に役立つことが期待される。今後、福祉代替社会システムの開発が避けて通れない時代になったと言える。

文献

(1) Brundtland,G.H. (1989), Our Common Future (World Commission on Environment and Development), Oxford University Press, 43.
(2) 若林宏明 (2002)、高度情報化社会における持続可能な開発、環境経営学会学会誌サスティナブルマネジメント第2巻、第2号、109-110.
(3) Peter Fleissner (2001), Computer Aided Welfare State (CAW) Revival by Technology?, Meeting of the Slovenian Sociological Society, Portoroz, 25-27 October 2001, "Sociological Aspects of New Technologies"
(4) 松山毅、イギリス近世初期の慈善活動の成立過程に関する一考察—Statute of Charitable Uses (1601を中心に、http://www.sompo-japan.co.jp/foundation/3kinen.htm)
(5) 英国のNPO、http://www.geocities.co.jp/CollegeLife-Labo/4932/society2.htm
(6) Wilhelm Röpke (1960), Crisis of the Modern Welfare State, A Humane Economy: The social Framework of the Free Market, Henry Regnery Company, 1960, Joint Economic Committee, Economic Classics, July 1994, http://www.house.gov/jec/classics/röpke.htm
(7) Social Insurance and Allied Services Report by Sir William Beveridge Presented to Parliament by Command of His Majesty、November, 1942, http://www.weasel.cwc.net/beveridge.htm
(8) 谷村栄：英国病の診断、http://homepage2.nifty.com/tanimurasakaei/eikokubyounosinndann.htm
(9) 若林宏明、持続可能な地域社会開発—松戸市民のトータルケアーシステム構築に向けて—、October 2005、流通情報学部紀要 Vol.10, No.1, 1-35.
(10) 若林宏明、持続可能な地域社会開発（Ⅱ）—社会関係資本による新松戸市民むけコミュニティ・ケア・ビジネスの起業—、March 2006、流通情報学部紀要 Vol.10, No.2, 39-72.
(11) Joseph Romm他著（若林宏明訳）、インターネット経済・エネルギー・環境、流通経済大学出版会、2000年8月刊、119-127.

III

終焉する石油文明より

蘇る文明と社会

第7章

蘇る福祉国家
― 全生涯学習システムと雇用 ―

I. 緒言

　すでに、第6章で述べたように、エネルギー問題・環境問題が一次的な原因となって、21世紀は"格差"が発生し、増殖する世紀となった。本章では、欧州型生涯学習システムをとりあげ、近年、わが国においても、成年の定年者雇用、青少年の"フリーター化"や"ニート化"問題、さらには、低い最低賃金に喘ぐ"ワーキングプアー問題"において、その重要性を増しつつある市民教育のあり方と雇用問題との関連を論ずる。格差社会の表象として現れた"雇用問題"にメスをいれることなくして、現代のエネルギー・環境問題の解決を図ることができないと考えられるからである。

　歴史的に、欧州型公共福祉が福祉の典型であると評価されてきたが、その基礎は決して磐石ではない。たとえば、行き詰まった今日のわが国年金制度の状況より推察されるように、将来にわたり、今後、何十年と年金制度が保証されているわけではない。元来、福祉国家には、国もしくは地方の、政府または役所を通して、個人ないし世帯に、資源を適切に配分する機能的責任がある。これは、個人的に親類や隣人の世話に携わる負担から、直接市民を解放したという意味で、19世紀来の社会的挑戦に対する適切な答でもあった。しかし、既に第6章で述べたように、成熟した官僚制のもつ疎外性、非人間性、無責任といった欠点を払拭するにあたり、いずれの先進国にあっても、国家レベル福祉

の再設計を必須とする状況が長く続いている。このような現代の福祉国家の抱える問題の回答は、今後は市民が直接統治できる部分を追加して、NPO的な社会システムを強化し、既存の統治概念を修正することであるとした。その理由は、大きな政府は、より小さい政府へと転換でき、伝統的な家族的福祉と追加的な社会的福祉の整合がとれ、両者が同時に充足されることが容易になると考えられるからである。

本章では、より具体的に、既成の教育・訓練を超越する欧州型の新しい「全生涯学習（LLL）（Life Long Learning: LLL）」システムを取り上げる。[1] その理由は、わが国においても、このような受講者の年齢を問わない新しい教育システムにより、若年者の雇用、高齢者の人生の期間延長の時代にはいり、地域社会の発展への寄与が期待されるとともに、大学など、既存の教育システムの改革・推進も可能になるので、このようなシステムの開発が時宜を得ていると考えられるからである。

Ⅱ．新しい福祉形態創造の必要性

多くのOECD諸国において、「今日は、国家であれ家族であれ、独りの個人の抱える生活上の困窮に適切に対処できない時代である。」つまり、既存の国家福祉のままでは福祉は今後十分に行きわたらないのではないかという素朴な問題意識がある。[1]

「全生涯学習（LLL）」システムのような新しい社会システム開発の成就が、自発的に生まれることが期待できるわけではない。そこにおいて、我々が率先して取り組むべきことは、システムの新形態が実現されるような「枠組の創造」である。それは単なる研究者の研究論文や、メディア上のキャンペーンにとどまることなく、自ら実践を試みることである。まさに、人生とはなにか？　それは、常に学ぶことと、それに基づいて行動することである。[2] もと

より、組織に参加する構成員が新しいタスクを容易にこなすには、3つの条件、①財政基盤、②物的資源、③教育・訓練、が前提である。これらのうち、本章では、③に主眼をおき述べる。

Ⅲ．欧州における新しい学習システム
　　―既成の教育・訓練を超えて―

　EUでは、ECの時代より始まり、過去20年近く、新しい教育システムの開発が進んでいる。それは既存の公的な教育・訓練システムを包含しつつ、それを超越する存在としての「生涯学習システム」である。[3] わが国でもやっと、"環境保全"と"企業の社会的責任"遵守の意識が成熟し、社会経済が欧州型になりつつあることに鑑み、青少年と高齢者の雇用と教育を併せ解決する道を欧州型を参考に模索する時期にきていると考えられる。（付録1参照）以下、本章では欧州における新しい「全生涯学習（LLL）システム」の現状を分析する。

3．1　概要
　21世紀に入り、世界的に社会・経済状態の変容が著しく、個人が自分の職業生活と個人生活に必要な知識を絶え間なく更新することにより、より広範な分野で、能動的・主体的な市民が、一個人として、社会に参加することが要請される時代になった。福祉の責任主体の重心が制度上の組織から、個人ないし、小人数集団へと移動したため、この新しい「全生涯学習（LLL）」システムに、多くの人が自分個人のアクセス権により、リンクできるようになった。新しい「教育」が、行政による公的制度より非公的制度へ、あるいは青少年教育から、中年・壮年・老年を含め、年齢層に偏らず、時代に即応した教育活動への移行が始まっている。

3．2　欧州型市民教育の歴史的背景
　新しい知識を生かす行動が新しい知識を生み、さらに新しい行動に導く。そ

のような機会を積極的に創出する社会システムは何だろうか？　元来、北欧で活発であった「学習会（Study Circles: SC）」が、伝統的な公的義務教育に替わる「自助（self-help）」システムとして、今日再組織化された。特に北欧諸国の社会で浸透しているITの多様な活用により多数の学習サークルが発生する一方、北米での学習サークル活動にもつながった。[4]

　北欧での「学習会（SC）」には、歴史的伝統がある。その起源は、19世紀、プロテスタントの「聖書研究会」の伝統から出発している。ローマン・カソリックの伝統では、聖書の世俗的解釈は許されず、正しい解釈として、これを敷衍する権限は、教会の当局者のみに許されていた。これに反し、新教では、信者自らが個人の意見を加えることが奨励された。この新教徒活動の世俗版が、現在、政府によって採用されている社会人向けの「学習会（SC）」に他ならない。今日、北欧市民の大半が、自分の人生で、少なくとも一度は、この「学習会（SC）」を経験すると言われる。北欧諸国でのこれらの集団活動において、インターネットの活用が近年日常的になっている。[1]事実、北欧諸国で、第二次大戦後、一般社会人を対象とした「学習会（SC）」が活発であり、途絶えることがなかったという。欧州の教育界にあって「学習会（SC）」が効果的なIT活用の典型例となっている。

　今後とも、「学習会（SC）」事業を継続する上で、それを既存の公的教育システム制度の一つであるとの認識を確立するため、カリキュラムの単位や成績授与の権限が認可される必要があると言われる。その理由は、今日では、新しく生まれた"知識"の価値が半減するまでの期間（"知識価値半減期"とでも呼ぶべきもの）が短縮し、すぐに時代遅れとなる時代になったことを考えると、専門技術の教育や訓練は、公的制度よりも非公的制度による方が、より柔軟に行える部分があると考えられるためである。今後、社会人に対する新しい「全生涯学習（LLL）システム」を通して、既存の教育システムが柔軟になり、いずれ新旧の学校システムの境界が無くなる方向にある。[3]その場合、わが国に

おいても、eーラーニングシステムの充実とともに、同様の方向が模索されるであろう。

3．3　新しい「全生涯学習（LLL）」システム

　今日では、受身状態の生徒を教師が一方的に指導学習するという伝統的な教育と並んで、すでに初等中等教育での総合学習に見られるように、わが国でも、主体的個人としての生徒が自らの意思で、自由な学習をするという形態が活発化している。これは教育の新しいパラダイムそのものであり、加齢にかかわらず、人生において適時に義務教育を挿入する段階型教育システムの魁(さきがけ)でもある。

　以上のような基本認識の下に、欧州委員会では、欧州における新しい「全生涯学習（LLL）（Lifelong Learning）」を、「公的、私的にかかわらず、知識・技能・能力の向上を明確な目標として、生涯継続するあらゆる学習活動のことである」と定義している。[5] この定義よりすると、「学習会」も「全生涯学習」に含まれるが、「学習会」はヨーロッパに特徴的で、殊に、未就学高齢者に対する義務教育レベルの教育が主要な目標となっている。しかし、義務教育が一定レベルに成熟しているわが国において、社会人が最新の義務教育レベルの知識を再習得する場合は「全生涯学習」に含まれるので、両者を区別する必要はないと考えられる。すなわち、新しい「全生涯学習（LLL）」は、単なる社会経験的な学習とは異なり、幼年期から高齢者までの市民を含む人間成長の全側面と時期を覆う概念である。「学習会（SC）」では、読み書きレベルの学習補習が対象となるのに対し、「全生涯学習（LLL）」では個人のより広範な能力開発を目指している。

　今日の欧州では、単なる義務教育と、それに引き続く大学までの高等教育の補習ないし量的強化に過ぎなかった過去の「生涯学習（Continuing Education: CE）」のコンセプトを脱皮し、「全生涯学習（LLL）」が新しい選択肢の一つとなった。年齢を問わず、全市民を対象に、人生における学識・経験の拡張とし

て、旧来の「実地職業訓練（On the Job Training: OJT）」と並んで「市民レベル教育・訓練システム（Civic Education and Training System）」である「全生涯学習（LLL）」が欧州市民の教育システムにとって不可欠であると認識されるようになった。単なる個人的学識経験の生涯にわたる拡張という既存の「生涯学習（CE）」の趣旨を超えて、本システムを通しての教育・訓練が汎欧州市民レベルに共通な学習形態の基本要素の一つと認識されるようになっている。[3]

　過去において、欧州では、市民を対象とする学習システムは、伝統的なシステムや政策の枠組外に置かれがちであった。（これは、わが国でも例外ではない。）各世代の市民に相応しい学習が、深い意味を持ち、有意義であることが明らかであるにも拘らず、そのことにほとんど注意が払われなかったために、教育システム改革に十分な成果が生まれなかった。たとえば、高齢者にIT技術の教育を行おうとするとき、若年初心者用の教材や指導者を準備しても、ほとんど無意味であることは自明である。しかし、今日、すでに時代が変わった。上記の定義よりすると、旧来の一般的な「市民の教育・訓練システム」の基盤を「全生涯学習（LLL）」の中に組み入れるべきことを示している。

　欧州が、EUとして、さまざまな統合を進めてきた中にあって、社会経済的変動に屈することなく、民主主義に支えられた社会的連帯を維持するには、すべての疎外と不平等を排除しなければならない。そのためには、教育の機会を全市民に保証しなければならない。[6] したがって、「全生涯学習（LLL）」の意義は、市民の教育・訓練政策の分野の対応に限定されるものではなく、関連する労働政策と科学技術政策の積極的な対応が必要とされる。両者が相互に社会に浸透していくことによって、初めて、「全生涯学習（LLL）」戦略の成功につながるであろう。

3．4　雇用戦略としての汎世代型学習システム

　新しい学習法を理念とする「全生涯学習（LLL）」においては、初等中等教

育システムを再編成し、多様な年齢層・社会層の人々を対象にするという前提条件をおいている。[7] 一方、今日の知識社会において、"学校"が持つべき機能は、学生が膨大な情報量にアクセスし、理解するに止まらず、智慧に変えることができる方法と枠組を身に付けることである。学校には、元来、知識生産に向けたオリエンテーションの場としての役割と、社会的技術を醸成するインキュベータ（培養器）機能がある。

EUで発行された、「全生涯学習（LLL）報告書」（2000年発刊）によると、政府は、初・中・高の全教育レベルにおいて、以下の順序で、教育システム改革を偏りなく遂行していくべきであるとしている。[8]：
① 教育資源（コンテンツ）の開発と多様化
② 未就学と不登校児童の受け入れ
③ 学習ツールとしてのITの開発と普及
④ 公的、非公的を問わず各種教育システム間での協同（コラボレーション）体制の確立
⑤ 学生の各種公的・非公的教育システム間における移動の柔軟性の確保
⑥ 教育システムの透明性の確立

「全生涯学習（LLL）」の基本理念の目指すところは、旧来の義務教育としての初等中等教育を超える内容の強化である。今日の初等中等教育では、既に義務教育を終えた社会人に、知識と技術を切れ目なく更新する機能を付与する目的も含まれている。そして、これまでの常識であった、卒業証書や資格証明書が一人の人生を決定するような、一回限りの伝統的成績評価を超え、再教育を含めた単位認定制度を採用することにより、終生にわたる新しい生涯学習を約束する教育制度の確立を目指している。今日、欧州ではこのことを一つの"雇用戦略"と位置づけている。（附録１）

各国の責任は、有効な「全生涯学習（LLL）」の評価指標作成である。EUで

は、基準である大学卒業生が保持する初等中等教育指標として、生産労働力の中、25〜29歳の人口の教育レベルを目安とすることが考えられている。

歴史的にみると、いずれの国においても、教育・訓練の主眼は義務教育の重視に他ならないと考えられてきた。そして今日では、高等学校卒業が事実上の義務教育期間となり、実質的に義務教育期間が伸びる傾向がある。しかし、「全生涯学習（LLL）」型教育システムでは、初等中等教育の中身（コンテンツ）は、すべての個人が生涯を通して、新しい知識を切れ目無く更新する内容を前提にしている。これは、単に公的な教育期間の延長や、インターネットからの情報検索法の習得ではなく、生涯学習課程の内容と教授法の抜本的刷新の必要性を意味する。

「学校カリキュラムは、従来の読み書き、そろばんといった言語を含めたリテラシー基礎科目のスキルに加えて、創造性発揮、討論能力、自律心の付与、チームワーク形成、発表能力開発といった、人間力と社会力の涵養を目標に、カリキュラムと教授法が基本的に革新される必要がある。」これは、ソルボンヌ大学（Sorbonne 1998年）とボローニャ大学（Bologna 1999年）での「声明（Declarations）」で提案された教育改革の方針が、教育の道として再定義され、欧州各国の文部大臣によって署名された「教育の新しい道」を示している。[8],[9]

上記の声明では、具体的条件の一つとして、「大学学士号が、卒業後少なくとも3年間は時代遅れにならないこと」を挙げている。この合意に至った根拠は、欧州全域の移動性が増大し、コンセンサスの透明性が強化せざるを得ないことがある。その場合、通常は高等教育の学費に困る人々も、当座の教育期間が短縮されるので本提案を受け入れ易くなった。これら両宣言は、旧来型の学士・修士・Ph.D.の枠組みを超えるものである。このようなモデルを採用することは、青少年教育から壮老年教育への教育費支出を延期することになるので、人生全期間における教育費支出の再計画を行うことが可能になる。それは、20

代に、比較的高度な教育レベル達成が確立することが期待さる一方、既成の高等教育を受けた人々が、継続的に「全生涯学習（LLL）」の機会を利用する傾向にあるので、それに遅れることなく、より高度な教育達成の機会として、若年層にも又、このシステムへの参加が推奨される。

3.5　欧州横断型生涯学習プログラム

　欧州での教育改革の展開は、欧州の市民の教育・訓練システムとしての新しい生涯学習システムである「全生涯学習（LLL）」をテーマとする「2000〜2006年度新世紀プログラム」がその主体である。現在その結果の取りまとめと評価が行われつつある段階である。今、欧州では、域内人口移動の拡大と諸分野統合の相乗効果の結果、自律的な新しい生涯学習システムの再構築が始まっている。目指すところは、域内の多様な移動への対応と各加盟国独自の"生涯学習システム"との統合を目指した革新的活動である。

　OECD諸国と異なり、EU加盟国の多くでは、「職業訓練（vocational training）」の分野で、伝統的に、労使間対話の枠組みが根付いている。労使対話を通して、労働者のより高度・継続的な教育へ向けた幅広い職業訓練アクセスの提案がなされる。個人が残業費や休日を返上して、労働時間の一部を個人の訓練目的用に自由に使える制度も確立している。また、労働負荷の季節的変動の空き時間を活用して、企業は訓練目的の時間を工面し、従業員訓練を実施できる。その他、欧州には労働組合・行政・個人の学習者が協調する制度に対応した融資基金（ファンド）もある。

　最近、雇用政策とマクロ経済政策（財政・金融政策）が統合されつつある。たとえば、欧州社会での幅広い認識では、「全生涯学習（LLL）」政策と雇用政策において、目的と予算が共通化されつつある。その主旨は、長期的失業問題の解決にあって、新規就職を目指す社会人一年生と、労働市場から疎外された失業者を同時に教育することで、労働市場における男女の機会均等担保を促進

することである。

　新しい生涯学習システムの開発と雇用政策とは関係が深いので、かりに労働市場が、それを評価し、政策的に、提携が期待できるとしても、このアプローチのみでは「全生涯学習（LLL）」の再構築は不十分である。（付録1参照）その理由は欧州全体又は国レベルの社会的対話の不足ではなく、「全生涯学習（LLL）」のもつより深遠な"パラダイム醸成"という政策理念の共有が困難であるためである。

3．6　「全生涯学習（LLL）」に対する欧州市民の期待
　「全生涯学習（LLL）」の基本は、それが人生における学習期間の単なる延長ではなく、その内容（コンテンツ）の充実にある。例えば、近年、経済のサービス化により雇用増大が続いているが、サービス部門の労働者の質は、従業員のもつ社会性とITによる業務処理を統合する能力に少なからず依存し、それらが決定要因でさえある。事実、いずれのサービス部門においても、新しい教育システムで獲得が期待される個人的な適性と能力が重要性を増している。

　以上のような背景を受けて、市民が「全生涯学習（LLL）」に託す期待を理解し、より発展させるために必要なことは、何よりもまず、公私を問わず、より幅広く、かつ多様な学習形態の理解である。しかし、新しい教育システムの市民的理解の促進にあたっては、"必要なツールの付与"と"機会の充実"という相補的な2つの課題がある。

　すなわち、
　①市民にIT機器活用能力を付与する教育・訓練を充実すること：
　「全生涯学習（LLL）」の主要テーマの一つとして、人生経験の一部として非公的学習機会を開発・促進することにより、市民のニーズに応えることが挙げられる。例えば、コンピュータリテラシーの社会的浸透促進は、「ATMからの

現金の引き出し方」や「図書館での書籍検索操作」といった、ごく簡単で身近なIT機器の利用経験事例をみても、その重要性が指摘できる。

②学習経験の少ない市民に「全生涯学習（LLL）」に参加を促し、教育・訓練システムの与える公的資格授与の機会を拡充すること：

　欧米では、特に中途退学者や移民人口のため、言語、市民的訓練などの義務教育をほとんど受けたことのない成人が多い。したがって、彼らに不足する学習経験を補うことから始めることが重要になる。その場合、社会的疎外と戦う組織や、ボランテイア団体が非公的教育指導をより活発に進めることにより、成果につながるような機会を拡大することが大切である。一方、最近のわが国でも、大学においては、入学者の基礎学力の低下や、不登校人口が増加している現実がある以上、機会の拡充は緊急を要する。

　すでに、市民向け「全生涯学習（LLL）」にとって、非公的学習経験が重要であることが指摘されている。一例は、集団参加型の教育、問題解決、研究を目的とする「集団的教育組織」としての「学習会（SC）」である。この場合、「学習会（SC）」は「情報技術・知的ネットワーク（Technology Intelligence Networks＝TINs）と呼ばれる"ネットワーク知的システム"の一つである。特に、最近わが国でも問題になっている中途退学者や義務教育の長期欠席者を対象とする、IT技術格差解消に効果的であるとされている。[4]

　結論として、汎世代型学習システムとしての「全生涯学習（LLL）」は、既存の、公的な「市民の教育・訓練システム」の限界を超え、それを非公的グループにまで拡張することにより、市民のニーズを満たすような学習機会の開発が必要であると言える。

3．7　欧州型「全生涯学習（LLL）」の将来性

　欧州における「全生涯学習（LLL）」の将来性について、以下のようにまとめることができる。[3]

① 「全生涯学習（LLL）」は、「学習の場欧州（the European Learning Area: ELA）」という最新構想の中心テーマである。その目的は、人口移動、国境を越えた協力を進め、経験のスムースな交換を促進することによって、EUが「学習の場欧州（ELA）」の基礎を据えることを目指している。「全生涯学習（LLL）」の実現性は、各国の教育システムを取り巻く諸要因にも依存する。なぜなら、「全生涯学習（LLL）」に特化する社会の達成には、他の分野以上に、国レベルと汎欧州の双方の基本政策の強い影響を受けるためである。

② 　すでに、国境を越えた研究活動をより合理的に統合する「研究の場欧州（European Research Area: ERA）」構想があるが、「全生涯学習（LLL）」もEU委員会の進める基本理念構想の一例である。情報化社会におけるIT関連知識の社会的浸透はIT格差の低減が前提である。そこで、各国政府とEU諸機関は、情報技術のアクセス性をより良くし、市民が親しめるシステム開発に努力している。学習目的を果たすためには、ITの活用が不可欠であるので、"市民の教育・訓練システム"としての「全生涯学習（LLL）」が、インターネットを通し、より広範に実施されつつある。

③ 　非公的学習環境でインターネット支援学習を促進するには、多様な分野の機関と協調する必要がある。さらに、公共機関に依存しない非公的学習経験に関するより深い探究と開発が重要になる。「全生涯学習（LLL）」に対する市民の期待は大きく、その充足が最大の課題である。

　これら新規の学習形態がより進化すれば、欧州市民は、終生にわたり、幅広い学習経験の取得が支援をされることになり、新しい地位を獲得できるであろ

う。一方、現制度の枠組のままで、市民レベルの教育・訓練システムである「全生涯学習（LLL）」を始動させるには、慣性を伴うため、その対応には、雇用関係者の理解を得つつ、義務教育の枠を越える「非公的学習」に関する諸実験から進めることが重要になるであろう。そこでも、情報化技術の果たすべき役割は小さくない。これらは、現在のわが国にも該当すると言える。

Ⅳ．結び

本章では、福祉国家日本の状況にも十分参考になり得るものとして、EUの教育理念と雇用促進の関係をみてきた。今すでに高い生活水準にあり、自分たちの幸福と繁栄状態の持続が今後も期待できるような恵まれた人々や企業にとっては不必要であるかもしれない。しかし、現代はエネルギー・環境問題の深刻化に伴い、国全体として、社会経済的危機の徴候が顕在化している。個人としても、日常生活における心配事やストレス感の高まりの経験が増加とともに、福祉代替案の討論が避けて通れない。そのとき、このネットワーク型教育システムを新しい時代の社会システムの一つであると考えると、社会のあらゆる構成員が、より直接的に、社会に向き合うという意義が生まれる。人生の岐路や社会の矛盾に目を向け、自分自身の雇用条件の保全対策としても期待できる。

今後ますます、公的な福祉「公助」のみならず、毅然たる「自助」や集団的「共助」による福祉が必然であり、重要となる時代になると言われる。その時、本章で紹介した新しい欧州型生涯学習「全生涯学習（LLL）」と、その改善案ないし代替案が、先進諸国一般、わが国においても全国的に、又地域的に、少数派、弱者の社会経済的地位改善はもとより、生き甲斐豊かな超高齢化社会システム開発するにあたり、役立つであろう。

附録1　欧州における青少年雇用機会提供の現状

　ここでは、青少年福祉において、欧州の青少年の雇用と教育について紹介する。[10]

1．欧州における若年者雇用政策について

　周知のごとく、欧州では、半慢性的な若年層の高失業率は深刻な政治的課題であり、EUの社会・経済的挑戦課題の一つになって久しい。教育・訓練対策向けの「雇用指針（Employment Guidelines）」の一つとして、雇用対象者にとって基本的雇用条件である「雇用適性付与（Employability）」を向上させ、労働市場における青少年の雇用機会拡大を目標としている。近年、日本の慢性的若年層の高失業率状況が欧州と類似になっていることを考えると、わが国にとっても重要な課題である。

2．汎欧州的雇用問題と雇用指針

　EU加盟国間に能力的ばらつきと文化的相違が存在するにもかかわらず、域内の経済相互依存は、もはや後戻りを許されぬ状況にあり、確固たる協力基盤が確立している。すでに欧州諸国間の商取引においては、貿易相手国の経済動向に無関心であり得ない。また、共通の問題に対し、協力して処理しようとする意欲が高い。現在、いずれの加盟国も、何がしかの雇用問題に直面しているので、他の加盟国の成功事例より多くを学べる。これらは、当然のことながら、労働市場、教育、訓練システムが近年の経済の変動に適応すべきことを意味している。例えば、IT技術の特性が生かされて、社会がよりサービス化し、個人の人権がより深く理解されるようになってきている。

　ことに、「雇用指針（Employment Guidelines）」の内容が、①「雇用適性付与（employability）」、②「企業家精神付与（entrepreneurship）」、③「適応性付与

(adaptability)」、④「機会均等担保（equal opportunities）」の4本柱になって以来、加盟国間の雇用政策に整合性が見られるようになった。第一の柱である「雇用適性付与」とは、成人に雇用条件を付与することを意味し、人材教育、殊に、社会人一年生の青少年教育を対象としている。上記いずれの柱においても、共通するキーワードは、"失業阻止"と"失業者再雇用"である。青少年に見習経験を通して、作業技能と社会的技能を獲得させる。一方、高齢失業者に「全生涯学習（LLL）」により、個人のスキルを開発させることが必須の教育と考えられている。これらの指針の適用には、前提条件として加盟国間の"提携（パートナーシップ）"が基本的に重要である。

3．進化する雇用指針

　EUの1999年度指針では、新しく「雇用適性付与」の柱に次の2項目が追加された。「障害者や少数民族等、特定弱者対象向け施策」と「税制・給付システムの改革施策」である。税制度と社会給付制度の改革においては、一時退職、「全生涯学習（LLL）」、再訓練のような柔軟な就労条件も、同時に考慮されるべきであるとして、雇用政策が規制緩和されることになった。

　長期失業防止策としては、第一の柱である「雇用適性付与」の早期導入が欠かせない。再就職希望者には、失業後1年以内に、再就職訓練、見習い、自営業、あるいはカウンセリング等の提供を義務付けられている。この施策は、若年者向けに特化して、失業状態発生後半年以内に、これらの機会提供が計られることにより、雇用政策が革新するであろうと言われる。

　長期失業問題は伝統的に「再教育プロジェクト」により対処されてきたが、たとえば、「1998年オランダ社会白書（The Netherlands' 1998 Social Report）」によると、景気回復とともに有効求人が増加したにもかかわらず、失業者は必ずしも減少しなかった。これは、ほとんどの長期失業者が市場の雇用条件を満たさず、失業者が労働市場から締め出されたためである。この状況は、2006〜

2007年における日本の若年者雇用問題と同じである。よほど、抜本的な対策を講じない限り、この問題の解決は難しいと考えられる。まさに、"予防があらゆる治療に勝る"とは至言であり、この場合にも当てはまっている。

文献

(1) Peter Fleissner (2001), Computer Aided Welfare State (CAW) Revival by Technology?, Meeting of the Slovenian Sociological Society, Portoroz, 25-27 October 2001, "Sociological Aspects of New Technologies"
(2) John Roger & Peter McWilliams (1991), Life 101-Everything We Wish We had Learned About Life In School, but Didn't-, Prelude Press.
(3) Odd Björn Ure, James P. Gavigan, IPTS (2002), Lifelong Learning: Beyond Education and Training, Geografia d'Europa, http://www.ub.es/medame/educa-ue.html
(4) L. Karlsson (P. Fleissner ed.), Study Circles in Targeted Intelligence Networks, EUR 19568 EN, 2000, http://www.jrc.es/cfapp/reports/details.cfm?ID=329
(5) http://www.eblida.org/topics/lifelong/ifla_paper.htm
(6) Lifelong learning for equity and social cohesion: a new challenge to higher education, Final Conference、http://www.coe.int/T/E/Cultural_Co-operation/education/Higher_education/Archives/FinalConference.pdf
(7) J. Gavigan, M. Ottitsch, S. Mahroum (1999), Knowledge and Learning — Towards a Learning Europe, p. 23, EUR 19034 EN
(8) Education and Culture European Commision, "Lifelong Learning: the contribution of education systems in the Member States of the European Union", Eurydice Survey, 2000.
(9) ソルボンヌ宣言 (The Sorbonne declaration): http://www.education.gouv.fr/discours1998/declar.htm ボローニィア宣言 (the Bologna declaration) http://www.education.gouv.fr/realisations/education/superieur/bologne.htm.
(10) Ria Oomen-Ruijten, NEW CHANCES FOR YOUNG PEOPLE, http://www.context-europe.org/ca23e.html

第8章

終焉に近づく石油文明の姿

I. 序論

1. 緒言

　すでに第2章で紹介したように、現在、多くの識者が、原油生産がピークを越えつつあると指摘している。今、我々は、残余の石油を十分に利用し、石油文明に代替する新しい文明の蘇生に向けた文明転換プロジェクトに参加すべき立場にある。今後、少なくとも2050年までの期間は、人類史にとって極めて重要な出来事が発生する時期であると考えられるので、本章では、その期間に焦点をあて、ごく最新のデータにもとずき、来るべき30～40年間のエネルギー文明の推移を予測し、結果を紹介する。また、2006年以降の世界のエネルギー[注)1]生産の推移について、著者自身が評価した世界人口データを含め、各種世界人口のシナリオ分析を比較し、終焉に向かう石油文明について述べる。

　エネルギーアナリスト、ヤングキスト（Walter Youngquist）の言が石油の持つ意義の全てを物語る：
　「現在の世界の経済需要を包括的に満たせるような石油代替原料は見当たりません。石油のもつ比較的高いエネルギー密度、取り扱い容易性、多様な最終

(注)1　一次エネルギー（Primary Energy）：石油、天然ガス、石炭など自然天然物として得られる燃料。これからガソリン、コークス、電気、水素などの二次エネルギーが得られる。ただし、水力発電と原子力発電も一次エネルギーに数えられる。本稿でエネルギーというときは、一次エネルギーのことである。（第1章参照）

用途を顧みれば明白です。しかし、全世界の原油生産がピークを打とうとしている今、今後迎える原油生産下降時代は、世界中に、かつて経験したことがない衝撃を生み、文明史上の分岐点になるでしょう。しかも、この事象は、今日生存する人々の人生の最中に、確実に発生するのです。」

(Youngquist, R. C. Duncanへの手紙, 2004)

　現代文明は、燃料や原料を枯渇型資源である石油と天然ガスに依存している。かりに、これらが自由に入手出来なくなるとすると、経済や社会はどのような状況に変化するだろうか？　一部は石炭や原子力で補うことも可能である。しかし、これらは多様な利便性、環境保全性、安全性、価格性において、石油と天然ガスに劣る。たとえば、長距離輸送手段は、鉄道に限られ、トラック輸送は行えなくなるであろう。

　約40年前より、毎年「石油の時代は今後40年である」といわれ続けて久しい。これは、ある年の確認可採埋蔵量（PR）をその年の生産量（P）で割り算をして算出され、それ以降の生産維持年数（可採年数）のことである。しかし、人口増加が続くと、PRは当然減少するが、新しい発見の増加もある。また、OPECなど一部産油国の占有が生ずると、価格が上昇し、他の国々の経済へ悪影響をもたらす。さらに、国の内外を問わず、石油や天然ガスの入手可能性の有無により、経済格差が拡大する。それらの条件にも拘らず、漠然ながら根拠もなく、今後とも石油文明の時代が続くものと思っている人が少なくない（主として工業先進国）。しかし、それは、富裕な人々の身勝手な希望的観測であるに過ぎない。つまり、今後、石油の高騰とともに、石油文明に取り残された人々・国々・地域が増大すると、これらの傾向はより鮮明になり、すでに、第4章で述べた先行き不透明な21世紀テロリズム世界の拡大と共に、世界全体の統治機能は衰退し、局所的とはいえ、既に始まっている世界秩序の混乱状態が、今後増大し、激化していくものと考えられる。

第8章　終焉に近づく石油文明の姿

最近、原油生産のピーク現象が既に見られるようになったといわれるが、かりにその通りだとすると、今後、長期的に石油の高騰は必至である。そのような状況下では、多くの国の人々は物価上昇の不安に駆られる。最近の中国の例に見られるように、国家レベルでも、エネルギー・鉱物・食糧資源の買占めや防衛に走ろうとすることは自然であり、止めようもない。一方、世界の金融市場では、いきおい投機マネーが支配するようになる。前世紀末に発生した金融危機をみてもわかるように、世界中ですでにその兆候がはっきりと見えるようになっている。

「世界モデル」（"システムダイナミックス"と呼ばれる分析手法で、絡み合う多くの原因と結果の連鎖を記述する方程式を電子計算機で解くソフト）を利用すれば、世界や地域の経済・社会を予測できる[注2]。それによると、バブル経済のように、人口や経済のような社会システムが一方的で急激に成長する場合、その将来は、例外なくいずれ破局的な衰退につながる。すなわち、自然科学、社会科学を問わず、右肩上がりの"成長"が永遠に持続することはない。いずれ、このバブル的成長は、必ず弾け、衰退期に入ることは必定であり、避けられないと考えてよい。限りある石油燃料により、加速度的に成長した石油文明もまた、例外ではない。

本章で紹介するアナリスト、ダンカンの行った最新の予測は、世界のエネルギー消費と人口予測分析により、「一人当たりのエネルギー生産量（"e"）」を算出し、それを指標として、文明レベルを評価する手法を採用している。[1],[2]

(注) 2　システムダイナミックス：複合系、非線形系、フィードバックシステムなど、理工学のシステムのみならず、ビジネスや社会制度といった社会システムを対象に、問題を発見・研究・検証・管理するにあたり、効果的に利用できる数理的方法論である。たとえば、2004年の「成長の限界（LTG）」再改訂版（2004, 3.3.1参照）では、システムダイナミックス法により、241本の微分方程式でプログラムが組まれている。そこでは、10種類のシナリオにつき、主要結果として各基本変数の時系列変化を得ている。LTGモデルの特徴は、設定する前提に応じて、社会の深い貧困化はもとより、より高レベルの福祉を含めて、変動する多様なシナリオを対象に、将来予測ができる点にある。

彼の計算に基づくと、急激な石油文明衰退が始まる時期は2008年頃であり、その後22年間の長きにおよび、「文明（"e"）」は急激に30％まで衰退を続け、2030年頃になって、食糧生産により制約される人口維持レベルと平行しつつ、2050年頃、やっと一息つくとのことである。

　彼の予測は極めて厳しいものであり、ダンカン自身、変化の急峻さより「オルドバイ（Oludubai：断崖絶壁）仮説」と呼んでいる。本章では、ダンカン予測のみならず、有名な「成長の限界」予測の他、著者自身の評価による「エネルギー・人口仮説モデル予測」など主要な人口予測をもとに、今後予想される石油文明の終焉について、可能性のある具体的な展開を紹介する。さらに、いずれ20〜30年後にも迎えることになる新しい文明の設計と構築開始への準備の必要性についても論ずることにする。

1．2　オルドバイ仮説
　この仮説はダンカンが石油文明の推移を定量的に表現するにあたり根拠としたものである。（3.3.2も参照のこと）

　この仮説では、現代石油文明が"電力"により規定されるとの大前提をおいている。指標"e"（＝一次エネルギー／人口）により定義される石油文明において、中核的駆動力は電力であるとしている。その理由は、停電をすると、たとえ燃料が残っていても、工場の機械システムや社会の通信システムが制御機能を失うので、関連する社会的・経済的活動の大半は止まらざるを得ないからである。それは生命維持の基本線（ライフライン）をもつかさどるので、世界人口も"e"の低下に沿って減少する。後に述べるように、この仮説によると、石油文明の寿命は、およそ1930〜2030年頃の約100年であるが、今、そのうちの74年間はすでに過去となり、残すところ30年弱に過ぎないという。（図9参照）。

　「オルドバイ仮説」は元来、歴史家、アダムス（Henry Adams、1838〜1918）

第 8 章　終焉に近づく石油文明の姿　　281

により、主張された。アダムスは「エネルギー」を幅広く捉え、蒸気機関や電力のみならず、組織の経営能力もその一つであるとした人物である。

「殊に、歴史を加速する大きなプロセスの一部である"電力"の支配は、いずれ社会の必然的衰退につながるものである。すなわち、たとえ電力が開発されても、究極の結末は、黙示録的に、その文明の終焉に他ならない。」（アダムス）[3]

彼は、当時の全く新しい力"電力"について仮説を発表した：「新エネルギーである"電力"のもたらす回転駆動力と白熱電灯が、社会の無秩序と破滅を加速する。」（アダムス、1893年シカゴ世界博覧会で）

「あらゆる自然の創造と比較しても、一種の神業である計り知れない力、蒸気機関、化学の力、放射線のみならず、新時代の米国人は、さらに、今現れた未知なる力"電力"の申し子となった。新しい力の教える教訓は何か？　新しい米国人のとりうる道は自由かつ無数であり、間違いや欠点が、あえて指摘される必要がない。しかし、間近に迫る"新しい力（電力）"の普及によって、社会のスタイルは極めて過激であり、かつ高圧的（例えば教育）なものになるであろう。」（アダムス）[4]

サムエルス（Ernest Samuels）は、アダムスの本を要約した[5]：
「アダムスは幸運にも、無限の機会と進歩という18世紀のアメリカンドリーム（結局、資本主義社会の悪夢"堕落した道徳性"というジレンマにつながった）を見た。事実、科学は自然の征服において、力強い進歩を可能にしながら、矛盾もまた成長させた。人類は"人間性"を喪失する結果、いずれ敗北を喫することになるであろう。」

1．3　電力文明

　電気は余りにも身近であるために、その供給が途絶することは想像さえ難しい。近年、先進国における日常生活においては自然災害が原因であるか、システム障害が原因であるかを問わず、電力障害（停電）が多発するようになった。これは、電力系統システムの肥大化・複雑化にかかわらず、資金不足のために維持活動が不十分になっていることがその主原因である。本章では電力文明が石油文明と不可分であることより、電力文明の特徴とその将来性について論ずる。（附録1参照のこと）

　2003年に発生した米国カリフォルニアやカナダ、シカゴでの停電を始め、我々が過去に経験しなかった規模の停電が既に高い発生率で起こっている。個々の停電の原因は些細なことの積み重なりであっても、大停電が発生することが例外ではなく、茶飯事となった。例えば、わが国でも、豪雪が引き起こした電気短絡現象が原因で列車が止まったことは記憶に新しい。さらに、2006年8月、千葉・東京で発生した大停電の場合、送電線の下をクレーン船運転員がブームを伸ばしたまま航行した結果、電線を切断するというミスが大停電につながった。クレーン船作業員のミスといった単純な欠陥のもたらす誘因が発端となり、異例な災害が発生する。そして、しばしば社会的に大きな影響を与えることがあることを示している。

　かりに大規模な停電が不可避であるとしても、予想される事故の回復技術の開発が常時遅滞なく進められなければならない。通信網にせよ、道路にせよ、電力系統にせよ、ネットワークシステムの長期に及ぶ不具合の発生が、現代社会の維持にとって、致命的に成り得るとの認識が肝要である。今後とも、石油、ガス等の一次エネルギーの供給不足のみならず、システムが複雑・肥大化するにもかかわらず、保守資金の不足によって、先進諸国において発生する停電現象が頻発するようなら、国際経済が厳粛かつ深刻な影響を受けることは避けられないであろう。[6]

電力は比較的安全で、かつ容易に制御できるという点で、他に代われるものがない。事実、世界の最終需要エネルギー形態のうち、石油（熱源および動力源）が35％であるに比し、電力が43％を占めている。一次エネルギー源の多くが発電用に使われている。その発電利用割合を表1に示す。[注]3

表1　一次エネルギー源の発電利用割合

	一次エネルギー源	発電利用割合（％）
1)	石　油	7
2)	天然ガス	20
3)	石　炭	88
4)	水　力	100
5)	原子力	100

出典：文献(1)

工業先進国において、最終需要に果たす電気の役割は顕著なものであり、極めて重要である。例えば、米国の場合、社会部門において2003年に消費した部門別最終需要における電力利用のシェアは表2のようになっている。

表2　部門別最終需要における電力のシェア

	最終需要部門	電力利用のシェア（％）
1)	輸送部門	0.2
2)	産業部門	33.3
3)	民生部門	65.9
4)	商業部門	76.2

出典：文献(7)

以上の特徴をもつ"電力システム"が高い信頼性の維持が前提となる保守・運転環境下で理想的に機能すれば、電力系統が確実かつ常時的に機能することが期待される。しかし、たとえば米国の場合、過去40年間のデータをみると、停電が理論予測以上に頻繁に発生するようになり、最近、その数は増加している。今後、電力系統において、低確率で発生する大事故を妨ぐには、多大の費用がかかるといわれる。各種の対策は、高コストであるのみならず、中には対

(注) 3　各一次エネルギーの発電比率で発電量を見積もった。この変換には暦年のWorld Energy（2006年6月、bp.com）のBP Statistical Review（BP統計年報）「世界消費量」と先の発電向け一次エネルギー消費量を算出した。

策の結果生ずる相互作用が想定外であるために、別の不具合が発生し、逆効果を生む可能性さえある。すなわち、大停電は大規模な落雷や竜巻のみにより起こるものではない。[8]

1．4　恒常的停電発生の可能性

世界的にみると、電力系統が故障停止したまま長期に回復しないケースが現れる懸念が指摘されている（今の日本ではその恐れは小さいが米国ではそうではない。[注]4

国により、事情は異なるが、それには幾つかの理由がある。なによりも大きな原因として、直接的に、燃料の供給不足があるが、これはカリフォルニアでの大停電のように、間接的に電力販売の自由化に伴う契約履行上の問題としても起こり得る。それと並んで、恒常的な運転・保守の資金不足がある。「世界エネルギー機関（International Energy Agency=IEA）」によると、2003〜2030年の累積的な世界的エネルギー投資額需要は約15.32兆（2000年米国＄）ドルで、各一次エネルギー毎のシェアは表3に示す通りである。

表3　2003〜2030年の累積的な世界的エネルギー投資額需要[9]

	一次エネルギー	経費（兆ドル：2000)	シェア（％）
1．	石　炭	0.29	1.9
2．	石　油	2.69	17.6
3．	ガ　ス	2.69	17.6
4．	電　力	9.66	63.1

出典：文献(9)

表3より分かるように、世界全体で電力供給に要する予算は、石油単独の必

(注)4　2001年5月31日付けダンカン私信によると、現代文明の礎石は二次エネルギーとしての電力であって、一次エネルギーである石油やガスそのものではない。米国における電力供給の問題点として、以下の3点がある。
　① 余剰の供給容量余力がないので系統が脆弱であること。
　② 燃料費の高騰に従い供給が不安定化すること。
　③ 電力系統自身の信頼性が低下していること。

要予算の3.6倍にも達し、石油、ガス、石炭に必要な予算の合計をさえ上回っている。

　現在、債務に喘ぐ先進諸国、都市、企業の資金状況をみると、全世界がエネルギー開発のために2030年までに必要とする予算の15.32兆ドルを調達することは不可能に近い。さらに、農業、道路、街路、学校、鉄道、水資源、下水システム等の社会基盤の保守予算も必要である。貧しい消費者の中には、今後、電気代を支払えなくなり、一部、極貧者が低電圧送電線よりの直接盗電分の消費電力処理は"送電ロス"と算定せざるを得ない状況にさえ生まれる。

　わが国においては、比較的事故停電は少なく、米英の1割程度、フランスの2割程度であると言われる。しかし、これは諸外国にくらべ、高い電気代により、電力会社による電力設備の十分な保守が余裕をもった予算でなされているためである。しかし、石油高騰とともに、省電力の時代を迎えると、電力会社の収益は減り、十分な保守が出来なくなるであろう。

Ⅱ. 世界の一次エネルギー生産

2．1　世界の一次エネルギー生産の歴史
　今日の工業先進国は、いずれも、かつては発展途上国であり、その発展段階時期において、指数関数的成長（いわゆる倍々ゲーム）のような高度経済成長を当然とする楽観的な産業文化により発展してきた。しかし、この指数的な成長には限りがあり、一定成長の後、さらに成長が鈍化、ないし低下する時期に入る。

　過去の世界の全（一次）エネルギー生産（消費）（1925～2003年）を図1に示す。

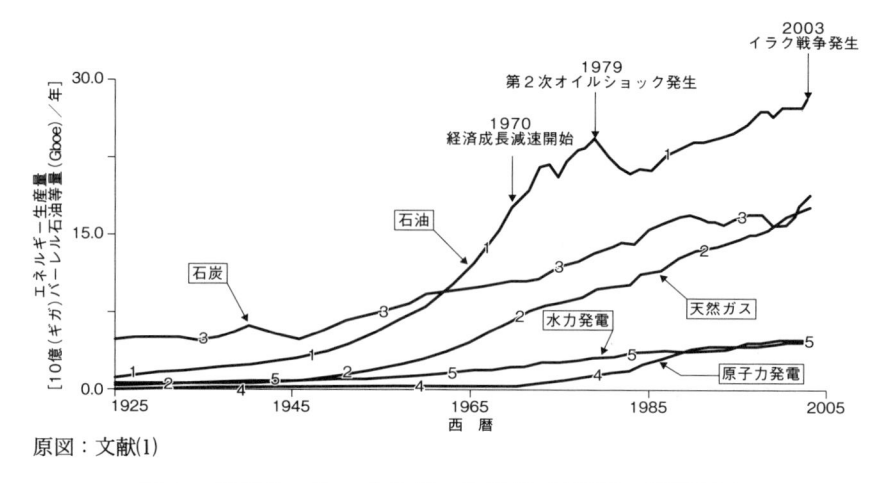

図1 世界の一次エネルギー生産量（1925～2003年）

　図1より、5つの一次エネルギー源のいずれの生産高も、1975年以降指数関数的増大は見られない。すなわち、1975年には世界のエネルギー生産の指数関数的増大は事実上終了したことが分かる。今後、石炭生産や原子力発電が短期間に指数的な成長はあり得るかもしれないが、これらが石油、天然ガスの役割を代替できるエネルギー源ではないことを考慮すると、石油文明の終焉の阻止には寄与できない。

2．2　世界の原油生産予測

　2000年時点での世界の原油生産予測の一例は、図2に示すとおりであり、この曲線は、統計学的に、2000年初頭をピークとする正規分布で近似できる。原油生産のピークはほぼ2007年後であり、2060年頃には安価な石油の入手はほぼ皆無となるという「ダンカン予測」の前提とも一致している。

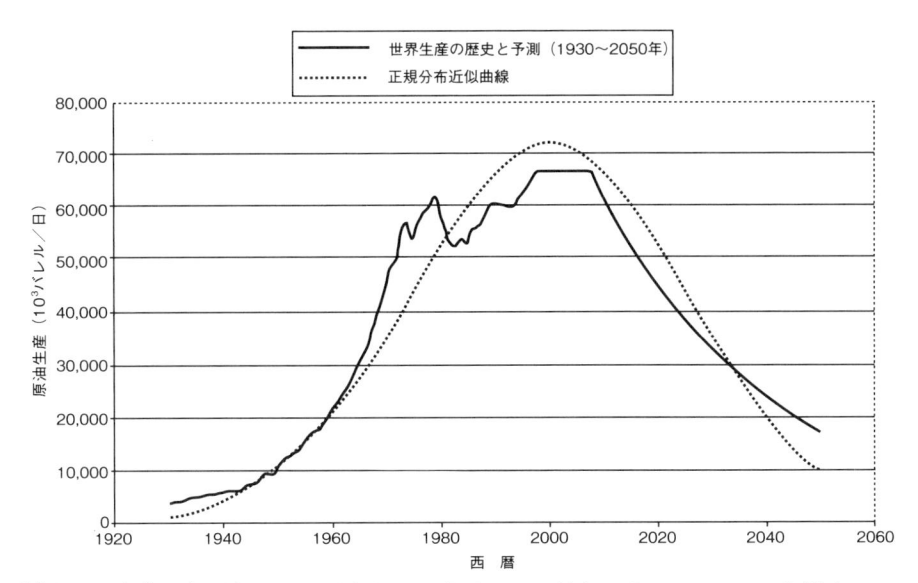

原図：Cambell, Colin., The Coming Oil Crisis, multi-Science Publishing Company, 1988、文献(10)

図2　世界の原油生産の歴史と予測

Ⅲ．世界人口の推移

3．1　政府・国際機関の公的シナリオ

　現在、広く普及している国際連合などの"公的"な人口予測シナリオは、基本的に現状の延長であり、2050年までの世界人口予測のシナリオモデルに比べ、高レベルに置く傾向がある。たとえば、①米国国勢調査局（USCB）では、図3にみられるように、2050年の世界人口を92億人と見積もっている。一方、国際連合（UN）は2050年人口シナリオでの見積りでは、図4に見られるように：①106億［高位］、②89億［中位］、③74億［低位］である。これら公的シナリオの特徴は、各国が報告した出来るだけ客観的なデータの積み上げや、合計特殊出生率（一人の女性が一生のうちに生む子供の人数）推定より算出した結果であり、エネルギーや天然資源の入手性は配慮されていない。

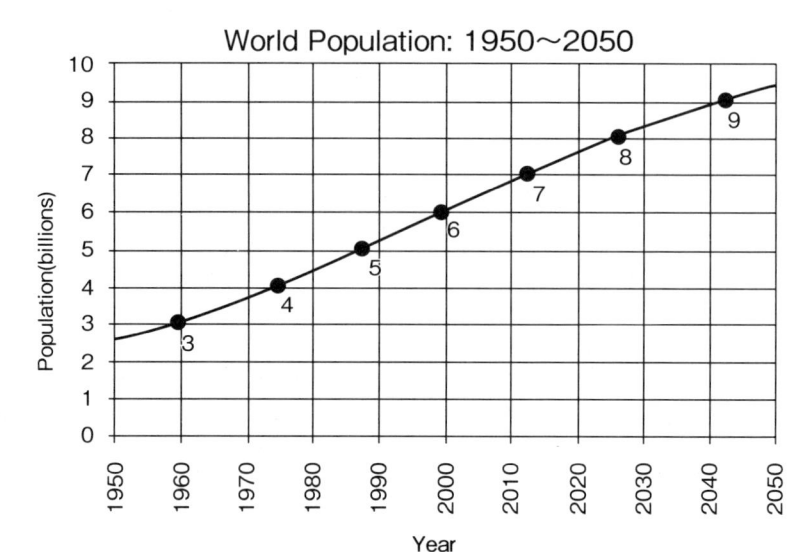

原図：米国統計調査局、2006年8月版、Billionは10億
図3　世界人口の推移と米国国勢調査局による予測推計値

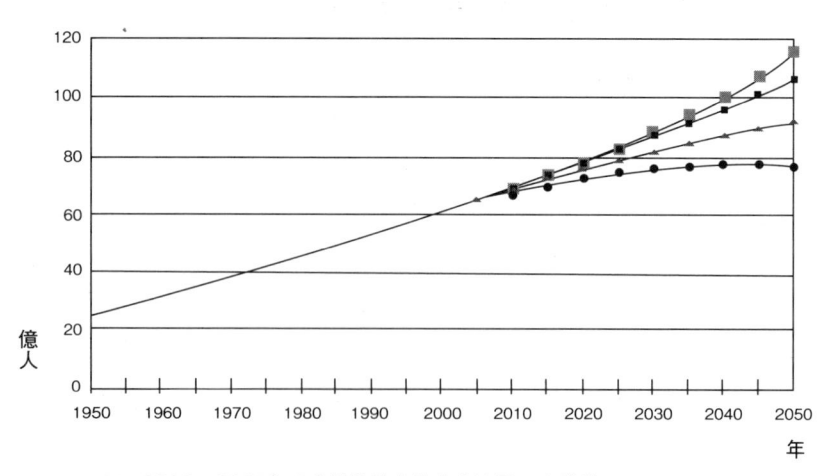

- ■ 2000～2005年の合計特殊出生率を適用した推計
- ■ 高位推計
- ▲ 中位推計
- ● 低位推計

原図：国連人口基金、2005
図4　世界人口の推移と国連による予測推計値

「世界人口レベルが自然レベルへ回帰することを喜ぶべき人はいないにしても、先進国の為政者は、自分が初めて直面した人口問題の本質を認識しているのだろうか？　すでに人口の上昇率が低下しているにも関わらず、未だ人口は増加中であるとの情報に目がくらんだまま、安心しているのではないのか？」

スタントン（Stanton, W.）[11]

「地球温暖化」が及ぼす耕地、食糧、水などの生存の基盤への影響、止めを知らぬ民族紛争、AIDSの蔓延、さらに今日すでに進み始めた"資源獲得戦争"に歯止めが掛からないとすると、いずれ世界人口は減少する。それらの原因を考慮したシナリオに基づく人口予測は人口減少において劇的なものであり、信じ難いと感ずる人も多いに違いない。

3．2　エネルギー消費と人口

1750年の世界人口は、ほぼ7億2千万人であった。それ以前の1,000年間の平均増加率は0.13％/年であり、人口の倍増期間は500年であった。したがって、今日の60億人の人口レベルに達するには、1,500年を要し、その時点は西暦3250年頃になる筈であった。この傾向が外れた原因は18世紀の「産業革命（Industrial Revolution）」により始まった死亡率の減少という「死亡率革命（mortality revolution）」の発生のためである。産業革命は科学・技術・輸送・通信・農業などあらゆる分野における革命であった。人口増加は基本的に、生活空間拡大停止と食糧の生産条件劣化という二つの制約を受ける。人口が増えると、物価は高騰し、栄養不良、飢餓が発生するので、それを吸収するための新しい開拓地（フロンティア）への移住、戦争による領土の拡大が起こる。すなわち、人口増加の及ぼす"圧力"が人口増加を抑制するする方向に機能する。当然、人々の生き残りは、より厳しく、熾烈なものとなる。「人口論」で有名なマルサス（Thomas Malthus）の主張では、飢饉や疫病の影響を受けやすくなり、死亡率が増大する「正の制限（positive check）」のみならず、独身主義、家族計画、婚姻年齢の高齢化などにより、出生率が低下する「予防的制限（preventive check）」により、人口

増加に歯止めが掛る。(Thomas Malthus: Essay on Population, 1798) したがってその結果、ある一定の人口レベルにおいて「定常状態 (homeostatic state)」に到達する。

しかし、米国の例に見られるように、フロンティア開発や、技術革新により、「制約人口レベル (Population ceiling：人口容量)」を新しいレベルに移動させることができる。そのような要因のひとつとして、エネルギーがある。石炭・石油・天然ガスが自由に取引されなければ、今日の65億という「人口扶養力 (carrying capacity)」を維持できるようにならなかったであろう。[10]

以上の前提のもとに、バイオマス (Biomass)、石炭 (Coal)、石油 (Oil)、天然ガス (Natural Gas) について、使用開始時点から各燃料ごとの人口増加を統計学により「ロジスティックス分析」[注]5をし、全人口から、古くから利用されている再生型エネルギーであるバイオマス燃料寄与分と、ここ数百年枯渇の恐れのない石炭寄与分を差し引くと、1930～2000年頃の人口増加分約30億人は、ほとんど石油と天然ガス消費に基づくことが判明した。(ただし、ここではエネルギー消費比率が20%以下のエネルギーの人口寄与は顕著ではないとしている。したがって、ここでは、原子力と水力は考慮されていない。)

石油生産がピークを迎えるという、いわゆる"ピーク・オイル"説によると、この人口増加に寄与した安価な石油の生産は、2007年頃をピークとして、以後低下に入り、2060年頃にはほぼ利用不可になる。天然ガス生産も2019年頃ピークにはいる。(第2・3章参照のこと) 2080年頃以後は、"石油人口 (Oil Population)"と"天然ガス人口 (Natural Gas Population)"のいずれもが、事実上寄与しないと見られる。その場合、2080年時点での"バイオマス人口 (Biomass Population)"は約12億人、"石炭人口 (Coal Population)"は約22億人であるので、原子力発電と水力発電の寄与を除いた世界人口は約34億人レベルまで減少すると見積られる。

(注) 5　資源が豊富な限り、初期レベルより、一定レベルに漸近する時間分布で初期データを近似し、将来予測をする分析手法。

第8章 終焉に近づく石油文明の姿　　291

図5、6に「エネルギー・人口仮説モデル」に基づく人口予測を示す。

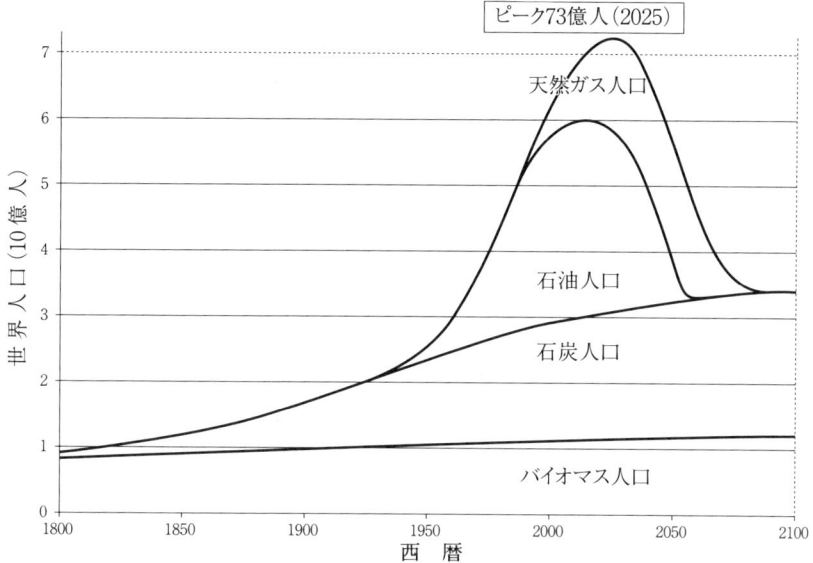

原図：文献(10)のデータを追加修正し、著者が作成
図5　エネルギー・人口モデルによる世界人口予測(1)

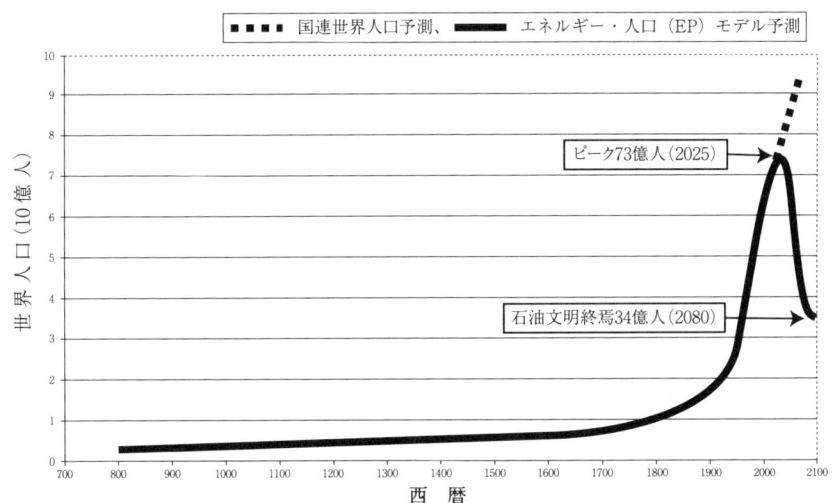

原図：文献(10)のデータを修正し、著者が作成
図6　エネルギー・人口モデルによる世界人口予測(2)

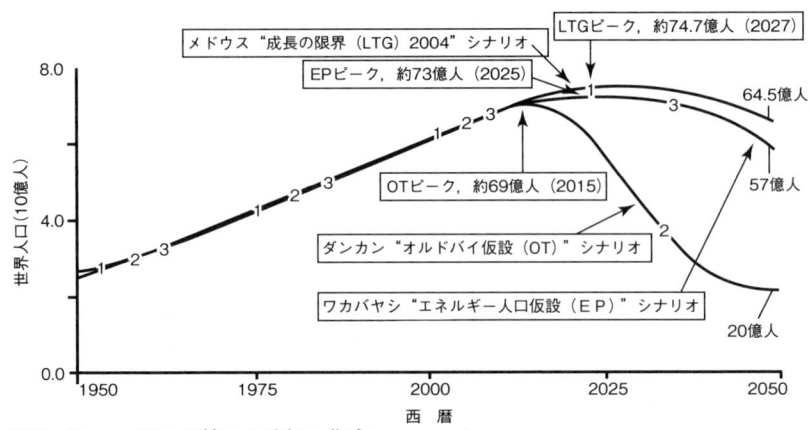

[図7: 各種シナリオに基づく典型的な世界人口予測。曲線ラベル: メドウス"成長の限界(LTG)2004"シナリオ, LTGピーク 約74.7億人(2027), EPピーク 約73億人(2025), OTピーク 約69億人(2015), ダンカン"オルドバイ仮説(OT)"シナリオ, ワカバヤシ"エネルギー人口仮説(EP)"シナリオ, 64.5億人, 57億人, 20億人。横軸: 西暦 1950–2050、縦軸: 世界人口(10億人) 0.0–8.0。原図: Duncan 05に曲線3を追加し作成]

図7 各種シナリオに基づく典型的な世界人口予測

　以上、代表的な3つの人口シナリオモデルの予測結果を図7に示す。曲線1はシステムダイナミックスの世界モデル（最近改訂・検証されたもの）に基づいている。曲線2は、過去のダンカンの研究：世界原油生産の9つの予測結果（#1〜#9）と複数の人口研究者の研究成果に基づいている。曲線3は、「エネルギー・人口仮説モデル」をもとに、著者が評価したものである。以下、これら3つのシナリオ内容につき説明する。

3．3　世界人口モデル

　人口予測シナリオは、いずれにしても投機的性格があり、予測の当否は、未来のみが知り得るものであることを予め指摘し、強調しておきたい。すべての人口データは、参考に過ぎないので注意が必要である。

3．3．1　「成長の限界」モデル

　「1970年時点、工業先進国の多くは急速に成長しており、絶えず、世界中の資源国から、大量の供給を求めている。今日、資源のほとんどが発展途上国よりもたらされる。資源を供給する諸国が自分自身の需要と入手可能な供給が見

合う時を予測し、資源輸出を抑え始めると、どうなるであろう？先進国はそれを許容できるか？　そして、地球上に資源がまだ存在するとき、生活レベルを低下させることができるか？　それとも、資源不足の圧力の故に、国際紛争の新しい時代が来るのだろうか？」フォレスター（Forrester, J. W.）[12]

　1970年ローマクラブ（Rome Club）は、MITのメドウズ（Dennis Meadows）と17人の学者チームが支援し、「人類の苦境に関するプロジェクト（Project on the Predicament of Mankind）」研究において、「システムダイナミックス法」により、最終的に5つの決定要因（人口、農業生産、天然資源、原油生産、汚染）につき評価し、世界経済の成長の限界の検討を依頼した。[注]6

　ここで紹介するモデルは、30年後再改定版（2004年）に現れるメドウズ等の「参照（基本）シナリオ」である[13]：「20世紀では、いずれの国でも保守的な政策がとられ、あらゆる分野で主要な改革が進まない状態が続いた。今後、たとえ人口と生産は増加しても、いずれ入手が困難になる枯渇性資源の事実上の枯渇によって成長が停止する。資源の流通を持続させようとすると、これまで以上の投資を必要とする。総じて、先進国では他の経済部門への投資不足の結果、財とサービスの生産は低下する。それとともに、食糧、保健サービスが減少し、平均寿命は短縮し、死亡率は増大する。」

（注）6　最初期の検討成果は、「成長の限界（Limit to Growth=LTG）」なる表題で刊行された（Meadows, D. H.. Meadows, D. L., Randers. J., & Behrens, W. W., III. (1972). The limits to growth (1974, second ed.). New York: Universe Books.)、それより20年後「限界を超えて（Beyond the Limit）」で改訂版が出された（Meadows, D. H., Meadows, D. L., & Randers. J. (1992), Beyond the limits: Confronting global collapse, envisioning a Sustainable future. Post Mills, VT: Chelsea Green.)。さらに、2002時点の研究を「成長の限界―30年後再改訂（Limit to Growth: The 30-Year Update)」として、再改訂版が公表されている（Meadows et al., 2004)。これらのうち、メドウズ（Donella Meadows）による「成長の限界」原典（1972年）とその後、3回の改訂モデルが最良の人口モデルであると言われている。1974年メドウズ等による「有限な世界における成長のダイナミックス（Dynamics of Growth in a Finite World, Meadows, et al., 1974, 27-191.)」に詳述されている。方法論につき、幾つかの批判はあるものの、メドウズモデルはそれ以来も一定の評価を失っていない。

LTG基準シナリオにおける世界人口のピークは、74.7億人で2027年に発生する（図7－曲線1）。彼等は人口ピーク発生の主要因は、「投資余力の欠如である」としている。

　彼等の主張は：2002年時点ではまだ持続可能性を達成する時間が残っているので、今後、世界は文明のコースを迅速に変えなければならない。しかし、2022年では遅すぎる。持続可能性に向かい進む際、荒れ狂う海路や空路にあって20年もの遅延は、目的地到達は覚つかない。一部の国にとって、かつて余裕のあった政策も、世界的にみると、最早、余裕のない状況に陥るであろう。

　しかし、ダンカンは、「成長の限界―30年再改訂版」の結論は楽観的に過ぎるとしている。[1]

3．3．2 「オルドバイ仮説」モデル

　「恒常的な停電事象発生の結果、文明国の社会基盤が、例外なく機能不全に陥り、何百万という失業者が発生し、商品生産が全体的に削減し、おそらく、人口の75％（約45億人）が餓死し、25％（15億人）が最低レベルの生活水準に陥り、空前絶後の修復不能な惨事が発生するであろう。」

サーリング（Thirring, H.）[04]

　ダンカンモデルの中では、世界人口の収斂値として、多くの研究者の主張を参考に作られている。彼の「オルドバイシナリオ（Oluduvai Senario）」の基本的仮説として、石油と天然ガス生産がピークを過ぎると、世界人口が石油文明以前のレベルに向かい急速に低下することが避けられないとの前提が置かれている[注7]。

　オルドバイシナリオで世界人口ピーク（2015年に69.0億人）を2050年以降20億人まで低下すると見積もっている理由は、2050～2100年に20億人の人口レベルに止まることを主張する以下の研究者の存在である。[注]8

① オーストリアの物理学者サーリング（Hans Thirring）：急速に増加する世界人口が停電にますます脆弱になっており、「恒常的な停電」発生により世界人口のおそらく75％が減少する。[14]

② ピメンテル夫妻（D. & M. Pimentel）：将来世界は、人口減少に見合うエネルギーと食物の供給に適応しなければならない。世界国家は60億近くより約20億人にまで世界人口を減少させる計画を展開しなければならない。人間により人口抑制出来なければ、自然がそれを果たす。[15]

③ カリフォルニア州、ニュー・カレッジ大ハインバーグ（Richard Heinberg）教授：石油とガスの枯渇が燃料と原料さらに製品である化学肥料、農薬（殺虫剤、除草剤）の価格が急上昇・高騰するであろうと予想している。したがって、安価な石油がない条件での現代農業では、石油文明以前のレベルより少ない人口レベルの20億人分ぐらいしか食糧供給ができない。[16]

④ ヤングキスト（Walter Youngquist）：第三世界が最低限の生活をする多くの人口をまだ抱えていることを考えると、20億以下に減少する時点は早くとも2050年以降であろう。ところで20億人は、よく言われるように、おそらく再生可能な自然の資源経済で維持できる限界である。勿論、生活レベルは、現在のレベルを維持できそうにない。（W. Youngquist, R. C. Duncanへの手紙、2004）

(注)7　2005年以降にけるダンカンモデルの人口予測のモデル（学習モデル：ユーリスチックス）は次の通りである：①2005年を超える数年間においては2004年までの傾向を維持する。②2050年以降における人口が20億人に収斂すると仮定する。③人口がピークをうつ時点を中心に左右でほぼ対称になる。③以上の条件を満たす滑らかな曲線を選び（"e"）を計算する。④2050年近くで、人口曲線の形が比較的（"e"）に比例するような人口曲線を探す。

(注)8　ダンカンはさらに、世界人口を約20億人近くであれば長期に維持できるとしたアナリストとして、3人を挙げている：マクルニー（Ross McCluney www.futureofhumanity.org）；ヘイドン（H. C. Hayden）「"10億以下"、the Solar Fraud、2004、230.」；トムソン（Paul Thomson）「"約10億"、www.wolfatthedoor.org.uk」。
　Dr. Ross McCluneyは、生命維持装置としての地球システム分析の結論：(a) 地球の持続可能性の人口維持力は3倍超えている；(b) 世界中が平均的に北米の生活レベルを望むとすると3個の"地球"を必要とすると主張。（06/3/29ダンカンよりのメール）

3．3．3 「エネルギー・人口仮説」モデル

本モデルは主要4エネルギー（バイオマス、石炭、石油、天然ガス）をとりあげ、各エネルギーが、各々独立に、人口レベル収容力の上限（Population Ceiling、またはCarrying Capacity）に預かっているとの仮定のもとに、過去のデータを統計学上のロジスティック曲線に当てはめ、人口予測を行うものである。(注)9 但し、石油と天然ガスについては、生産がピークを打つことを考慮すると、推定予測結果は：「石油と天然ガスの生産がほぼ正規分布に従うとすると、バイオマス人口と石炭人口増加の寄与が手伝って、人口は2025年に73億人でピークを打ち、それ以降、世界人口は上昇時と対称的に減少に転じ、2050年には57億人、2080年には34億人となるが、以後、石炭・バイオマス人口の寄与により、ゆっくりと上昇する。」（図5参照）

3．4 シナリオに基づく世界人口予測の比較

政府・国際機関の公的な予測を含め、各種主要人口シナリオについて、2004年以降の主要な人口データの特徴を整理し、表4に示す。また、主要3シナリオのモデルの特徴を表5に示す。

表4　主要な世界人口予測の特徴

米国国勢調査局 (USCB, 2004)	国際連合 (UN, 2005)	成長の限界 (LTG) シナリオ (Meadows et al., 2004)	オルドバイ仮説 (OT) シナリオ (ダンカン、Duncan 06)	エネルギー・人口仮説 (EP) シナリオ (若林、2007)
		約74.7億 (2027ピーク)	約70億 (2015ピーク)	約73億 (2025ピーク)
92億（2050）	106億［高位］、89億［中位］、74億［低位］(2050)	約64.5億 (2050)	約20億 (1925, 2050)	約57億 (1995, 2050)
			参考：17.3億 (サーリング、Thiring, 2050)	

文献(1)のDuncan原データに、新シナリオデータを追加し作成

(注)9　2005年以降における若林モデルの人口予測のモデル（学習モデル：ユーリスチックス）は次の通りである：①2005年を超える数年間においては2004年までの傾向を維持する。②人口がピークをうつ時点はエネルギー生産ピークの2016年を中心に左右で、ほぼ対称になる。③2080年近くで、「バイオマス人口」と「石炭人口」の和、34億人になる人口曲線を探す。

表5　各種人口シナリオ間における差異の原因

	成長の限界（LTG）（メドウス）	オルドバイ仮説（OT）（ダンカン）	エネルギー・人口・仮説（EP）（若林）
世界の一次エネルギー生産	個別の燃料については分析していない。	個別の燃料について考慮している。	個別の燃料について考慮している。但し、水力／原子力の寄与は個別には考慮されていない。
石油文明の崩壊の原因	間接的原因（汚染など）を考慮する。特に「設備保守予算の欠如」が主要原因。	直接的には恒常的な停電の頻発（最近、個別ないし、地域的に、世界全体として停電が増加の傾向にある）	石油・天然ガス資源の枯渇に基づく人口扶養力の減少。

文献(1)のDuncanデータを参考に作成

　表5に示すように、「メドウスLTGシナリオ」では、より多様で深い因果関係を考慮し、非再生資源の枯渇、初期資本と運転経費の予算の不足、土壌流失、石油及び農業生産の低下、"ピーク・オイル"事象の発生、地球温暖化、公害、森林破壊、帯水層の沈下、失業、資源戦争、世界的な疫病蔓延など、多くの原因・結果の相互作用を含む複合的な結果であるとしている。一方、「ダンカンOTシナリオ」では、恒常的な停電発生を石油文明の崩壊を加速する原因としている。また、「若林EPシナリオ」では石油・天然ガスの事実上枯渇により、その分の人口収容能力を失うものと仮定している。

　とはいえ、これらいずれのシナリオにおいても、第5章に述べたような金融システムの機能不全による世界経済システムの混乱と、それが社会に及ぼす影響については触れられていない。事実、急上昇する米国の負債がおそらくドルの暴落につながり、エネルギー供給問題を超えて、現代文明にとって最大の脅威になる恐れがある。しかし、これら世界経済的原因を含む予測モデルは現在のところ存在しない。

IV. 平衡状態より減衰に向かう石油文明の指標

4．1　世界の一次エネルギー生産と一人当たり一次エネルギー生産

　世界のエネルギー生産と一人当たり一次エネルギー生産の歴史的推移を図8

図8 世界のエネルギー生産と一人当たり一次エネルギー生産（"e"）

に示す。

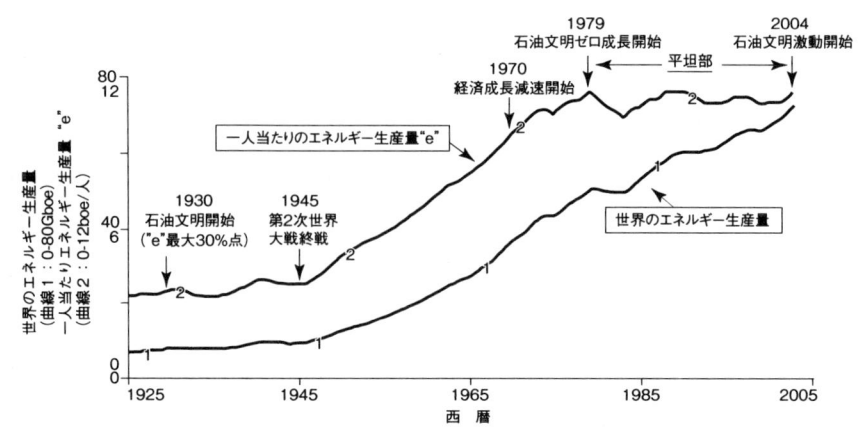

図8のデータの特徴を定量的に説明するために、世界の一次エネルギー生産、世界人口、一人当たり世界一次エネルギー消費の特徴を表6に各期間ごとに整理する。

表6 世界人口一人当たり一次エネルギー生産高（"e"）の増加率

期間（暦年）	世界一次エネルギー生産の平均増加率（％/年）	世界人口の平均増加率（％/年）	「世界人口一人当たり一次エネルギー生産高（"e"）」増加率（％/年）
1850～1909	4.6（1700～1909）	0.5	4.1
1909～1930	2.2	0.8	1.4
1930～1945	1.5	1.0	0.5
1945～1970	5.5	1.7	3.7
1970～1979	3.5	1.8	1.7
1979～2003	1.5	1.5	−0.0（"平坦部"と呼ばれ、事実上ゼロ成長）

出典：UN 2004；SCB2004

表6より、1700～1979年の間、世界一次エネルギー生産は世界の人口増加を優に上まわったが、1979～2003年の間では、一次エネルギー生産と人口増加は、

いずれも1.5％/年で拮抗した。「世界人口一人当たり一次エネルギー生産高（"e"）」は1700～1909年の間3.9％/年で指数的に増大し、それ以降、1.4％/年の定比率で増加したものの、1979～2003年の間はほぼ横ばいとなり、事実上、増加はない（図8）。この傾向をみると、"e"の大幅な増大・減少は、例外的な一時期を除き、1979～2008年頃の間では事実上起こらないと見られる。

4．2 「オルドバイ仮説」による説明

ダンカンの世界モデルは「オルドバイ仮説（The Olduvai Theory）」と命名されている。[注]10

アッカーマン（Frederic Lee Ackerman）[注]11 とは別に、ホワイト（White, L. A.）は文明が発展する条件として、次の3項目をあげた：①人口一人当たりの消費エネルギーが増加し、②エネルギー有効活用技術が向上し、③両者が同時に達

(注)10　オルドバイ（Olduvai）の由来
　「オルドバイ峡谷（Olduvai Gorge）」は、アフリカ北部タンザニアのセレンゲティ平原（Serengeti Plains）東部にある峡谷で、考古学遺跡が豊富に出土した。荒々しく極めて急峻な側面を持つ渓谷である、長さ30マイル、深さ295フィート。露出部分は化石と化した動物相、多くの人骨、「オルドワン（Olduwan）」と呼ばれる最古の石器技術による化石に溢れている。化石は210万年前から1万5,000年前にまで遡る。
　「オルドバイ峡谷（Olduvai Gorge）」は、1959年リーキー夫妻（Mary and Lois Leakey）の発見により、人間の起源の領域として、古生物学の焦点をアジアーアフリカに変えた場所として、つとに有名である。オクスフォード科学辞書（オクスフォード大学出版部、1999）によると、リーキー夫妻の功績がより古い時代の遺跡を提供したのみならず、これまで考えられていたアジアではなく、アフリカが人類発祥の中心地であることを示唆したことにある。
　石器時代考古学研究に相応しいこの最古の遺跡の場所の名称を、ダンカンは石油文明が遠からず崩壊して、人類を石油文明以前へと急激に戻すとの仮説を表示するために採用した。[(1)]

(注)11　Frederic Lee Ackerman（1878-1950：建築家）
　ヘンリーアダムズと同様、アッカーマンも「電気」が社会変化を加速させることに気づいた一人である。彼は1932に独創的論文「技術者の見る大恐慌（Technologist Looks Depression）」を発表した。西暦約4000BC-1750ADまで、人間の福利は、一般的に人手と2、3の単純な道具によって可能な仕事に限定されてきた。しかし、それ以後の社会変化には人類が生きる技術の変化が包含されると結論した。彼は定義する：「社会の定常状態」とは、消費されるエネルギーの一人当たり量が時間とともに顕著な変化を示さない社会である。したがって、それが顕著な変化を示す場合「社会変化」を示す。これより、「アッカーマンの法則」：世界の一人当たりエネルギー消費"e"（＝一次エネルギー／人口）により、あらゆる社会制度の健全性が診断できるとしている。[(17)]

成される時である。[18]

　この「オルドバイ仮説」を定量的に図9に示す。[注12、注13]「アッカーマン（またはホワイト）の法則」では石油文明のレベルは"e"（＝一次エネルギー/人口）をもとに定量化される。石油文明の期間を、極大値の30％の時点を起点とし、30％に戻るまでの期間であると定義すると、石油文明の寿命は約100年間（およそ、1930～2030年の間）ということになる。ただし、図9の曲線は、あくまで世界的な平均値である。したがって、国や地域に応じて、実体的な指標はこの曲線の上下にばらついた値をとることとなり、その差は取りも直さず、南北問題や文明間の格差などに対応することになる。先進国日本においては、他の先進工業国にくらべ、この平均値より上にあり、日常生活レベルにおいては直接的な影響の発生は大幅な期間遅れることになろう。一方、格差は国内的に拡大することであろう。図9の理解にあたってはこのような注意が必要である。

（注）12　クリフ現象発生の原因について
　　クリフの発生時点の変化は実に急激かつ極端に見える。その原因として、一次エネルギー生産、または人口の変化に極端な変化の兆しの存在が期待されるところである。オルドバイモデルでは石油以外の一次エネルギー生産に対しても、原油生産曲線（図2参照）と同様の生産シミュレーション方式（発見的予測法：ユーリステックス、第2章参照）を採用している。原油生産予測におけるユーリステックス適用法は以下の通りである。
　　①予測開始の初期の数年は過去の傾向を維持する。②2058年に原油生産は事実上停止する。③以上を満たす滑らかな曲線のうち、最低生産曲線（カナダのような、ピーク未到達の場合）または、最高生産曲線（アメリカのような、ピーク既到達の場合）に沿いつつ、推移し、尚かつ、2058年までの累積生産量が推定可採埋蔵量に合致するような曲線を原油生産予測曲線とする。このように、一連のエネルギー予測（ダンカンモデル#1-#10）の全てがクリフ発生をおよそ2008年頃とするに役立ったが、中でも、[19]世界の原油生産予測#2の約2007年とするピーク事象が最重要であることが分った。（2006年4月6日ダンカン私信）

（注）13　図9に見えるクリフ開始を示す折れ曲がり現象は、主として以下が原因である。
　(1)　世界的な天然ガスの急激な供給不足（2007年頃より）が懸念されること。
　(2)　世界最大の原油確認可採埋蔵量を誇るサウジアラビアでの原油生産が2007年にもピークになり、その後は、極端に低下するという予測（ダンカン予測#10：未発表データ）があること。
　(3)　その結果、世界原油生産のピークもまた2007年頃であると予測されること。
　　実は、背景として、ダンカンは1985～1992年の間サウジアラビアで石油産業で働き生活した経験がある。また、シモンズ（Matt Simmons）も著書「砂漠の黄昏（Twilight in the Desert)、2005」で同主旨の内容を述べている。（ただし、サウジアラビアの石油資源については、現在も十分な地質調査がなされていないと言われる。）（05/10/27ダンカン私信）

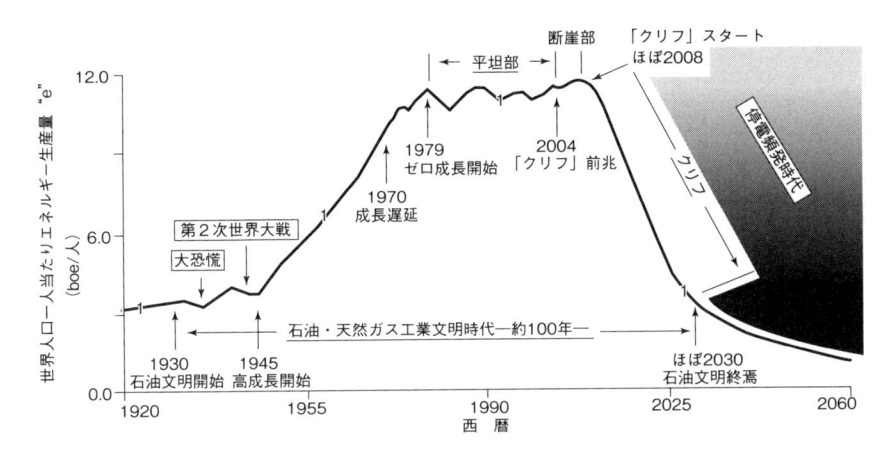

図9 「ダンカン・オルドバイ仮説」：1930～2030年

4．3　石油文明の崩壊過程

図9に見られるオルドバイ解析結果の特徴は以下の通りである：

(1) 1930～1945年："e"は大恐慌と第二次世界大戦の間、不規則な成長を示す。"大恐慌時代"と"第二次世界大戦時代"の影響が見られる。

(2) 1945～1970年：経済の高度成長は世界の石油と天然ガスの高度生産に基づく経済成長期を示している。

(3) 1970～1979年："e"の低下は、原油生産不振の影響を反映している。

(4) 1979～2003年：凹凸した荒い平坦部がエネルギー生産と人口増加に対応することを示す。

(5) 2004～2008年：クリフ前兆期は、需要増加に即応するためのエネルギー生産の奮闘ぶりを示す。

(6) およそ2008～2030年の頃：オルドバイ仮説のクリフが発生すると、懸念された長期停電が世界中で疫病的に広がる。最も信頼性の高い先行指標は、灯火管制の要請と波状的停電の発生がクリフ発生時点であると考えられる。

(7) 2030年以降、世界文明は自給自足（地産地消）経済レベルに接近する。

これらの中、(5)、(6)、(7)について、トンプソン (Paul Thompson) は、「ダンカン・オルドバイ仮説」の計算結果をもとに、クリフ発生前を含め、図10に見られるように、「石油文明の終焉」を5段階に整理している[20]：

すなわち、①認識発生期 (Awareness：クリフ発生前後にあって問題の本質が理解される時期)、②文明遷移期I (Ordered Transition：クリフ発生後の治安秩序確保と個人・家族の自立、住民の相互扶助の開始時期)、③文明遷移期II (Anarchic Transition：略奪・暴動の発生、治安秩序崩壊、個人・家族の多技能獲得による自立時期)、④中古品（廃品）回収期 (Scavengery：現代文明の残滓の利用、戦国時代のような部族的集団の発生時期)、⑤自給自足経済期 (Self-sufficiency：クリフが終了し、自然エネルギー利用社会への移行時期)

「ダンカンオルドバイ仮説」では、各エネルギー源の生産予測の中、石油、天然ガスにユーリステックス法が適用され、石炭、原子力、水力については現状維持であり過少評価になっている。ダンカンの最新の世界石油予測#10（2005年7月、ダンカンの未公表データ）では、2005～2012年に「緩やかなピーク」を示し、その間2007～08年で生産がピークとなると予測している。[20]

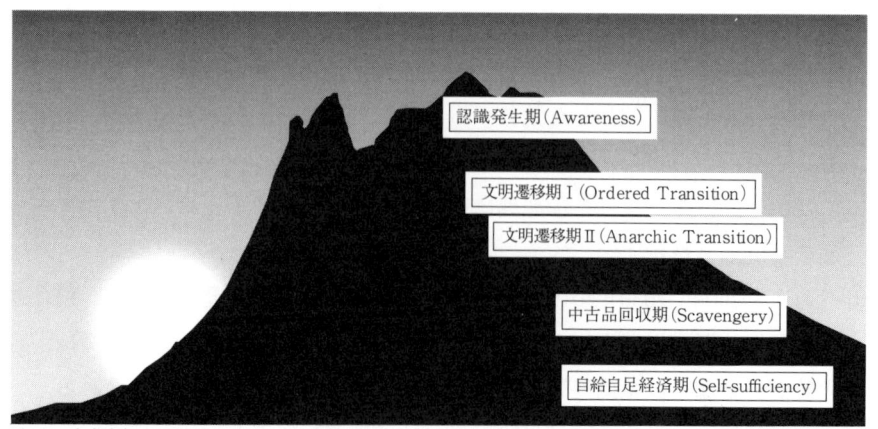

原図：文献(20)より作成

図10　5段階に及ぶ石油文明崩壊の時期

なかでも、天然ガス生産の将来が重要である。天然ガスの21世紀初頭における世界の資源賦存・貿易状況・消費については、すでに、第1章及び第3章で述べた。天然ガス生産は、原油生産と状況が異なる。ガス状物質であるから、基本的に自噴方式であり、特定のガス田についてみると、生産は比較的高レベルで一定しているが、生産のピークを過ぎたガス田の生産減衰は急激である。天然ガスの生産ピークは、2019年（第3章参照）に来るとみられている。

　以上より、「安価な石油に依存する文明の終焉」に関し、ダンカン分析の結論は以下の通りである：歴史的には、世界のエネルギー生産の指数的な増加は、1970年にすでに終わっており、1979～2008年頃まで、平均的な"e"が増加を示すことがないまま、およそ2008年頃に著しく減少に転ずる。一方、世界人口は、エネルギー生産の減少と共に低下し、一部の農学者の指摘をうけて、早ければ2050年頃にも約20億人になる。その場合、彼の定義（"e"がピークの30％以上である期間）では、石油文明の寿命は、およそ1930～2030年の約100年間ということになる。（図9）

V．安価な石油文明の終焉—"ピーク・オイル"発生以降の世界

　「経済的に利用可能である限り、全てのエネルギー源は、枯渇するまで使い続けられる。しかし、おそらく石油のもつ汎用性を代替できるエネルギー源は事実上存在しない。中でも食糧入手の核になる農業生産に必要な石油・ガスの両方の役割が最重要であるが、食糧問題が完全に解決可能であるとは限らない。その時、世界人口は、人口抑制政策の助けを借りて、より限られた食糧供給に適応しなければならないであろう。」（Youngquist, 2004, R. C. Duncanへの手紙）

　産業革命により初めて石油文明に遭遇した人類は、未だかつて石油（と電力）文明の崩壊の歴史を経験していない。したがって、楽観的な政策のもたらす結果は予想を超えるものになる恐れがある。「オルドバイ仮説」によると、

あくなき電力エネルギーを求める現代文明自身がその崩壊を加速し、究極的にどうにもならない最終局面をもたらすに違いない。(注)14、(1)

将来を詳細に可視化し、見通すことは誰にも困難である。しかし、ポスト石油文明の基本的な特徴は、ある程度予想し得る。以下に2人のアナリストの予測を紹介する。

「地球人口を60億から20億近くへ減少させるために、世界の諸国は人口削減計画を展開しなければならない…。人間が自ら人口を抑制しないならば、自然がそうする。」ピメンテル夫妻（Pimentel D.&M.）[15]

「人口増加の方向を逆転させようとしても、徐々に進まざるをえないので、これは、今すぐに始めるべきプロジェクトである。それが行われないならば、大規模な食糧飢饉が連続的に起こる。」コーエン（Cohen J.E.）[22]

安価な石油文明終焉の世界はどのような姿であろうか？　ひとつの見解は次のようなものである：安価な石油に依存する文明が終焉するということは、自動車や飛行機で楽しい旅行ができる恵まれた人々が急減少することである。高

(注)14　2001年3月6日ダンカン私信によると、2001年時点すでにアメリカで波状的に停電が発生した。当時、米国では石炭・石油に代わるものとして、272基の新型NGタービン火力発電所が建設されていたが、一時凌ぎに過ぎないだろうと言う。北米における天然ガス生産供給状況についてみると、1971年米国では天然ガス生産のピーク22Tcf ($10^{12}m^3$) を迎え、2007年　20.1Tcf US（北米全体では28.5Tcf）となる。ところが、30Tcf程度では北米市場全体は賄えない。EIAは2020年に34.7Tcfが必要としている。一方、液体天然ガス（LNG）のグローバルな獲得競争はタンカー輸送を必要とし、沿岸都市の港にとって危険かつ脅威となる。この場合、天然ガス供給不足が米国のドルを急落させ、世界経済に崩壊を引き起こす可能性がある。実際、1995時点、ハンソン（Jay Hanson）はその鋭い洞察力に基づき、米国の天然ガス不足がクリフの「発端事象（Trigger Event）」になる可能性があると指摘した。ところが、米国政府（EIA）は長期にわたり（およそ1995-2003年の間）北米の天然ガス供給は、当面潤沢で、価格も廉価に推移するとしたにもかかわらず、2003年、その価格は2倍となり、その後止まることなく高騰している。（なお、北米の天然ガスのデータについては、文献[21]を参照のこと。）（以上、2005/10/27 ダンカン私信）

エネルギー消費国のライフスタイルは、次第に簡素なものとならざるをえない。しかし、発展途上国の場合は失うものは却って少なく、あまり大きな痛みを経験しないという恵まれた状況になるかもしれない。ともあれ、一般社会の関心が、豊かで高い生活水準が当然と考える先進国型社会の場合からシフトし、「基本的生存条件（Basic Needs）」の保証に向かい転換していく。今後、21世紀の若い科学者、経済学者、社会学者、政治学者にとって、枯渇に向かう石油の及ぼす影響を評価する仕事がひときわ多くなる。そして、社会・経済的な緊張を緩和させることが、高い優先度を持つようになるであろう。

そこで、最近有名な「"ピーク・オイル"事象が何時起こるか？」という設問は、どちらかというと、興味本位なものに過ぎないことがわかる。実は、その後の我々の生活が一体どうなるかという設問こそ、我々の関心事となるべきだろう。

ここで、石油とガス生産がピークを打った後に予測される経済への影響について、アーネット（Perry Arnett）の分析を紹介する[20]：

米国の場合、天然ガス生産がピークを打つと、それらを主要な発電用燃料とする電力産業が最初に影響を受ける。電力を大量に使う二次産業である鉱工業（探鉱、精錬、金属石油）、中でも、アルミニウム、肥料、アンモニア製造業も影響を受けるようになる。その時点は、ピーク発生後の2012年頃に来ると予想される。2012年の米国の電力事情は、ちょうど、今日でも停電の多い、中国やウクライナの電力供給のレベルになると見られる。つまり、地域的な停電発生、給電規制、さらには波状的な停電発生といった事態の発生が日常化すると考えられる。2010～2015年頃には、一部地域的に電力網に機能的不具合が起こり、2015～2020年頃には一部高圧送配電系統が再起不能の影響を受ける。原油生産がピークを過ぎているため、自動車産業の主流は、エンジンの燃料としてガソリン・軽油以外のバイオエタノール、合成ガソリンなどとなる。航空機産業は必要な一部を除き終了し、高価な海外観光旅行も激減する。教育費が高騰する

ため、2017～2020年頃には多くの大学の経営が困難になり、閉校が相次ぐ。2013～2016年頃、高速道路の整備が悪化し、使用不全を起こす。2012～2015年頃には一部エレベータの使用に支障が出始める。（表7参照）

　以上の事態を受けて、商取引と保険、銀行、年金、債権、証券等金融取引に支障が生じ、経済活動が停滞する。世界的には石油、天然ガス、水、金属資源（クロム、モリブデンなど）等の資源争奪戦争が益々激化するであろう。[23]

表7　現代文明の終焉に至る推移
（コンサルタント、アーネット（Perry Arnett）のデータをもとに作成[23]）

西暦	平成	石油	天然ガス	電力	自動車	航空機による海外旅行	学校／大学	高速道路	エレベーター	経済
2000	12									
2001	13									
2002	14									
2003	15									
2004	16									
2005	17									
2006	18									
2007	19									
2008	20									
2009	21	生産ピークが発生し、それ以降、減退する。	生産量急減少する。ピークを迎えると、それ以降、減退する。							
2010	22									
2011	23									
2012	24			一部地域的電力網が修復不能となる。						
2013	25				バイオエタノール燃料車を除き生産終了（SUVは無価値となる。）					
2014	26									
2015	27					必要な場合を除き事実上終了する。		これ以後、使用に支障を来たす。	これ以降、使用に支障を来たす。	石油に依存する経済が破綻し、終焉に向かう。
2016	28									
2017	29			一部高圧系統修復不能になる。			学費が高騰するため、学生が減り、多くの学校の閉校が相次ぐ。			
2018	30									
2019	31									
2020	32									

Perry Arnett: On Oil Accounting and Life After Peak Oil, 17 February 2004, http://www.ees.adelaide.edu.au/pharris/PerryArnettScenario.html、文献(23)

かつて計算機システムの変更問題で懸念されたY2K問題（コンピュータが2000年を1900年と間違える問題）とは異なり、資源の枯渇問題の場合、予め問題回避に備えることは困難である。過去150年間現代文明が依存してきた石油資源がいよいよ枯渇に向かい、利用の終焉の時期に入りつつあるためである。

別のアナリスト、トンプソン（Bruce Thompson）は、石油文明終焉後の世界を以下のようにまとめている[24]：
石油・ガスの消費がピークを打つと、
① 輸送機関と動力用、舶用機関の燃料が逼迫する結果、国際貿易が減少し、グローバリゼションが衰退する。
② 50万アイテムに及ぶ石油製品（第1章参照）が高騰し、全般的に品薄感が現れる。
③ 公私企業を問わず、企業活動が停滞する。
④ 石油製品である化学肥料、除草剤、殺虫剤に依存している現代農業は維持不能状況になる。
⑤ 全世界の1万機に及ぶ航空機の燃料は石油であるので、天然ガス、原子力、石炭では代替できず、航空機の利用は激減する。
⑥ 石油供給が縮小し、品薄感と高騰のゆえに社会が活力を失い、石油代替燃料社会への転換・移行が遅れる。
⑦ 石油枯渇の兆候は疑いの余地がなく、代替燃料も質的・量的に限られている。
⑧ 在来型石油の生産ピークは2005年頃、非在来型石油は2009年頃と見られる。
⑨ 2009年時点で、石油消費が年率2％成長すると予想されるにかかわらず、生産は3％減少する。国際エネルギー機関IEA（International Energy Agency）によると、生産は2020年までに20％は減少する。
⑩ 2002年11月現在、米国での天然ガス生産は減少傾向である[25]。
⑪ 需要増大にもかかわらず生産が減ると、経済は急激に停滞する。米国の太平洋沿岸北西地域（Pacific Northwest）では厳しい干ばつが襲い、停電が頻発

する。

VI. 結び

　本章においては、安価な石油に依存した文明の終焉への経路とその後の世界がどのような姿を示すかについてその予測を紹介した。さらに、現代文明が石油に依存する世界で、かりにその供給が止まると、世界がどのようになるかのシナリオを示した。しかし、わが国の場合、見かけ上は、多分このシナリオに比べ、現実は、ずっと穏やかなものになるであろう。その理由は、ひとつには、アナリスト達の分析結果が平均的なものであるにかかわらず、予想以上に変化が極端なものである場合、世界中では極端な"格差"の発生（途上国や紛争当時国に対する影響）が予測されるためである。一方、それにもかかわらず、わが国の場合は、大切な資源を温存し、使わないようにしようとの戦略に多くの人々が賛同し、参加することが期待されるからである。資源やエネルギーの"浪費は論外"であり、"省エネルギーは当然"のことになるであろう。しかし、たとえエネルギー価格が高騰しても、世界は、許される限り石油や天然ガスを、使い続けざるを得ないという宿命にある以上、新しい文明の創造に、本章の分析結果が役に立つに違いない。

附録1　電気エネルギーの特徴

　現代文明にあって我々は電気エネルギー（電力）を多用している。電気のもつ第一の特徴は、人類が入手した多用途かつ最も便利なエネルギーの最終需要形態ということである。需要家の負荷の代表的なものとして、よく周知されている、熱源（ヒーター）、回転体（モーター）、電話、照明、ラジオ、テレビ、光ファイバーシステム、インターネット等がある。これらいずれもが現代文明の維持にとって不可欠であることは言うまでもない。しかし、電気の果たす役割はこれらばかりではない。あらゆるシステムにおいて、「制御（Control）」「コンピュータ

(Computer)」「通信（Communication）」の電源としての役割がある。今日、これらはまとめて、"C^3"システムと呼ばれており、機械や人間の個別の機能実現に必要な情報処理を行う点よりすると、人間の頭脳や神経系統の機能に類似する基本要素である。

　電気のもつ第二の特徴は、送・配電される点にある。発電所で生まれた後、複雑・高価・繊細かつ脆弱などのキーワードで形容される系統基盤を利用して広域に輸送される。その結果、電力系統は高速道路と比較にならないほど、壮大かつ複雑な系統システムを構成している。このシステムは、多種多様なハードウェア/ソフトウェアが国の定める無数とも言える国家標準に従い、規則に則って、相互に接続されている一大システムであり、新規建造（または再建）された後、前提として何十年もの間にわたり安定的な供用が期待される。

　電気のもつ第三の特徴は、"貯蔵が困難である"点である。発電には、莫大な一次エネルギー源である燃料が常に切れ目なく発電機ボイラーに補給される。蒸気タービンにより発電された電気は、発電所、変電所、送配電線、送電塔などを経由して、無数の需用家の負荷に届けられる。もし余剰が発生すれば、熱エネルギーとして、大気中や河川、海の水中や大気中に廃棄される。逆に不足が生じたときは、停電が起こるので、一旦その兆候が見えたときには、出力を増強したり、予め交わされる特別契約により大負荷の節電を需要家に要請する。安定的な給電を確保するために、過疎地を含め各地域に発電、送配電を監視・管理する系統制御センターがある。当然ながら、長期の運転による材料的、機械的摩耗の結果、旧式になることを含め、古い変電や送配電設備は更新される。系統の安定的な管理は致命的危険性を避ける大前提であって、昼夜24時間にわたり、高学歴の熟練した保守要員の配置が必須となる。彼らは、複数のコンピュータシステムを駆使し、データベースや専用のソフトウェアを操作する一方、シフト（夜勤を含む交代勤務）制度により、チームの要員全体としては、不眠不休（年中休みなく系統を監視し続けること）が要求される。このように、

電力システムの安全な運転には、全体的に徹底的に訓練された献身的な運転要員が不可欠である。そして、これらの条件が満たされなくなると、不可避的に長期に及ぶ大停電が発生する。

文献（文献1中に現れる二次文献を含む。）

(1) Richard C. Duncan, The Olduvai Theory- Energy, Population, and Industrial Civilization, The Social Contract, Quartery（TSCQ）winter 2005-2006, 1-12.（2005）
(2) Richard C. Duncan, The Olduvai Theory: Terminal Decline Imminent, TSCQ, Spring 2007 (in printing)
(3) Nye, D. E. (1990). Electrifying America.' Social Meanings of a new technology', Cambridge, MA: MIT Press, 42-43.
(4) Adams, H.. The education of Henry Adams. Privately printed, Washington, D.C., 1907
(5) Samuels, E.,The education of Henry Adams, Boston: Houghton Mifflin,1973.
(6) Fairley, P., The unruly power grid. IEEE Spectrum, Aug., www.spectrum.ieee.org., 2004.
(7) Energy consumption by sector, selected years, 1949-2003. US Energy Information Agency. Oct.: www.eia.doe,gov., 2004.
(8) Apt, J., & Lave, L. B., Blackouts are inevitable. Washington Post, Aug. 10, Al 9., 2004.
(9) World Energy Outlook 2004. International Energy Agency, Paris. www.iea.org., 2004.
(10) Graham Zabel, Population and Energy, http://dieoff.org/page199.htm, 2000.
(11) Stanton, W., The rapid growth of human Populations. Essex, England: Multi-Science., 2003.
(12) Forrester, J. W. World dynamics, Waltham, MA: Pegasus Communications. 1971, 1973, second ed.
(13) Meadows, D. H., Meadows, D. L., & Randers. J., 'Limits to growth.' The 30-year update. White River Junction, VT: Chelsea Green., 168-169., 2004.
(14) Thirring, H. Energy for Man: From windmills to nuclear power, New York: Harper & Row., 1956, 1958, reprint
(15) Pimentel, D. & Pimentel, M. (Eds.), Food, energy, and society. Niwot: University Press of Colorado, 1996.
(16) Attarian, J., "The jig is up: Supplies of oil and gas are running out." The Social Contract, Fall, 67-74., 2003, 72)
(17) Ackerman, F. L. (1932). The technologist looks at social phenomena. In Introduction to Technocracy by Howard Scott. New York: John Day Co., 18-19. 1933.
(18) White, L. A., Energy and the evolution of culture. American Anthropologist, 45(3), 335-356., 1943.
(19) Duncan, R. C., & Youngquist, W., Encircling the peak of world oil production. Natural Resources Research, 8(2), 219-232., 1999.
(20) Paul Thompson :http:wolf.readinglitho.co.uk/mainpages/whattodo.html)
(21) Youngquist & Duncan, Natural Resources Research, December, 2003, 229-240.
(22) Cohen J.E., 1995, How many people can the earth support? Norton, New York.
(23) Perry Arnett :On Oil Accounting and Life After Peak Oil, 17 February 2004, http://www.ees. adelaide.edu.au/pharris/PerryArnettScenario.html)

(24) Bruce Thompson : The Oil Crash and You, http://greatchange.org/ov-thomson,convince_sheet.html
(25) Oil and Gas Journal, Oct. 14, 5., 2002.

第9章

新しい文明の誕生と育成

I. 緒言

　本章では、今後、石油文明が向かうべき社会の姿のイメージを明示するとともに、我々が具体的に取り組むべき地域の開発努力がどのようなものであるべきかを分析する。同時に、最近、あらためて問題となっている地球温暖化問題がピーク・オイル現象とどのように関連するのかについて述べる。そして、石油文明の終焉に代わる文明の一例として、いわゆる「パーマカルチャー文明」をとりあげ、具体的にその育成について、開発の検討の対象として千葉県松戸市を選び、この地域の将来の開発可能性について検討した結果を紹介する。

II. 終焉する石油文明より蘇生する文明

2.1 "ピーク・オイル"問題と地球温暖化防止対策

　2007年に入って地球温暖化対策の国際的なフォーラムであるIPCC (Intergovernmental Panel on Climate Change) の第4次ワーキンググループ報告書が順次出版された。二酸化炭素をはじめ、人間活動に基づく地球温暖効果ガスの放出が地球を温暖化し、このままでは著しい気候変動が起こり、大きな被害をもたらすであろうことが明らかにされた。その対策の一例として、地球の温度上昇を1990年レベルより2℃以下に抑えるためには、2050年における温暖効果ガス放出を1990年比50％に抑えなければならないとされる。

一般的に、化石燃料の利用をわざわざ抑制をすることは、産業活動や、日常生活に対する影響が大きく、多くの痛みを伴うことになる。しかし、原油や天然ガスの生産ピーク時点が、2020年も以前に過ぎるであろうことを考慮すると、第2章で述べたように、これら安価な化石燃料の使用は、2050年時点では、ほぼ50％以下になるであろう。したがって、地球温暖化対策の問題は石炭と非在来型の石油・天然ガスの使用抑制をどのように図るかという問題になる。

　これに対する第一の対策は、本章で強調するパーマカルチャー社会など「省エネルギー社会への転換」である。しかし、同時に、ソーラーや風力・バイオなどの「自然エネルギー開発」や「原子力エネルギーの利用」など「新エネルギー開発」も必要である。一般的にこれらのエネルギー開発は、高価であり、利用に必要な装置の製造にも化石燃料が使われるので、もとより100％の化石代替エネルギーではないものの、それのもたらす化石エネルギー節約効果は大きい。すでに北欧などの新エネルギーの利用や、わが国での原子力利用に見られるように、人口レベルや地理条件など、社会・経済環境や利用の自然環境に応じて異なるものの、導入に成功すれば、十分効果的であり有用である。さらに、化石燃料のみの利用で見られる国際社会の不安定化や格差社会発生を抑制し、平等な社会に導く効果も期待できる。一方、第8章で述べたように、原油生産のピークの発生とともに人口増加が鈍化する。例えば、「エネルギー・人口（EP）モデル」のように、2050年時点で、1990年レベルにまで「人口減少」するシナリオもありうる。

　これら多様なエネルギーオプションや社会システムを開発し、活用する努力をすれば、2050年までに、化石燃料利用を50％レベルに削減することは、十分可能であると考えられる。ただし、その時の社会は、比較的落ち着いた、静けさを取り戻した社会であり、現状とは大幅に異なった社会になっているであろうと想像される。本章に述べる「パーマカルチャー社会」もその一つである。

2．2　パーマカルチャー社会

　第8章で述べたように、石油文明が"ピーク・オイル"時点を経ると、その後約50年間にわたり自動的に世界の社会・経済に変化の兆しが現れ、急激な文明の遷移と人口減少が発生すると考えられる。初期の20年間（ほぼ2010～2030年）は状況の変化への慣れと適応が遅れるため、比較的厳しいものとなるであろう。一方、世界の様相が見せるひとつの特徴は、依然として変らぬ「資源獲得戦争（ほとんどの戦争の直接間接の目的は資源の獲得にある）」がより激化した姿になっているのではと懸念されることである。そして、この間、世界人口は、止めを知らぬ民族紛争、エイズ等の疫病の蔓延、水飢饉、干ばつによる食糧不作や肥料不足に起因する飢餓等に悩まされ続ける発展途上国での大量人口減少による恒久的な発展の阻害と先進国における少子高齢化に起因する人口減少の結果、両者が相まち、いずれ世界人口がピークを迎えるものと考えられる。

　しかし、そのような事態を受けて、石油文明の終焉に由来する、より凄惨な状況を避けるために、自分たちの運命は何であるかと反芻して、残余の石油を活用して、新しい文明を開拓しようとする国や地域の人々が出現するであろうことが期待される。したがって、本章では、新しい文明への蘇生が如何に可能であるかについて検討し、その結果を著者の根拠地の一つである流通経済大学新松戸キャンパスの位置する千葉県松戸市北西部の地域開発に適用するコンセプトを紹介する。

　人類の生存が自然エネルギーと耕地や水、食糧を前提に、持続可能な社会に向かうとするとき、最適と考えられる政治・経済・社会的概念の基本モデルの一つとして、すでに世界的に評価されている"パーマカルチャー（Permaculture）"概念（コンセプト）がある。"パーマカルチャー"は、オーストラリアでモリソン（Bill Mollison）とホルムグレン（David Holmgren）によって1970年代後半考案された「パーマネント（恒久的）アグリカルチャー（農業）」を短縮した"恒久的農業"を意味する造語であるが、同時にパーマネントとカルチャー（文化）を合

成した言葉である。「パーマカルチャーシティー」と呼ばれるひとつの"都市形態"が構想できる。[1]

「パーマカルチャー」と既存の概念である「エコライフ」や「有機農業」などとの違いは、前者の主眼が建設過程に意図的な「場の設計」を内在させる点にある。「パーマカルチャー」では、如何に人間が自然と対峙するかではなく、むしろ、いかに人間が自然の一部として、"共生"するかを問題にする。"パーマカルチャー"の基本原則は極めて単純で、以下の通りである。[2]

① 廃棄物は捨てずに再使用する。
② 家屋やビルディングの設計は、日光、風、熱、移動距離等を考慮に入れ、環境の一部であるとの前提で設計する（中国での伝統文化"風水"の手法と類似）。
③ 砂漠や荒地のような「原野（wilderness）」は無価値の土地ではなく、生態系にとって大切な環境の本質的一部分であると認識する。
④ 農業の究極の目標は、化学肥料や農薬を使わずに、耕地から最大の生産を得ることである。
⑤ 地域の連帯感を醸成するような市民の姿勢を鼓舞する。

エコ生活をライフスタイルと見なす最近の"緑の党"の哲学とこの概念的が一致する場合が少なくない。しかし、"持続可能な将来（サステナビリティー）"を目指す観点である「現代的グリーン（New Age Green）」では"パーマカルチャー"が人類にとって唯一究極の生き残り概念であるともいえる。したがって、単なる近視眼、かつ局所的な環境保全の姿勢を論ずるにとどまりがちな「現実的グリーン（Pragmatic Green）」とは異なる。[2]

「古来、占い師には地中から湧き上り、身体を突き抜けるエネルギーを感知する能力があるとされる。風景の中の"力線（パワーライン）"により牧草地

転換可能ラインを発見する際や、逆に邪悪なエネルギー存在場所の方向や位置の特定にも使われる。これは中国の風習である"風水"[注]1」の技法を用いて居住施設を適切に配置する手法と同じである。」ベル（Graham Bell）[3]

　従来、「持続可能性（sustainability）」の議論において、この種の論点はほとんど忌避・敬遠されてきた。しかし、将来、原油と天然ガス生産が間違いなく終焉に向かうことを人々が認識し始めると、現在はまだ環境への関心が乏しい大多数の人々が、自分の環境思考をポスト石油文明のエコライフスタイルに転向せざるをえない状況が生まれる。彼らは、たとえ科学的ではないとしても、新時代のポイントである「持続可能な発展（sustainable development）」とは、かつてのヒッピー族と同様、木を抱擁し、民俗音楽を楽しみ、サンダル生活にあるとの確信を持つようになる。そのとき、今日の「現実的なエコ（pragmatic ecology）」が、"パーマカルチャー"に変身する。その理由は、石油燃料なしの世界で一定の生活水準で生き残れる唯一の方法が"パーマカルチャー"以外にないであろうと結論されるからである。そこでは、"科学"を懐疑的に捉える姿勢こそが、持続可能性維持の手法の一部になる。現在は、まさに、新しい"科学"の再定義が必要な時代に入ったと言える。[2]（補章参照）

2．3　人やものの移動：旅行と物流

　持続可能な社会にとって最重要な要件は、"旅行（人の移動）"や"物流（モノの移動）"の削減・縮小にある。今日大部分の輸送用燃料が石油であり、電気分解の水素を産出する余剰電力が残されていないとすると、人が必要としない旅行や荷物の輸送は出来る限り回避されなければならなくなる。我々が旅行距離を制限するには、輸送の大部分を生物活動（歩行、漕船、サイクリング、

(注) 1　中国の漢民族には万物の間に「気」が流れ生気と秩序がもたらされるとの考えがあり、大地の気を人間界に取り組む技術とされる風水が発展した。「気」は山に沿って流れ、水にあたると止まり、風で散じるとされる。流派としては主に地形重視派の江西系と天の運行との関係を重視する福建系がある。[4]

または、牛馬の利用）や水力・風力（帆船）に戻らざるを得ない。そして、長距離のドライブや海外旅行で得られる"レクリエーション"は、コンピュータを利用した"仮想的（ヴァーチャル）"なドライブや映画などの利用に依らざるを得ないであろう。

このような環境条件への推移（シフト）の必然性は、たとえトレーラーや貨物列車のような乗物を走らせるために、十分な石油や電気がまだ利用可能であったとしても、それに加えて交通システム基盤を維持するためのエネルギーと費用が必要であることより明らかである。良く整備された道路、軌道などのエネルギー設備と技術を常に利用可能な状態に保つために、複雑な機械を常時維持するためのコストやエネルギーが掛ることに留意すべきである。

かっての"荷馬車"の利点は、乗用車に比べ、はるかに製造・修理が容易で、皮肉にも、その引馬は最高の四輪駆動車よりはるかに粗い地形に対応し得る柔軟性を持っている点にある。いずれにしても、現在の電話や無線サービスは、将来とも利用し続け得るので、大部分の人々にとって、持続可能な将来社会においては、旅行の必要性がはるかに少なくて済む。[2]

2．4　都市の中に農場をつくる

石油とガスの枯渇傾向と共に到来する文明の維持にとって、最大の危機は、"水資源"の枯渇と、"食糧生産"レベルの低下である。これらは、いずれも"経済システムの崩壊"につながるからである。

経済システムの崩壊が大きな失業増加をもたらすことを考えると、これらの2つの問題の解決には、「都市内に農場を開発し、拡大・増加させる」という、単純な回答によって、同時に合わせ対応・処理し得る。事実、自治体が公園や荒れ地を開墾できるならば、失業者が一日働き、収穫の一部を受け取れるような農場区画に転換し得る。そこで働く人々の得る利益は、余分の食物や財政的

援助のみならず、長期失業者にとって、かつては極めて高価な"夢"であった"達成感"と、その後の"満足感の獲得"につながる。[2]

Ⅲ. 中心場配置理論

"パーマカルチャー"社会においては、燃料と乗物が不要になるという単純な結果を目指すことが目的ではない。我々があまり移動しなくてすむようになる理由は、目指す社会がより深く密接に地域に根ざしたものであれば、長距離の通勤・移動などが不要になるからである。そのような社会の単位を、既存の国や県レベルで考えるのではなく、人間の限られた移動形態に基づく能力に比べると、距離的には十分に短いものの、我々のニーズの全てを満たせるような広い空間を社会の一単位と考えるコンセプトを基本に据えているからである。ここでは「中心場配置理論（Central Place Theory）」に基づく都市の再構築について説明する。[2],[5]

3．1　中心場配置理論

このような居留形態のあり方を階級組織システムの一つであると考える方法論として、「中心場配置理論」がある。これは、「居留形態」は基本的に階層システムとして強大化できるとしたクリスタラー（Walter Christaller）によって考案された「居住システム発展法則」の一つである。[6]

村や町といった居留形態が大きくなればなるほど、また、サービスが豊富になればなるほど居留形態数は少なくて済む。中心場配置理論の理想化された概念を示すレイアウト例を図1に示す。

KEY
● City
● Town
● Market Town
• Village
| Boundaries

Central Place Theory

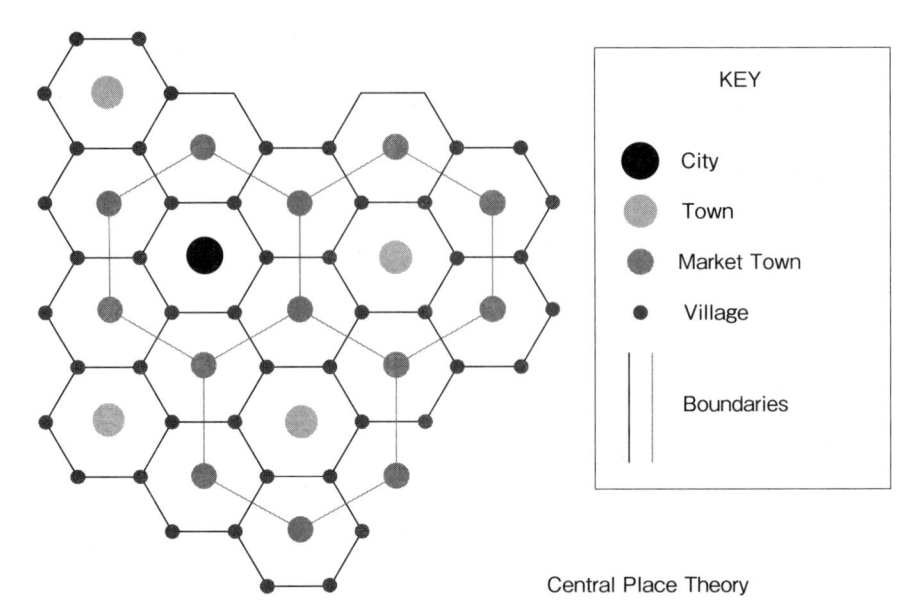

注：ここでのCity、Townなどは必ずしも通常の市、町の概念と一致しない。詳しくは本文を参照のこと。
原図：文献(2)より作成

図1　中心場配置理論の概念図（Central Place Theory）

「中心場配置理論」においては、"村"や"町"という概念は機能的に分類されるべきものであって、通常考えられる人口の大きさに対応するものではない。事実、普通はほとんどの人が基本的に自律的な機能をもつ村の中にで住んでいると考えてよい。つまり、基本的に、村の人口が町の人口と同程度であってよい。

村：大部分の食糧を栽培・飼育させる農地（自然または再生利用地）と、牧場で囲まれる"村"人間社会一単位の理想的な人口は、約150人位であるとされるが、やや多目にみて、約1,000人規模の人々が生活を送るものと想定される。（"村"は、必ずしも今日の村のイメージではない：それらは、既にある住宅地の庭、芝生、周りの公園、未使用の道路、ビルディングの屋上や壁面エリアが

農業用地に転換される形の郊外地のようなものであっても良い。)

"村"には、住民全員に、日常的に必要なパン屋、鉄工所、工務店等のような、基礎的サービス提供機能と仕事場が内部化されている。村のもつ公共的な建物は、作業場、図書館、学校、パブ、集会場所等として使われる、公共ホールないし公民館である。

市場タウン：次レベルは、多数の村／郊外で囲まれその中心に位置するマーケット機能をもつ"タウン"である。その名前が示唆するように、市場タウンは、近隣の村の余剰食物、商品を販売するので、人々が頻繁に往来する場所である。

"市場タウン"にも、人口に見合った食糧栽培をする空間がなければならないが、"村"に比べ、より規模的に大きくなる可能性がある。その理由は、"村"レベルでは存在しないサービス(医者、歯科医、獣医、服飾メーカー、ガラス製造工、造船技師、車製造業者、各種専門家、商社員、等)提供を含むためである。

町："市場タウン"より上位レベルでは、固有の"町"になる。このような大居留形態の必要性は、それらが工場や採炭、製鉄、林業などの産業ならびに大学や余暇活動のセンターさえも保持すべきものと考えられるからである。これらには、防衛、緊急サービス、金融のような公共管理が必要になるので、固有の行政機関が必要になる。

都市：より大きな都市や大都市圏もありうる。しかし、すでに輸送量が極めて少ない一方、農地が必要となるので、これらは個別の実体としては存在しなくなると考えられる。たとえば、ロンドン、ニューヨーク、東京のような"大規模都市"は、逆に、そこで居住者が生き残るには、村・郊外・町に解体せざ

をえなくなると考えられる。これを既存の都市の概念との関連でいうと、皮肉なことに、都市を解体・リフォームし、極端に考えると、村に転換する志向の中で、案外簡単に本コンセプトが実現し得ると考えられる。

"パーマカルチャー"文明を中心に据える「パーマカルチャーシティー」は、1970年代当時、すでに車社会であった米国において、ドーナツ化現象が進み、街のあるべき姿は「住民が歩いて暮らせる街」であるべきとして検討された「コンパクトシティー」が最初である。個人や家族が歩いて暮らせる街ということになると、あらゆる住人の衣、食、住、移動、通信を確保するための施設（住宅、農地、上下水、発電所、学校や病院、福祉施設、病院、葬祭施設、市場、映画館、劇場、博物館、美術館、警察、裁判所、・・・）を人が歩ける空間内（10km四方ぐらい）に持つことになる。したがって、必要最小限の旅行や物流手段以外には、基本的に、生活手段としての大型乗用車、大型トラック、通勤電車、長距離列車、飛行機、船を使わないということになる。実をいうと、これは一昔前の日本の市町村の姿に他ならない。かつて隣接する市町村が行政の効率化を求めて合併された後、今あらためて"パーマカルチャー"化を求めるという皮肉な構造が見られるのである。しかし、このことを予見してか,昨今、各地で合併に必ずしも積極的でない自治体が見られるようになったことは興味深い。

Ⅳ．"ピーク・オイル"後の世界システム設計指針と実践

4．1　地球世界と自然との共生

"ピーク・オイル"後の世界は次第に人口が減少する世界である。そのような世界の設計の指針となる基本的な設計コンセプトの基盤をダイアグラムの形にまとめたものを図2に示す。これは各側面における問題を有機的に解決する手法のコンセプトの整理である。[7]

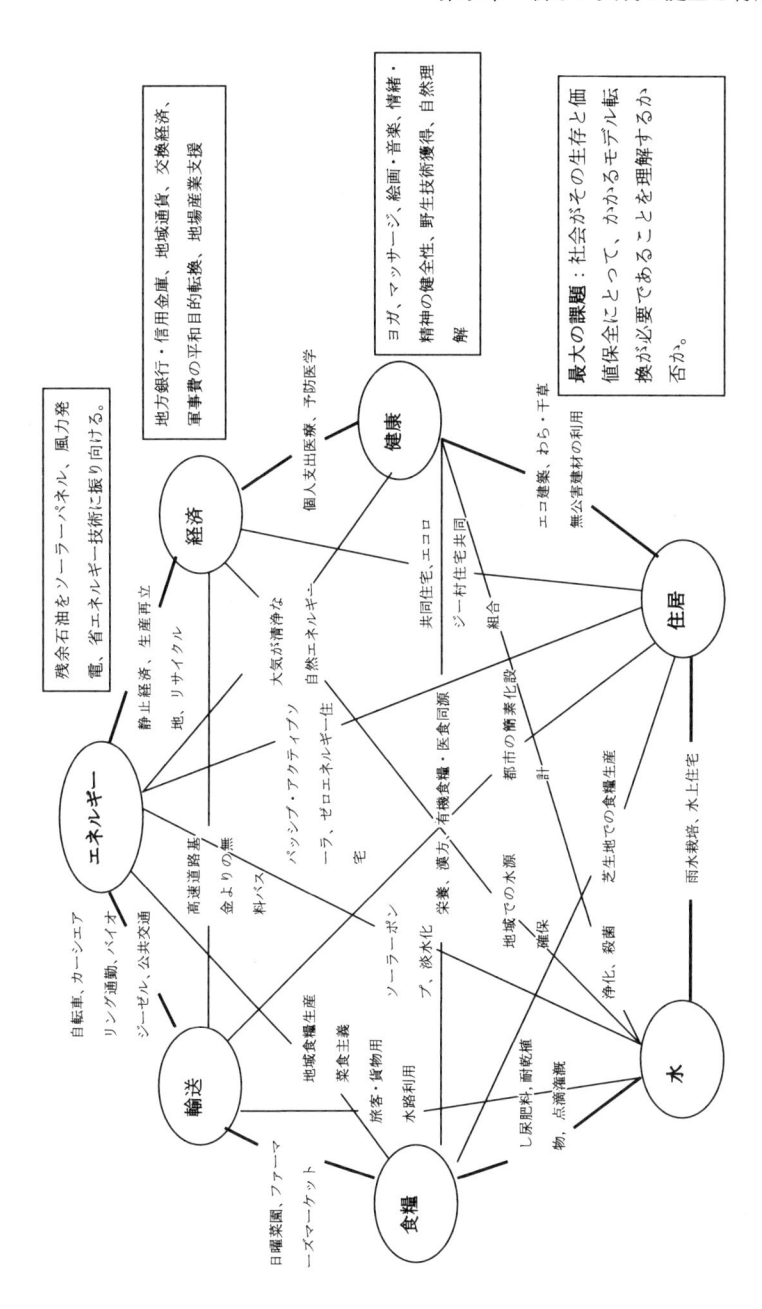

第9章 新しい文明の誕生と育成　323

図2 "ピーク・オイル"後の世界システム設計指針

原図：文献(7)より作成

このようなコンセプトのほとんどは、これまで検討された自然エネルギーを活用する、省資源・省エネルギー型の簡素なライフスタイルの社会基盤のコンセプトと矛盾するものではない。しかし、"地域で実践（Act Locally）"しようとすると、"パーマカルチャー都市設計"と一体化させることが欠かせない（部分的ではなく、全体空間の中で矛盾なくその適用が統合化されるべきである）。一方、"世界的視野（Think Globally）"にあっては、人種・民族・宗教・主義・主張に囚われることなく、世界人口を構成する人類が一致して「人間中心主義（Anthropocentricism）」と決別し、自然と共生するという立場の共有を前提とすることに基本的合理性があり、"地球世界"の成立性が高いと考えられる。都市形態としての「パーマカルチャーシティー」がいずれ必要となる理由としては、厳しいエネルギー問題（"ピーク・オイル"）と環境問題（地球温暖化）の激化がある。これら課題の同時解決を目指して、自分たちが住む新しい世界を再構築するには、幸いにも、昔の日本にそのヒントが見出すことができるので、わが国にとって有利であり好都合である。1800年頃、100万都市江戸での動力は水力・風力に加えて、薪炭、家畜・人力のみであった。それにより都市の維持が可能になったのは、都市を支える農業や漁業が関る物質循環という環境の力があったからである。そこに回帰する現代的方策を見出してこそ真にパーマカルチャー的解決が図られると考えられる。

　以上、個別の内容は過去半世紀において自然との共生テーマの中で論じられたものであり、目新しいものはないが、パーマカルチャーのポイントは、全体が統合的に機能し、新しい世界観につながるところにある。

　関連して、同様の立場で米国市民が整理した、より詳しい枠組みの例を参考までに附録1に示す。ここでは、地域的観点と、地球的観点から詳細な項目について整理されている。わが国の場合、地理的に広大な米国とは事情の異なる面もあるが、多くは共通している点が興味深いので参考になる。[8], [9]

4.2 パーマカルチャーシティー松戸

ここでは、パーマカルチャーシティーを松戸市に構築することを前提にしたコンセプトを提示する。[10],[11]

かつて夢のマイホームの終着駅であった東京圏郊外の多くの都市では、団塊世代が定年に達するとともに、都心回帰する中で、高齢化、地価下落、税収不足という「郊外病」に侵されはじめ、最悪の場合ゴーストタウン化してしまうと言われている。松戸市の場合、65歳以上の高齢者人口割合は16.3％でる。00年と05年の人口に関する国勢調査をみると、人口社会増は－0.54％、自然増は＋2.18％であり、いわゆる首都圏に忍び寄る郊外病の病状として、"要警戒都市"に位置付けられている。[12]

事実、松戸市に限らず、現在、類似の郊外都市を取り巻く特徴をキーワードで綴ると、「超少子化」「団塊の世代の定年年齢到達」「人口高齢化の加速」「医療・介護施設・高齢者施設の未充足」、「生徒不足に基づく小中学校の統廃合の加速」「未就労若年者（フリーターやニート）人口の増加」「高齢者雇用機会不足」等々がある。しかし、これらはすべて、多様な立場の識者により、長年言い続けられながら、根本的な施策が打たれることなく、ただ時間のみが過ぎ、遂に目前に至った事象である。一般に、人間には、問題が目前に現れて初めてその存在を信じるという習性があるためではないだろうか。

一方これとは別に、主題である原油生産の限界（ピーク・オイル）の顕在化と、それに伴うエネルギー（具体的には原油・天然ガス）の価格高騰問題がある。自動車燃料であるガソリンや軽油のみならず、生活必需品の価格すべての高騰が懸念されている。すでに社会的な機会付与不均等・不平等に由来する格差社会の発生が問題になっているが、今後事態がますます悪化することが懸念される。そのような社会は決して明るい社会とはいえず、裕福な者達にとっても、住み心地の良い社会ではないので、至急に根本的な対策を必要とする。

"格差（国家、地域、都市、町、家庭・・すべてのレベル）"に打ち克つには、すべての「戦争（受験、就職、ビジネス、病気、育児、介護、看護・・そして現実の戦争・・・）」に勝つ必要があるが、一旦格差がついてしまった条件での戦争では、2006年現在イラクにみられるような泥沼の膠着状態が残るのみである。現在、日本人のみならず世界の多くの人々が自己の人生に希望が持てなくなっている理由がここにある。しかし、他の地域や国のことに強い関心を抱きつつ、地域の住民がせめても、自分たちの住む街を生きがいと住みがいのあるものにしたいと願うことは自然であり、当然である。したがって、"有機統合的（ホリスティック）"な問題の解決が図られるべきである。

　松戸市には松戸市固有の問題と国内・世界経済に関わる問題があるが、両者を何とかしてまとめ解決できるアイデアはないだろうか。これはきわめて難しい課題であるが、市民の理解と協力が得られれば、全国に先駆け、具体的な試みを進めることができると考えられる。

　幸いにも、わが国にはすでに目覚しい前例がある。第二次世界大戦で敗戦国となった日本が戦後の復興をなし遂げることが出来たのは豊かな国の建設を目指して全員が一致協力したからである。その昔、多くが貧しい中にあって、人々の心が通い合い、生きがいも感ずることができた。しかし、今日、国全体が平均として豊かになったにもかかわらず、機会不均等社会になってしまった。子供の世界のみならず、昨今みられる子供の"いじめ"などを通して紛争状態が起こっている。これは現在テロが蔓延している現代テロリズム世界で起こっていることの縮図である。この状況の悪化を何としても防ぐには新しい"パラダイム（枠組み）"創造の努力と実践が不可欠である。このような見地の一環として、"新しい街づくり"について述べる。

　最近、行政・商業機能や住民を街の中心部に集める「コンパクトシティー」づくりが一部の地方都市で加速している。その主旨は人口減や高齢化自治体の

財政難に対応してインフラ整備などを中心部に集中して、商店街の活性化や公共投資の効率化を図る狙いがある。しかし、本分析で提案する新しい"パーマカルチャーシティー松戸（仮称）"は、単純な郊外住民の中心部への誘致ではない。本コンセプトを松戸市に適用するにあたり、地域産業としての農業を中心に据え、その内部または周辺に他の施設をつくるという都市の再構築（リフォーム）コンセプトである。住民就労型の農業を中心に据え、多くの住民がその収穫に満足を感じつつ、自分の特技を生かすことにより、企業での就労と余暇の活用が果せるような生活居住配置イメージ空間を前提にする。

新しい"パーマカルチャーシティー松戸"では、他の都市の例のような単純な郊外住民の都心誘致ではなく、むしろ産業としての農業を中心に据え、その内部または周辺に住民のための憩いや福祉施設をつくる再生都市づくりをコンセプトとする。すべての住民がなんらかの形で農作を支え、定年退職者が地元地域での就労を柔軟に受け入れる体制を文化とする社会を育み、自分たち自身、その出来具合に満足できる社会システム創りが前提である。幾世代にもわたり、永続可能な暮らしをつくることを目的とし、総合的な都市体系をデザインし構築する施策を模索する。

パーマカルチャーにおける住環境デザインとは、身の回りにある多様な要素、たとえば地形や気候、動植物、人間などを十分に観察したうえで、それらを合理的な関係に配置することにより、それぞれの性質が十分に発揮できる環境をつくることである。この原則さえ守られれば良いので、それ以外の制約はない。

元来パーマカルチャーは"農耕"からスタートしているものの、住民の生活全体や地域社会への拡張性を持っている。たとえ、生業（なりわい）としての農業に参加してない人も、個人として地域として農作を中心とする自給的な暮らしをつくることを試みることはできる。要するに、パーマカルチャーとは、自らの生活世界を耕してゆく方法論のことである。つまり自分達の生活を自分の手で掘り起

こし、何らかの可能性を見つけ、育ててゆく行為のことである。その成果として、パーマカルチャーが具現化された具体的形態として、まとまりのある生活世界やコミュニティが現れてくるとすると、それはパーマカルチャーのひとつの目標像でもある。

　西暦2000年の農業センサス（統計）によると、埼玉県では耕作耕地面積75,298ha耕作放棄地が5,951ha、全耕地の7.9％に及んでいる。千葉県でも耕作放棄地が9,556haで8.7％に及んでいる（1ha＝約3,000坪）。これらの多くは虫食い分散状態にあり、雑草処理、視界の悪化が問題になっており、その対策が日本農業の一つの課題になっている。さらに、少子高齢化とともに、家族に跡継ぎ手のない農家も少なくない。

　そのような背景を受けて、埼玉県の場合、農地活用世話人制度により、農地を貸す人と借りる人の間の斡旋により、大きな農地にし、会社組織による大規模農業が始まり、大学卒の職員5人を雇用して成功している例さえあるとのことである。さらに、栽培した玄米を餅に加工することにより健康食品の販売もしていると言われる。これは今広がりつつある新しい農業の姿であって、関東全域ではすでに1,000軒の農家にものぼり、収入が年額1千万円にも達する例があると言われる。まさに"地産地消（近隣で作ったものを地元で消費する）"の形態であり、わが国の都市近郊農業の将来を示すものである。松戸市においても定年退職した団塊の世代の第2の就職先として、地元農業を核にする企業は最適なひとつと考えることができ、期待が持てる。

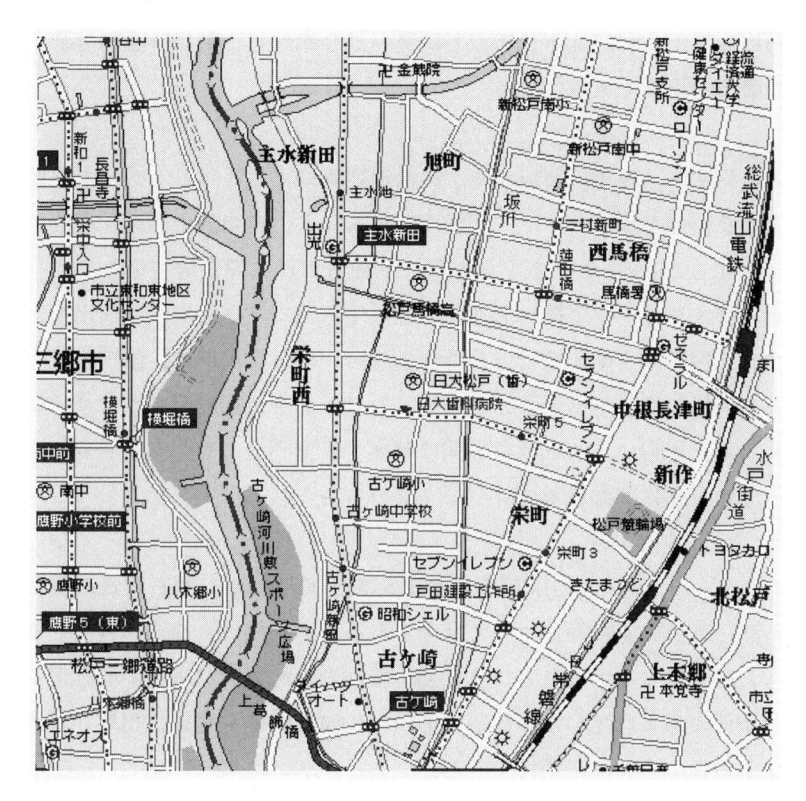

図3　新松戸馬橋北松戸西側地域地図（公共地図製作社Web地図より引用）

たとえば、流通経済大学新松戸キャンパス（千葉県松戸市新松戸3-2-1）の近傍にも、江戸川沿いに、七右衛門新田、主水新田、栄町西、古ケ崎といったところに可能性のある農地として、3平方キロメートル程度（300ha）以上の農地があり、企業化農業設立の可能性が残っている。（図3を参照）これを第3セクター方式で開発することが十分考えられる。過去・各地において経営上の問題が少なくない鉄道路線の開発にくらべると、本プロジェクトの場合，比較的投資金額が小さいので、損益分岐点も小さくて済むという利点がある。つまり、失敗しても現状復帰できる規模であるので、最終的に、失敗のリスクが小さいのである。何よりもごく近くの江戸川の河川水が灌漑用に使えるので、

基本的に立地上有利である。そこでは臭い消し処理した動物排泄物を肥料とする有機農業が可能である。

一方、六間川、坂川、新坂川などの沿線道路のホタルなども棲める生態系を育てるため、保全型"ビオトープ緑化（小川などの自生的生態系が構成されるよう緑化すること）"をするとともに、高齢者市民の健康維持のために、遊歩道ないしサイクリング道路の開通ができるであろう。さらに、新坂川の水量を増やせば、屋形船を配することができ、夏の夕涼みに最適で、隣接する工業団地にある［松竹梅］で有名な"宝酒造"やワインや焼酎で有名な"合同酒精"に提案して、岸辺にレストランを開ければ、工業団地の雰囲気が様変わりするであろう。まさに夢溢れるプロジェクトでもある。

このように、かりに、100万都市を支える農業や漁業が関る物質循環に支えられた江戸の文化を松戸市に当てはめると、この地域は、漁業は養魚程度に限られるとしても、幸いなことに、養鶏、養豚を含め野菜栽培を中心とする酪・農業の条件に恵まれている。江戸川沿いに位置し移動や景観に相応しい水路も豊富であるという特徴が活用できる。

以上、"パーマカルチャーシティー松戸（仮称）"は市民と企業が等しくその建設に協力でき、長期的見地より、真に豊かなコミュニティーにつながる"パーマカルチャーシティー"提案の骨子である。[10],[11]

松戸市において、地方行政レベル、市民レベル、企業レベルでの検討を経て、本コンセプトが今後具体的に発展し、早期に結実することが期待される。

V. 結び

地球温暖化現象が厳しくなる中において、"ピーク・オイル"を迎える今後

の世界は、急速に、新しい省エネルギー社会と新エネルギー開発、そしてそれらに相応しい社会・経済システムの開発・移行を必要とする。

したがって、現時点の我々は、できるだけ迅速に、新しいエネルギー文化と都市の設計を開始すべき立場にある。地域で活動する立場（Act Locally）よりすると、近隣レベルで主として地場産業と物流に依存する共同体経済状態を維持するための実験を早急にスタートさせるべき時点にあり、それには、滑らかに無理なく人々を説得して実現に導くため基礎となるデータベースを必要とする。したがって、原油、天然ガスのみならず、金属、魚、森林、土地、水などの枯渇性資源の供給にもピークがある以上、いずれにせよ、資源利用のあり方に関して文明の将来を見直すべき潮時である。

本章では、市場主義経済社会にあって、熟慮してデザインされ、耕された生活空間が経済価値をもち、松戸市が世界に自慢できるパーマカルチャー田園都市になり得ると考え、具体的に、流通経済大学新松戸キャンパス南西部江戸川沿い地域の再開発の提案を紹介した。

附録1　パーマカルチャー設計手法の具体的枠組み

1970年代、パーマカルチャーが提唱された際、「永続的農業（permanent agriculture）」と、家屋を含めた農地の設計に関するものであった。過去のパーマカルチャー手法（ゾーン・セクター分析[注]2と呼ばれる）を改良し、現在の日常的問題に適用することとした。その具体例を表A-1に示す。

2006年現在、発展途上の大国である中国、インドはもとより、北朝鮮のよう

(注)2　かつて欧米に存在した農園式居住体系を前提に、森林や荒地に至る空間を幾つかの機能的ゾーンに区切りとともに、屋敷を中心に風向や太陽高度を考慮してセクターに区切るアイデアであり、自立型居住形態のこと。

な不安定な国を擁する北東アジアの健全な発展にどのような可能性があるのか？　日本からモデルを提供できるのか？　諸国を取り組む情報と人々の豊かな交流地帯を建設する余裕が残されているのか？　このような課題の検討にあたり、ここに紹介する表A-1の世界設計手法例が有用であると考えられる。

表A-1　パーマカルチャー手法に基づく世界設計手法一覧
(Permatopia Patterns: local, bioregional, global solutions, http://www.permatopia.com/levels.htmlより作成)

個人居住レベル	生態系的地域レベル	国・地球レベル
個人と家庭でのエネルギー消費	エネルギー開発機構、ソーラー都市	原油枯渇国際対応処（プロトコル）
省エネルギー倫理 ●節水（揚水ポンプのエネルギー消費削減） ●堆肥パイルによる給湯加温（パイル内配管） ●家屋に断熱材を追加 ●省電力家電と照明の利用 ●暖房利用の節減 ●空調の使用中止（クール・ウォームビズ採用） ●家屋南側に遮光のため果物の木を植える（夏に自然冷房を提供し、冬には光を通す利点）。 **住居家屋規模の再生可能エネルギー利用**：太陽、風力、小川での小水力発電、発酵ガス、受動的ソーラー家屋、温室付住宅利用など **省エネ工夫** ●家電など待機電力の削減 ●窓内側にカーテン、または毛布を断熱用に利用 ●冬に暖房利用を控える（セーターを着る）。 ●夏季冷房の削減（局所的気象に適応する） ●洗濯ドライヤーの使用中止（夏期に太陽乾燥、冬には加熱源近くのラックで乾かす）	●都市の再構築、再構成によってメガロポリスの持続可能性を高める：地域内限定輸送、食糧生産、エネルギー生産効率向上 ●地域エネルギー生産：新しい建物に対するソーラー導入の建築基準設定、地域でのバイオ燃料生産 ●公共発電事業設立：大型太陽発電、大型風力発電 **地方行政の役割** ●建築基準（受動的/能動的ソーラーの促進） ●石油生産減少に対応するプロトコルの地方行政レベルでの実施 ●再生型燃料と効率向上に対する減税措置 ●自然エネルギー機器製造業への融資 ●浪費型電力利用（夜明けまで点燈放置の広告塔、ネオン、事務所）禁止措置 **石油化学製品から植物ベースへ転換** プラスチック、インク、接着剤、溶媒、他の工業製品等を植物ベースのものとする（炭水化物経済）。	90億人の人口維持のためにパーマカルチャーを活用するため、地球規模原油枯渇対策ウプサラプロトコル（Uppsala Protocol　ピーク・オイル対応プロトコル：地球温暖化の「京都議定書」に相当する） <http://www.peakoil.net/uhdsg/UppsalaProtocol.html> 発展途上国向けに再生可能エネルギーと効率向上関連技術の移転

第9章　新しい文明の誕生と育成　　333

個人経済	定常経済 (人間活動地域限定生態系的地域社会)	地球規模経済の終息：都市の再地域化
できる限り債務を持たない 交換経済のベースになる能力・スキルの習得 強制的でなく、自発的で自然な質として地域経済に投資する： ●地域商店の支援、 ●従業員と地球に優しい地域企業の製品を購入する。 ●地域に根付いた倫理的企業に投資する。 「金（gold）」の魅力について 金塊で苗床は作れず、庭作りは難しい。金が何千年と価値を失わなかったのは事実である。しかし、ピーク・オイル（Peak Oil）シナリオで人口大激減（dieoff）を前提にすると、金は価値を失う。さらに、金の採鉱には厳しい環境問題と付随する人権問題がある。	地域通貨（LETSなど）：地域限定エコレベルにおいて通常紙幣と併用する。 地域金融機関の意義：信用組合、協同組合、集団（コレクティブ）協同組合等 持続可能性追求型企業が進める経済開発の鼓舞 汚染型産業に対する課税強化（禁止措置）と「ポスト化石燃料時代（post-carbon future）」における行政の企業補助 コミュニティビジネスへの行政支援 経済の枠組みパラダイムを「成長経済」から「定常経済」へのシフト 「地域支援型製造業（Community Supported Manufacturing）」（「地域支援型農業 Community Supported Agriculture）」に類似） ●商店にある輸入商品を地域ベースの素材で製造する。 ●都市計画における市街化調整を規制緩和：地域再構築（relocalization）とパーマカルチャーの促進を目標。	世界の軍事予算を削減し、資金を持続可能性維持へ移行させる。 「第三世界」での小信用貸付（マイクロバンキング） ●グラミン銀行（the Grameen Bank） ●IMF／世界銀行政策、土地再配分、企業の搾取賠償 ●帝国主義政策の方針を転換させる―戦争被害者を補償し、軍事体制を変更し、人類史的最大問題に挑戦する体制へ変える ●ポスト石油時代に生き残り、成長し得る持続可能な文明を発達させる。
地域内移動	生態系的地域輸送機関	世界規模で考え、かつ行動する (think and act globally)
●「歩く」（人間は二足歩行動物である） ●自転車利用（最も効率的な輸送手段） ●「自動車共有(カーシェアリング)」と「共用自動車（カープーリング）」活用 ●車による出張回数の削減 ●公共交通機関の利用 ●遅くても信頼性の高い、電気自動車や配送用車の活用 ●在宅勤務の採用（かえってエネルギー消費が増加する場合があることに要注意。） ●郊外を環境村にする（隣人と知り合いになる。） ●生産を地域内に止め、地元の商品を消費して、貨物船、配達用トラックと貨物列車の化石燃料消費を抑制する：一人の「個人の環境占有面積（エコロジカルフットプリント）」には、一人の生活を助けるため、エネルギーを消費する多くの他の人々の分を含む。（したがって、個人的な省エネ意識と、エネルギー消費削減のみだけでは不十分である。）	●新規高速道路建設のモラトリアム、より低い速度制限（米国：90 km/hr、時速 55 マイル）より厳しい運転免許条件を課す。 ●カーシェアリング・カープーリング、歩行者天国等のスケジューリング支援のため、制御・通信システムを整備 ●改良された都市の公的輸送機関：バス、市街電車、ライトレール（簡易電車）、地下鉄 ●新都市設計（生態志向都市）：歩ける規模の都市、歩行者道路の整備 ●パーマカルチャー都市開発に資する生活空間（ゾーン）の長期開発計画実施 ●食糧生産と生活消費財を地元生産方針に戻す ●トラック貨物は高速道路から貨車に転換し、路線に太陽・風力発電システムを配置する。 ●都市間バスシステムを改善する。 ●公共交通と再生可能エネルギー開発資金に廻すために、ガソリン税を値上げする。	●国際的ビジネスには、ジェット航空機出張を止め、インターネットを利用。 ●貨物船輸送により製品の輸送エネルギー消費を節減する。 ●逆グローバル化生産を目指して、商品を地域内生産し、石油消費を節減させる。

食糧自給生産	コミュニティの食糧安全保障	有機農業によるグローバルな食糧供給
●家庭の庭では芝生の代わりに食物を栽培する（米国の場合） ●芝生がない人は隣人に借りるか共同菜園を借りる。 ●集約的なパーマカルチャー菜園を作る。 ●アパート住人は鉢植えをし、共同菜園に参加する。 ●屋上に菜園をつくる。 ●有機栽培野菜栽培者や自然食品工業を支援し、大量購入する（より安価かつ、少量包装で済む）。 ●食物連鎖の低いレベルの食品を食べる（植物ベースの食品に比べ、食肉ベースの食品がエネルギーと水をより多く消費する）。	●スプロール的開発を止め、農地保護に向けた都市と農村の提携へ転換させる。 ●都市菜園、ファーマーズ・マーケット、地域支援農業を促進をする。 ●ゴルフコースを農地に転換する。 ●下水をコンポスト有機肥料化する。 ●下水汚物を利用したメタン発酵機により、料理用のガスを供給する。 ●天然ガスベースの化学肥料の代わりに、被覆作物下に人糞を入れ利用する。 ●食品雑貨店に地元野菜を買うよう促す。 ●「農業拡大サービス支援 (Agricultural Extension Services)」とパーマカルチャー専門家」がコミュニティを支援して、食物栽培研修を支援する。 ●地域に不足する資源-技術、材料と設備におけるギャップを確認する。 ●都市住人が訓練を受け、田舎の農場と交歓する。	●「遺伝子作物 (Franken food)」規制モラトリアムには新しい国際協力が必要。 ●製紙用木材パルプの代替：麻、ケナフ、その他一年草により代替する（これらは地域レベルでも可能）。 ●肉骨粉飼料（狂牛病を引き起こす）の禁止 ●工場式飼育経営（鳥インフルエンザの原因）の禁止 ●「低投入農業 (low-input agriculture)」による「逆緑の革命 (Reverse Green Revolution)」は、化石燃料を必要とせず、地域レベルで適切である。
地域レベルの節水	河川流域（water shed）保護	気候変化／地球規模の水政策
●雨水栽培 ●中水（風呂水・雨水など）利用 ●人糞利用（水汚染の防止） ●立小便の許容 ●飲料水のソーラー蒸留 ●節水と効率 ●耐乾植物による「灌漑不要農法 (xeriscaping)」	●節水と水質汚染防止 ●「生物浄化 (bioremediation)」と「微生物浄化 (mycoremediation)」：有害物質汚染地域（特に都市部） ●地下水を含む水サイクル維持のための植林 ●植物ベース食糧の方が水所要量が少ない	●「京都議定書 (Kyoto Treaty)」（旱魃と砂漠化の抑制） ●「気象変更防止条約 (weather modification prohibition treaty, 1976)」施行 ●「生態系的地域 (bioregions)」間の水輸送を禁止：持続可能性が脅かされ、生態系を破壊し、膨大なエネルギー投入が必要になるため。
個人の健康	国民の健康管理	地球規模の公衆衛生
●予防医療：有機食糧、ハーブ、運動、ストレス抑制、低(少)肉食、自転車、散歩 ●産業的医療システム依存を抑制するために個人は自分の健康に責任を持つ。	●非汚染型産業の奨励 ●消費主義の抑制	●世界的流行病防止における国際協力 ●1970年代の天然痘撲滅作戦：AIDS、鳥インフルエンザ、マラリア ●有機塩素や長期残存有毒物質の国際的使用禁止 ●「包括的核実験禁止条約 (Comprehensive Test Ban Treaty：CTBT)」 ●劣化ウラン弾使用禁止 ●「地雷兵器 (land mines) 禁止」：被戦災国 (Angola, Mozambique, Afghanistan, Cambodia, etc.) に破滅的な追加被害が発生している。 ●女性の産む権利：家族計画、出産前健康管理、栄養管理、堕胎権

第9章　新しい文明の誕生と育成

地域文化	生態系的都市文化	地球規模の文化
●歩道の復権 ●TV、コマーシャル／娯楽鑑賞を中止し、自分で楽しみ、家族や隣人を楽しませる。楽器演奏、作詩、自然との一体化、他 ●企業人間よりの脱皮 ●自分自身、家族、隣人を企業の支配による食事、経済、輸送、その他の基幹システムから次第に解放される手法を学ぶ。	●祭り／芝居小屋（世俗／宗教）の活性化 ●コミュニティー主催の娯楽行事 ●方言の保存	●国連人権宣言 ●多文化交流：「民族主義（ethnocentrism）」でなく、"交歓"を通して互いの経験を尊重する。 ●「人権（human rights）」の擁護 ●女性と少数民族、政治的少数派の平等権利の保証
近隣協同体	生態系的地域統治	戦争の無い 全地球的民主主義
●住民間の紛争解決 ●多様性に対する本来的同意と尊重 ●ジェンダー、民族、宗教、経済力をもとの差別撤廃 ●押し付けによる意思疎通の排除 ●持ち寄り料理パーティー（potlucks）、寄り集まり、ピクニック、会合等。 ●個人の自立を促し、隣人と交歓するスキルを習得する。	●地方分権の強化 ●透明性のある民主主義の維持・強化 ●メディアの独占を終焉させ、企業利益から、団体の補助金に無関係の地域独自のメディアを支援する。	●国連を中心とする民主主義樹立 ●安全保障理事会の廃止（常任理事国は第二次世界大戦の戦勝国で原水爆の保持主張国） ●「国連総会（UN General Assembly）」に少数民族を参加させる：国連未加入の国・民族も多い。例えば、クルド（the Kurds）、ホピ（Hopi）、ティートン（北米Teton＝Lakota）、クリー（カナダCree）、西サハラ（Western Sahara）等には、世界統治システムである国連の場で発言権がない。 ●非民主的なエリート企画集団の解散：「三極委員会（Trilateral Commission）」「ビルダーバーグ会合（Bilderberg）」など（注）。 　注：これらについては、本書第4章を参照のこと。 ●「人権（human rights）」「女性の権利（women's rights）」「人間活動を地域に制限する自治（bioregional autonomy）と自立（independence）」の尊重 ●「国際法廷（the World Court）」と「国際刑事法廷（International Criminal Court）」「国連人権宣言（UN Declaration of Human Rights）」の支援 ●「北米自由貿易協定（NAFTA）」や類似の「自由貿易協定（free trade agreement）」を廃止し、「公正貿易（fair trade）協定」に移行させる：労働者の権利を守り、「最低賃金制」に移行する。「重労働（slavery）」と「労働者搾取職場（sweatshops）」を禁止する。
環境保全型住宅	知能的な都市計画	男女平等、地球規模人口過剰問題
●意識的（無意識的）共同体 共同家屋、環境村、共有家屋モデル ●都市補修・再生戦略 ●非有害建材使用エコ家屋 ●郊外居住者対象のポスト石油パラダイムの構築	●建築基準法を変更し、ポスト石油文明を反映させる：パッシブソーラー設計義務、ソーラーパネル、熱遮蔽条件等 ●ある米国都市では、長期放置家屋を買取手が修復する条件で1＄で譲渡し、以後、低利子融資で貧困者の持ち家を支援する施策を実施している。 ●パーマカルチャー・シティーを促進するため、土地利用区分の変更、都市内緑地保全、都市内農業の奨励（芝生から食料へ転換）	●地球規模の人口問題と、天然資源の枯渇のギャップ発生は人類の直面する最大の危機である。 ●人口問題解決には、女性の人権保護と極限的貧困の排除が含まれる。 ●人口問題解決には、家族計画が不可欠である。

文献

(1) About Permaculture , http://www.holmgren.com.au/html/About/aboutpermaculture.html
(2) The Sustainable Society, http://www.wolfatthedoor.org.uk/
(3) Graham Bell (1992, The Permaculture Way: Practical Steps to Create a Self-Sustaining World, London : Thorsons.)
(4) ［朝日］、2006/10/25（朝刊）
(5) Wikipedia, Central Place Theory, http://en.wikipedia.org/wiki/Central_Place_Theory
(6) Pragya Agarwal, Walter Christaller: Hierarchical Patterns of Urbanization, http://www.csiss.org/classics/content/67
(7) Permatopia: a graceful end to cheap oil, http://www.permatopia.com
(8) Permatopia Patterns: local, bioregional, global solutions, http://www.permatopia.com/levels.html
(9) Bart Anderson, Adapting zones and sectors for the city, 9.1 Nov 2005 by Permaculture Activist. Archived on 13 Jan 2006.
(10) 若林宏明：格差社会を克服、地方分権確立へ［パーマカルチャーシティー］構想の提案（1）、ユウカリタイムス（平成18年7月5日、第350号）
(11) 若林宏明：水と農業中心に都市型スローライフ、参加する文明、文化を育む［パーマカルチャーシティー］構想の提案（2）、ユウカリタイムス（平成18年8月5日、第351号）
(12) 「郊外病」の恐怖が襲う、AERA, 06/11/6, 18-23.

補 章

21世紀の科学技術は人間を救えるか
－社会の僕(しもべ)としての21世紀科学技術－

1．はじめに

　身の回りを見渡すまでもなく、日常的に、我々の生活の場は科学技術を駆使した人工物とその派生物に溢れている。科学技術は元来、地球生態系の保全と人類福祉の増進のために進歩・開発されたはずである。しかし、なかには、破壊を目的とする軍事技術や、最終的に環境汚染に繋がるような技術も少なく無い。また、我々は、技術の恩恵に浴する一方、貴重な時間の浪費に巻き込まれ、自然・友人・家族との対話の時間を失いがちである。事実、仕事にもコンピュータが多用され、処理しているデータの意味も分からないまま、大量データの高速処理に携わっている場合も多い。また、たとえ個々の科学技術の有用性を理解できる場合でも、具体的な知識・技術・環境影響さらに政治経済的影響となると、専門家に任せざるをえない。しかし、その内容は複雑であり、集団としての彼等にさえ、100％の信頼をおくことはできない。このようにみてくると、科学技術が進歩すればするほど社会が住みにくくなるのは、社会が「科学技術」が標榜する保証のない約束を信じ、呪縛に陥ってしまったためである。以下、その根拠を見ていこう。

2．科学技術の進化

　元来、技術・技能は好奇心により発生し、成長したものである。いまもな

お石器時代にあるニューギニア高地の原始人は生活空間の動物種・植物種、可食性、薬効を把握しており、岩石の硬度、色、劈開性、利用法を知っているという。すなわち、科学的知識をもっている。森の中で珍しいものに出合うといじくりまわし、役立ちそうであることが分ると持ち帰り、利用する。探検隊の残した缶は物入れに使い、色鉛筆は耳たぶや、鼻の飾りに使うという具合である。[1] 科学技術に対する人間の姿勢は何万年ものあいだ基本的に変わりがなかったと言えよう。

　石炭を燃料として作られる蒸気力による第一次産業革命（18世紀初期〜19世紀中期）、電気・通信・石油の時代になった第2次産業革命（19世紀中期〜第2次世界大戦期）の時期にあっても、技術的発明は、軍事的影響を色濃くしつつも、個人の発想と努力によってなされ、その珍しさが人々の驚愕と驚嘆を誘うものであり、社会はその効用を躊躇なく活用したものである。この時期までの技術は発明者も明らかで、その効用を身近に感ずることができるものであった。人間が十分にコントロールできるものであり、事実上破棄することも可能であった。例えばエジソンによる電球の発明の結果生じたガス灯の廃止を想起すれば明らかである。しかし、第2次世界大戦後、軍事産業の派生物として発展した第3次産業革命（第2次世界大戦後〜20世紀末）の時代に入ると、航空機、ロケット、自動車、核兵器、原子力発電など、いずれをとっても開発がチームで進められるために、発案者はともかく、完成時には誰が発明者であるかが分らなくなった。また、全体システムは社会の中で独自に成長する生き物となり、個人の手を離れ、極めて政治的装置的な生物として一人歩きをはじめる存在になった。事実、今もって核軍縮の進まない世界の現状が象徴的である。科学技術は当初の人間の期待に反し、逆に人間をコントロールするものとなったのである。いささかでも先端技術をよりよく知る者が、またそれにより経済的に有利になる者が、技術は経済成長に役立つものであり、万人にとって裨益（ひえき）するものであるからとの主張を展開しつつ、産業活動をすすめていくという宿命的構図にあるためである。そこでは、ネオン瞬く華やかさの陰にあって、目

には見えないままに環境破壊が進行し、あるとき突如公害として顕在化する。したがって、まことに残念なことではあるが、神ならぬ不完全な人間が設計・製造・管理・規制する技術システムに由来する事故が時として発生しても何の不思議もない。それはあたかも、怪物の排泄物のようなものに過ぎないといえるからである。

　今スタートしようとする二千年紀の生命科学、情報科学を中心とする第4次産業革命（2000年〜）とも呼べる文明において、なおこの傾向が鮮明である。その理由は、今日世界の主流をなす科学技術市場主義経済（テクノキャピタリズム）社会にあっては、我々の価値意識と価値認識の根本的な考え方の枠組みを変化させること（パラダイムシフト）が極めて難しいためである。すなわち、よほどの痛め付けを受けない限り、また受けたとしても、自浄機能を発揮する機能をもっていないからである。それは宿命的であるともみられる。たとえば、景気回復を期待するときに、我々の心に、少しでも、バブル景気時代の再来を願望するこころが残っていないだろうか？　かりにそうであるかぎり、新しく開発されつつある技術は、成熟を待たず経済財として進化し、やがては当初の想像を絶する恐竜に成長した世界が出現することになるかもしれない。もちろん、その場合であっても、いささかの効用がのこることをもって良しとしつつ、我々は、科学技術に"追い立てられる立場"にあって、絶望かあるいは諦めの境地に到達することになろう。

　その理由は、我々の心根に、すべてを知り、すべてを体験して、自我を無限に拡大しようとする「ファウスト的衝動」と呼ばれるものが宿るため、たとえ相手が悪魔とわかっていても、その衝動にもとづき、「ファウスト的契約」を交わすことを余儀無くされるためであると考えられるからである。

3．ファウスト的契約

　ゲーテの劇詩[2]によると、老博士ファウストは悪魔メフィストフェレスに「魂をゆずって呉れさえしたら、思い通りのことをさせよう。」との誘いを受け、魂を売る契約をし、それと引き換えに、悪魔の助力をえて、魔術の力で若返り、冒険と現世の享楽の生活をおくり、契約の期限がきれたとき死んだという。ひょっとして我々も悪魔メフィストフェレスより、科学技術を餌として与えられると、それに食い付くファウスト博士の途を選んでしまったのではないだろうか？

　第4次産業革命（2000年〜）のコア科学技術とされる生命科学や遺伝子工学の分野にあっては、その内容は我々の過去の直感や日常性から完全に離れている。細胞を分解・融合し、新しい異種間生物をつくり出す遺伝子操作技術が、必要な医学的治療や、食糧生産、エネルギー生産の名のもとに発展し、我々にとってその仕組みや影響を理解することは容易ではなく、たとえ役立つ可能性が高いとしても、影響は計り知れずもとに戻すことも難しい。そして、しらずしらず、我々はアイデンティティー（主体性）を次第に破壊され、喪失し、気がついたときには時すでに遅く、自分の存在自体さえ危うくなっているおそれがある。いや、ひょっとすると気づかぬままであるかもしれない。

　このようにみてくると、高度科学技術の力というものは、所詮、究極的には自然を破壊し、人類を滅亡に導くものであるにかかわらず、我々人間にとって、それの与える甘い期待感の誘惑に克つことができず、止めることができないものではないかと思われる。

4. パンドラの箱

　ギリシャ神話のひとつに、最高神ゼウスが天の火を盗んだプロメテウスを罰するために、その弟エピメテウスに、ありとあらゆる災いをつめた箱を結納として、美女パンドラを嫁がすというパンドラの箱の話がある。エピメテウスがパンドラの箱を開けたとたん、「不幸」という名の"妖怪"が飛び出したので急いで蓋を閉めた。そのお陰で、あとには「希望」が残ったという。今も我々を取りまく多くの「不幸」はその名残りであるという。しかし、性懲りもなく、我々人間は、今、再度パンドラの箱を開けつつあるのではないだろうか？　そうだとすると、世界は益々妖怪に満ち溢れ、折角残された希望も失われてしまうのではないだろうか？

　我々は、はっきりした不幸が自分達を見舞うまでは、たとえ他の人々に不幸が見舞おうとも自分だけは強運であり、無関係であると信じがちである。この利己的な考えの集積が、今日の環境破壊、公害汚染につながっている。それではいけないとの良心が働くゆえに、政治的解決を目指して、政府の規制当局に税金の使用を許し、彼等の環境安全確保責任を頼りにしている。しかし、それがかならずしも頼りにならぬことは、今も続く薬害エイズの被害や、最近起こった茨城県東海村の核燃料施設の安全規制の例をあげるまでもない。皮肉にも、リスクに取り囲まれるなかで、生態系も我々人類も、ここしばらくは生存を続ける宿命にあると考えられる。そうだとすると、このままでは神ゼウスの意図にはまってしまうに違いない。すなわち、科学技術に伴う環境破壊をしてパンドラの箱より出た妖怪であると見なすならば、パンドラの箱を開け続ける性向をもつ人間は救われ難いということになる。すぐに箱を閉めないと、希望さえ失われてしまうことになる。

5．ハイデガーの技術論による現代技術文明

　ドイツの哲学者ハイデガー（M. Heidegger: 1889-1976）は、自我の内面性を極限にまで追求して、自我を超えたものとして開かれた境地に到達できるという独特の「実存主義存在論」[3]を説いた。以下、彼の説[4],[5]を援用して、現代の科学技術文明を分析してみよう。

　現代人のもつひとつの特徴は、システム化した巨大な機械と組織のなかに、個としての自分を見失っていることである。彼（彼女）は自分が何を失ったのかも知らないかもしれない。しかし、かりに彼（彼女）が、あたかも一群の羊のなかにいるように、群れのなかで安心して生きているものなら、そのことに外より異義を唱える必要はないのではないか？　それは、羊の群れに向かって、なんじ群れを離れて、自覚的に生きてみよと説教するようなものである。ハイデガーは言う。羊のことはいざ知らず、人間は誰しもその存在の中に、自己の自覚の根拠を秘めている筈である。それならばそれをとりだす道筋を明らかにすべきではないか。

　近代技術とはなんであるか？　それは発掘（開発＝デベロップ）することである。それは資源とエネルギーの採掘で始めて成立する。その量は人口の分だけ必要である。その分だけ開発するには高度な技術が必要である。開発に使われる現代技術は物事の隠れた美や真理を表面化する芸術や工芸とは根本的に異なる。かって、農家の仕事といえば、家畜や人間の糞尿肥料をベースとする農業であり、近代技術のそれのように、無理やり肥料と農機具を投入するという工業化した近代農業ではなかった。近代農業は人間のためだというが、むしろ農業の近代化が人口増加を促し、それを支えるために、より高度の技術開発が必要となり、ニーズに見合うだけの食糧生産を続けざるをえなくなってしまった。その結果、とどめない環境破壊と汚染の累積がつづき、未来への希望はま

すます薄れていきつつある。このシステムの中にあっては、人間も資源の一部であるに過ぎない。

　工業化システムのなかで一資源化した人間は、人間性を失いつつ、アスファルトジャングルで代表される無味乾燥世界の成熟化に寄与しているのである。このような自己喪失こそが、内なる環境の破壊という、最大かつ究極の環境破壊そのものでもある。すなわち、科学技術を通して人間性を喪失し、自然生態系を破壊し、すべての喪失の道を辿っているのである。もちろん、わが国をはじめとして、主として東アジアの工業先進国では、自分がこのシステムの奴隷でも構わない、苦しいなかで、せめて家族を養えればよいという父母（ちちはは）が代表となり、犠牲になっているケースが少なくない。

　このように、近代科学技術の本質は「人を追いかける」ことである。この社会に生きている我々は常に追いかけられつつ、技術開発をつづけ、技術に追随し、技術を営み、あらゆるものの評価がその尺度によって決められる世界に生きている。すなわち、我々人間には、より根元的に真理とその本質に至る道が閉ざされてしまっている。これは、西欧技術先進国のキリスト教の基本思想である「人間中心主義」の影響を強く受けた現代文明の帰結である。以上のハイデガーの主張をまとめると、人間性の喪失と豊かさを交換することにより生ずるコストを支払って、はじめて現代文明が可能になっている。

　しかし、このままで放置して良いはずがない。さらにハイデガーは言う。本物の靴の有用性を想像するよりも、ゴッホの絵を見つめることによって、"靴"の道具としてのあり方がより一層よくみてとれるというのも、それはゴッホの絵が靴を描くのみならず、同時にその靴が帰属している農婦の世界をそこに展開してみせるからである。確かに偉大な芸術作品は、物が物として、道具が道具として存在しうるような新しい世界を開示してくれる。技術の役割というものは、せいぜいそれを助けるものであるにすぎない。古代ギリシャ時

代においては、技術も芸術もともにテクネーという言葉で示され、芸術制作を「詩作」と同じポエーシスという言葉で示されていた。両者に違いのなかった時代から、次第に人間の欲望や必要性を目に見える形で満たす道具として科学技術が発達し、現代の科学技術文明が築かれてきたのである。

　ハイデガーは言う。いずれの生物も、おのおの環境に順応しながら生きていかざるをえない。人間の場合も、もちろん環境の条件の中で生きていかなければならない。然し、他の生物の事情はともかく、少なくとも自由な個人としての人間は、自分の記憶と連想を通して、過去と未来の次元につなげることができる。それらの世界を現在のそれと重ねることだけで、新しい世界へと導かれうる。これは、各人によって異なる千差万別の新しい世界が、自分では特別の努力しなくても、目前に生まれることに他ならない。1943年に書いた童話「星の王子さま」のなかでサン・テグジュペリ（Antoine de Saint Exupéry）も言っている、自分にも他人にも「見えない世界こそ価値ある世界」であると。[6]

6．宗教と科学技術

　自然は無限であり、可能なかぎり人間に暴かれることを待っている。したがって、禁欲と勤勉により、自由に科学技術を開拓して自然を搾取することを人間の意欲に任せてよい。この「人間中心主義」を基礎におくキリスト教の科学技術哲学は、20世紀において益々そのモードを広げ、機械・電気・電子工学の時代より、すでに情報・遺伝子工学の時代にはいり、21世紀には人間が個々の主体的存在を解き放されて、臓器がバラバラになって一人歩きし、他人の臓器で生き長らえ、異なる種同士の異種間生物（キメラ）などが誕生しうる技術レベルに達している。このような科学技術を至上とする世界では、人々がそれとは気づかぬまま、産業、ビジネス、あらゆる人間活動の場を占めて科学技術が巨大化し、気づいたときには想像を絶する怪物として成長し、我々を席巻することであろう。これは、人類の罪（原罪）に基づくものとも考えられる。し

かし、皮肉にも、かつての大戦が連合軍による帝国主義阻止の戦いであったのと同じく、あらゆる帝国主義・覇権主義的膨張は時代を超えて阻まれることになろう。なかでも、すべての人間の平等と自然との調和を唱うイスラム諸国はその立場を益々強固鮮明にしていくであろう。そして、湾岸戦争の例をみるまでもなく、今後とも両者対立の火種となり続けるであろう。いずれも現代世界の基礎を担っている多様な文明は、アメリカ文明のパワーが覇権主義的性質を帯びると懸念されるや否や、時を措かず異議申立を始めることは想像に難くない。かつての十字軍の戦い（1096〜1270年）はまだ続いているのだろうか？

生きとし生けるものすべての共存と調和を旨とする仏教においても、元来、苦悩多い現世において我欲を離れ、無我になって悟りをひらけば、来世において極楽浄土に至るとの教えにもかかわらず、少なくともわが国においては、多くは我欲を離れることなく、来世に極楽浄土を期待するのみとなっている。ひょっとすると我々は「科学技術」を偶像とする新興宗教の呪縛に陥ってしまっているのではなかろうか？　科学技術は人類を含む生態系世界の祭りや希望に奉仕すべき存在であって、それ自体が偶像として独自の存在を主張し、我々が崇め奉るとするならば、本末転倒である。

7．21世紀後の科学技術と世界

来世紀末を待たずとも、科学技術にベースを措く限り、経済活動より発生する有害排気ガスや、ダイオキシンをはじめ有害化学物質である塵・芥の故に、野生種の絶滅に象徴的に見られるように、生態系は急速に破壊され、我々の健康状態も次第に悪化するものと考えられる。科学技術の一部である医療技術も、懸命のがんばりにもかかわらず、環境ホルモン作用による異常の修復治療までは手が回らず、ついには矢折れ、弾尽きることとなる。その結果、人口レベルをきめる要因の一つである死亡率が増大する。他の要因である出生率についても、先進国において影響が著しい。科学技術奉仕への多忙が若い男女を襲うと

同時に、彼等が自分たちにとって展望の見出せぬ世界では子供の養育責任を果たせないとの確信を持つあまりに、出生率の低下に歯止めがかからなくなる。先進国ではこの2つの傾向より人口はピークをうつ。アフリカ諸国、南アジアなど人口増加の著しい地域においても、エイズなど疫病の影響は無視できない。これらが手伝って、来世紀中にも、世界人口はピークをうち、減少傾向に転ずる恐れが大きい。すなわち、我々が益々おどろおどろしき21世紀科学技術を万能薬であるとの甘言にのせられて惑わされ、野放しにするかぎり、21世紀の末までには、汚染の増大、資源・エネルギーの枯渇に基づく世界文明の衰退が避けられない。このようなシナリオは暗いものではあるが先端技術の粋（？）たる計算機シミュレーションの結果であるので無視できない。

　かりに、このようなイメージに現実味があるとすると、21世紀において、科学技術は人間を救えないと結論されよう。しかし、我々戦中世代の者どもはしたたかである。米軍のB29の絨毯爆撃を受けた廃虚の中より、しぶとく生き残り復興を果たした経験がある。たとえ、数百年後といえども、荒廃のなかに光明が見えて、緑が蘇り、少なくなった人口の中より、新しい世界が開ける事が期待される。すなわち、科学技術が人間を救えるか否かの問いは"救い"の定義によるのである。とはいえ、このような成りゆき任せによって"救い"がえられるという主張では無責任の誹りを免れない。我々の知性が恥ずかしい。

8．新しい哲学と人間性の回復

　いま、パンドラの箱を閉める必要があるとして、高度科学技術のすべてを中止し、廃棄できればいうことはない。しかし、現代の石油文明にあっては無理な注文である。我々がこの文明を享受するかぎり完全廃棄はできない。また、廃棄にもコストがかかるが、我々にその余裕はない。したがって、開発のスピードを何とかして遅らせるより仕方がない。新しい技術開発のもたらす影響

に少なくとも危険性の予見される技術にあっては、無制限の増長を許さないことを倫理規範とすべきであると考えられる。このことを制度的に保証することができるのだろうか？　原子力安全確保にかぎらずとも、殊の外重要な歯止めはできるだけハードなものであるべきものである。しかし、それはどのようにして可能なのだろうか？　ハードなシステムをソフトに構築するために、私は、自然・人間・芸術・体育・文学・哲学などの強力かつ最新の人文教育の力に最後の期待をしたい。

　現代技術文明を省察したハイデガーの流儀に倣(なら)うと、人間が長期の永続性を望み、そのなかで人間性を回復するには、技術至上主義を超える別世界に入る必要がある。それが芸術の世界であるとすると、技術は芸術の僕となる。しかし、それは今日我々がおかれているような世界で、汗水垂らして技術開発に奉仕した後、音楽会に出かけて新しく技術に奉仕する英気を再生産するという満足ではなくて、技術と芸術と人間が一体化する結果、我々が別世界に招かれるような体験である。たとえば、掌の小さい人でも、また音符の読めない人でも、望む限り、思いきり自由にピアノが弾け、新しい境地に入れるような技術開発が望まれる。同様に、文学、絵画などあらゆる領域において、自分の満足のできる作品制作を望む人びとが創作活動に入れるような環境づくりに技術は奉仕すべき立場ある。都市もまた芸術作品であるとも見られるが、外より作品としてのそれを鑑賞すべき都市ではなくて、都市は劇場であり、劇場の舞台で演劇を演ずる我々皆がその中の役者である。そこでは、我々の振る舞いのひとつひとつが我々の人間性そのものであるような、芸術性の個性的発揮そのものでなければならない。全く同様に、豊かな精神世界に至るべく、宗教をふくめ、あらゆる文化・文芸の開花、スポーツの振興に"直接"寄与するような技術開発が望まれる。

9. おわりに

　世界が科学技術至上主義の方針にこだわり続ける限り、先進工業国であると途上国であるとを問わず、いずれ起こる人口減少と共に出現する文明の衰退の結果、生態系も人間も甚大な影響を受け、変容することになろう。しかし、我々の祈りに応えて、幸いにも多分残されるであろう余裕により、荒廃の中から光が見えて、自然との共棲をベースとする全く新しい文明が生まれる可能性に期待が持てる。もとより、パプアニューギニア高地の森林にあって、今既に、自然との共棲を護りつづける地域の住民にとっては無関係である。このような状況をもって、人間が"救われた"と見て良いのだろうか？　先の大戦の荒廃に引き続き、伝統文化を犠牲にしつつ、経済発展を果たした今日の日本が、今後とも"救われる"といえるのであろうか？　私の発するこの問いに、遠慮がちにも"イエス"の答えが返ってくることを望むものである。私には、日本の文明と文化がすでにピークを打ち、この問いに答えるべき時が来ていると感じられるのである。

　同時に我々は、個人としても組織としても、無関心、無責任な姿勢をとることを回避しなければならない。原子力であれ、コンピュータであれ、ロボットであれ、インターネットであれ、遺伝子操作であれ、その一部はともかく、全容と影響が掴めず無責任になりがちな専門家の甘言にのることなく、納得できるまでの説明を求め、21世紀科学技術は、我々に奉仕すべき道具であり、我々の僕(しもべ)であるとして位置付け、生態系と人間の復権を図ることが、今後とも我々の責任であると考えられる。

文献

(1) Jared Diamond, Guns, Germs, and Steel-The Fates of Human Societies-, W.W Norton & Company, New York, London, 1999.

(2) Johann Wolfgang v. Goethe, Faust I/II, WILHELM GOLDMANN VERLAG, 1960.
    訳本：ゲーテ作、相良守峯訳、ファウスト（全2部）、岩波文庫（ドイツ文学）、1960.
    ゲーテ作、池内紀訳、ファウスト（全2部）、集英社、第一部1999刊、第二部2000刊.
(3) 栗田賢三、古在由重編、岩波小辞典、哲学、1958.
(4) 加藤尚武、ハイデガーの技術論、NHK人間大学（ヒトと技術の倫理）、NHK出版、1993.
(5) 木田元、ハイデガーの思想、岩波新書268、岩波書店、1993.
(6) サン・テグジュペリ作、池澤夏樹訳、星の王子さま、集英社文庫、2005.

謝辞:

　本補章は、著者が平成11年（1999）11月20日、千葉県柏市「榎本ビル」5Fホールで開催された平成11年度流通経済大学公開講座（技術と人間を考える）の講師を依頼されるにあたり、準備し、当日配布させていただいた寄稿論文である。当公開講座開催に尽力された長島賢二公開講座運営委員会委員長をはじめとする各委員、ならびに、お世話を賜った諸氏に感謝する。

結び

　目まぐるしく変化する国際社会にあって、無資源国である日本は、今後とも中東の原油産油国より原油輸入を継続せざるを得ない立場にある。海外を含め、独自の資源開発努力も活発ではあるが、それだけでは不十分であり、産油国との広範囲な連帯が必要な時代に入った。たとえ高騰した石油であろうとも、日本は宿命的に世界中のあらゆるルートから輸入せざるをえない以上、この方向の努力が欠かせない。一方で、現在、BRICS（Brasil, Russia, India and China）諸国の経済成長が著しい。隣国、中国も14億人に及ぶ人口を抱え、都市部のみならず、開発地域の隅々にまで必要な物資を輸送配送するための交通輸送用のガソリン・軽油など夥しい燃料の供給を必要としている。昨今、中国が世界中で採りつつあるエネルギー資源獲得戦略をみてもわかるように、その高い需要レベルを満たすべく、国レベルの獲得意欲は日本の比ではない。これら国際世界の展開は、わが国の置かれた立場に多大の影響を与え続けている。すなわち、エネルギーを含め、資源小国であるわが国が、現在すでに世界の工場である中国や、情報技術大国インドの後塵をいずれ拝することに成りかねない状況にあって、どのような選択肢がありうるのだろうか？

　本書は、このようなエネルギーを巡る、世界の資源獲得競争の背景にあって、我々は今後如何に振舞うべきかという課題に答えることを目指したものである。各章の結論は章末にまとめられているが、ここでは、第2章以下について、本書の全体の結びとして、ことに主要と考えられるポイントを要約しておく。

　世界の原油生産は2007年頃にも、又、天然ガス生産は2019年にも、ピークをうち、その後、縮小に転ずるため、需給ギャップが生じ、原油や天然ガス価格が高騰する。ことに、石油消費国とOPEC諸国との石油供給に関する支配関係

が逆転し、ゆっくりと推移する形のオイルショックに入るであろう。世界の石油や天然ガスが枯渇に向かう中、10～20年といった間近にも、世界や日本の政治・経済・社会の変化がはっきりと見え始めるであろう。しかし、10年程度の短期間で、有効な（エネルギー投入効率EPR＞1の）代替エネルギー開発は限られる。とりうる基本的施策は、徹底した省エネルギー社会システムへの移行、再生可能自然エネルギー利用促進、石油・天然ガス代替としての石炭の利用促進、原子力の利用などが残されるのみである。したがって、今後は、再生可能自然エネルギー利用や、ITを活用した細やかな省エネルギー技術の活用などが重要となる一方、社会システムの根本的な改変を避けて通れない。（以上、第2章、第3章）

このように、現代文明の"血流"や"食糧"に他ならぬ比較的安価な在来型石油や天然ガスの生産が減退し、枯渇性資源であることを明確にしつつあるとき、世界を見渡すと、中東地域を中心に"テロリズム"が恒常化している。日本国内でも、あらゆる種類の"格差"が芽をふき、深刻化しつつある。これらは、石油や天然ガス需給バランス崩壊を示唆するものであり、政治・経済・社会的な不安定現象の象徴であると見られる。すなわち、世界的に、そして日本でも、あらゆる階層的構造が変容し、二極ないし多極的構造がより顕著になり、地域的な混乱と、"格差拡大"の恐れがますます高まるであろう。それらは構造的なものであって、対処的解決は、いたちごっこであり、いわゆるモグラたたきに終わることになりかねない。やはり、10年を目途とする中長期的対策の施策が重要になるであろう。（以上、第4章、第5章、第6章）

格差社会にあっては、公的な福祉「公助」のみならず、毅然たる「自助」や集団的「共助」による福祉が必然であり、重要となる時代になると言われる。そうだとすると、新しい欧州型生涯教育である「全生涯学習（LLL）」と、その改善案ないし代替案が、わが国においても、少数派、弱者の社会経済的地位改善はもとより、生き甲斐豊かな「超高齢化社会システム」の開発議論に役立

つことが期待される。（以上、第7章）

　安価な石油に依存した文明の終焉への経路と、その後の世界がどのようなものになるのか？　現代文明が石油に依存する世界で、かりにその供給が止まると、世界がどのようになるのだろうか？　わが国の場合、見かけ上は、多分第8章のシナリオよりは穏やかなものになるであろう。その理由は、ひとつには、分析結果は平均的なものを示すに過ぎないが、現実には、世界中で極端な格差の発生（途上国や紛争当時国に対する影響）が予測されるためである。一方、それにもかかわらず、大切な資源を温存して使わないようにしようとする戦略に多くの人々が参加することが期待されるためである。（以上、第8章）

　現時点で、我々は、できるだけ迅速に新しいエネルギーに即した文明と都市の設計を開始すべきである。地域で活動する立場（Act Locally）よりすると、近隣レベルで主として地場産業と地域物流に依存する共同体経済を維持するための実験を早急にスタートさせるべき時にあり、それには、滑らかに、無理なく人々を説得して実現に導くにあたり、データベースを必要とする。したがって、石油、天然ガスのみならず、金属、魚、森林、耕地、水などの枯渇性資源の供給にもピークがある以上、いずれにせよ、今は、資源利用のあり方に関して文明の将来を見直すべき時期にある。（以上、第9章）

　いずれにしても、今後、21世紀中期に向けて、石油や天然ガスを当てにできない経済が前提になるので、国際経済や社会に関する認識は常識を超える大幅な変更が必要になる。エネルギー危機意識をともなう厳しい経済社会にあっては、企業体であれ、個人であれ、地球の未来を守る責任感と、それへの参加を日常生活や企業活動のなかで具体的に実践し、率先して協力する意思が不可欠である。あらゆるシステムの維持と同様、地球システムもそれを具体的に支える必死の力と協力がなければ維持できないからである。このような問題を解決するに資する新しい政治と経済学の蘇生につながる新しいコンセプト（哲学）

の提案が望まれるところである。

以上

索引

あ

アイゼンハワー
　（Dwight David Eisenhower）……127
アカイエフ（Askar Akayev）……155
悪の枢軸（Axis of Evil）……128, 190, 224
悪の枢軸国……185
アジア経済圏……200
アシュクロフト（John Ashcroft）……213
アスタナ……151
アゼルバイジャン……23, 144
アタス……142
アダムス……280, 281
アッカーマン
　（Frederic Lee Ackerman）……299
圧縮天然ガス
　（CNG, Compressed Natural Gas）……36
アフガニスタン戦争……4, 131, 175
アフマディネジャド大統領……151, 159
アメリカ一国主義……178
阿拉山口（アランシャコウ）……142
アルカイダ……177, 198, 210
アルクッズ（Al Quds）……126, 217
アルコール燃料……15
アルバータ州……30
アレンデ（Salvador Allende）……191
アンジャン（Andijan）……156
安全な投資環境（safe harbor）
　……193, 196, 199
安全保障問題……250

い

硫黄酸化物……35
イサイエフ（Musabek Isayev）……143
いじめ……326
イスラエル・パレスチナ紛争
　……128, 175, 211
イスラム会議機構：OIC（the Organisation of the Islamic Conference）……216
イスラム教法学者（Islamic mullahs）……127
イスラム原理主義……122
イスラム文明……118
イソップ物語……243
一次エネルギー……17, 283, 285, 286, 297
一極支配……160
一国単独主義……197, 204
一国覇権主義……136
一般教書演説……128
遺伝子工学……340
イラク戦争……4, 115, 175, 187
イスラム／非イスラム諸国の交代……76
イラン……149, 159, 160
イラン革命……54

う

ウインド・ファーム……16
ウェーバー（Max Weber）……252
ウェリントン公爵……121
ウエルナー（Manfred Werner）……132
ウクライナ（Ukraina）……147
ウズベキスタン……130, 131, 135, 153, 159
ウラン核燃料……12, 16
売り手市場……73

え

エアハルト西独首相（L. Erhard）……243
英国病……240
エイズ……315, 346
液化合成天然ガス……40

液化天然ガス（LNG）..............31, 32, 34
エコライフ..316
エネルギー・資源節約..........................246
エネルギー・人口仮説モデル
　..............................280, 291, 296, 314
エネルギー安全保障..............................161
エネルギー関連単位換算表....................18
エネルギー資源獲得戦略......................351
エネルギー情報局（EIA）....................81
エネルギー生産効率（産出エネルギー／
　投入エネルギー）................................14
エネルギー節約......................................208
エネルギー文明......................................277
エネルギー問題..3
エネルギー利用効率..............................190
エルサレム委員会（The Jerusalem
　Committee）..216
エルバラダイ（Mohamed El Baradei）.....150
遠隔授業..255

お

オイコノモス（oikonomos）................171
オイルサンド..30
オイルシェール..30
オイルダラー......181, 192, 193, 194, 196, 203
欧州型公共福祉......................................261
オープンネットワークシステム..........255
オサマ・ビンラディン..............................4
オセバーグ（Oseberg）..........................60
オリノコ油田帯..30
オルドバイ（Oludubai：断崖絶壁）仮説
　..............................280, 294, 299, 301
オレンジ革命..............................146, 156
温室効果ガス..12
温室効果寄与度..41

か

カー（Richard A. Kerr）........................49
カー（E. H. Carr）................................117

外貨準備高（foreign currency reserves）
　..183, 194
外交問題評議会（Council on Foreign
　Relations: CFR）................................132
改質..41
科学技術..337
科学技術至上主義..................................348
科学技術社会..7
核開発問題..153
核家族..238
格差............................5, 232, 308, 352
格差拡大..352
学習会（Study Circles: SC）................264
拡大EU..196
確認可採埋蔵量............59, 61, 104, 207
核燃料..16
核分裂反応..17
核兵器..187
核保有国..249
核融合反応..17
可採年数..57, 278
カザフスタン..................................130, 153
カザフ油田..142
カシャガン（Kashagan）......................143
カシャガン油井......................................145
ガス・シェール..98
ガス・ツー・リキッド
　（Gas to Liquids: GTL）..............31, 34
ガスタービン発電所..............................102
カスピ海油田....................................29, 52
化石燃料..............................11, 16, 314
仮想的（ヴァーチャル）......................318
家族..255
ガソリン..21
カタール..40
学校カリキュラム..................................268
カリフォルニア州大気資源局（California
　Air Resources Board=CARB）..........33
カリモフ（Islam Karimov）........155, 159
火力発電..11
カルザイ（Karzai）..............................125

索引　357

カルシー・ハナーバード空軍基地
　　（Karshi-Khanabad）…………155
カルモナ（Pedro Francisco Carmona）……191
ガワール（Ghawar）…………182
環境汚染…………337
環境汚染化学物質…………25
環境破壊…………343
環境保全…………263
環境問題…………15, 101, 231, 261, 273
乾性ガス（dry gas）…………30
官僚制度…………252
官僚制…………257

き

企業会計基準…………193, 199
企業の社会的責任…………263
基軸通貨ドル…………176
基軸通貨…………190, 195, 203
北大西洋条約機構（NATO）………147, 158
北朝鮮…………180, 187, 188
キップリング（Joseph Rudyard Kipling）
　…………121
基本的生存条件（Basic Needs）…………305
義務教育…………240
逆人口統計ピラミッド…………250
キャンベル（Colin J. Campbell）…………49
急進イスラム派…………123
供給不安…………80
共産主義体制…………241
共助…………273, 352
共同体経済…………353
京都議定書…………115
ギリシャ神話…………341
キリスト教…………253
キルギスタン（Kyrgystan）………130, 147, 153
キンサー（Kinzer）…………128
金正日（Kim Jong Il）…………180
金融危機…………118, 223

く

草の根民主主義（populism）…………134
クラーク（William Clark）…………179
クリーブランド（Cleveland, OH）…………24
クリーン・エネルギー…………17
グリーン電力…………17
クリスタラー（Walter Christaller）………319
クムコル油田…………142, 146
グルジア（Georgia）…………147
グローバリゼーション…………5, 119, 232
グローバル化…………213
軍・産・官複合体…………213
軍事オプション…………185
軍事技術…………337

け

経済成長率…………250
経済的覇権…………196
軽油…………21
ゲーテ
　（Johanan Wolfgang von Goethe）……254
ゲーム…………4, 139, 194
ケップル（Johannes B. Köppl）…………129
ゲッベルス（Joseph Goebbels）…………202
血流…………84, 352
ケンキヤク（Kenkiyak）…………146
健康保険…………248
原始埋蔵量…………57
原子力エネルギーの利用…………314
原子力発電…………12, 14, 15
原子力発電所…………17
原油価格高騰…………189
原油確認可採埋蔵量…………27, 50, 51
原油可採埋蔵量…………50
原油高騰…………1, 17, 80, 250
原油市場…………195
原油需給…………50
原油随伴ガス…………34
原油生産…………28, 43, 286

原油生産ピーク（Peak Oil）..........203, 215
原油瀬戸際作戦..........82
原油争奪..........79
権力・覇権の移動
　　（パワーシフト：Powershift）..........118

こ

郊外病..........325
工業先進国..........278
公助..........273, 352
合成ディーゼル油..........33
構造改革..........235
構造的経済不均衡..........197
公的扶助..........233
高度経済成長..........246
高度情報化社会..........256
高度情報化福祉社会..........6
高齢化..........5
高齢者..........240
コーエン（Cohen J.E.）..........304
枯渇型資源..........278
胡錦涛..........139
国際エネルギー機関（IEA：International
　　Energy Agency）..........49
国際原子力機関（IAEA）..........150
国際通貨制度..........199
国際連合（UN）..........188, 204, 206, 207, 287
国連安全保障理事会
　　（UN Security Council）..........150
国連（UN）準備基金（reserve fund）..........182
黒海..........152
国家エネルギー開発戦略
　　（National Energy Strategy）..........212
固定為替相場制..........192
コノリー（Arthur Conolly）..........121
コミュニティービジネス..........5, 253
雇用政策..........269
雇用戦略..........267
雇用のミスマッチ..........245
コンテンツ..........268, 270

コンバインドサイクル..........44
コンパクトシティー..........326

さ

サービス経済（Service Sector Economy）
　　..........199
サーリング（Hans Thirring）..........294, 295
再生可能エネルギー..........16, 199
財政危機..........198
再配置（トランスフォーメーション：
　　transformation）..........165
財務省短期証券（Treasury Bills）..........193
サウジアラビア..........181, 182, 186, 187
サスティナブルマネジメント
　　（Sustainable Management）..........5
サダム・フセイン..........4
サッチャー政権..........240
砂漠の嵐作戦：Operation Desert Storm....126
サハリン（Sakhalin）..........30
ザルカウイ（Abu Musab Al Zalqawi）..........165
サン・テグジュペリ
　　（Antoine de Saint Exupéry）..........344
産業革命（Industrial Revolution）..........15, 289
三極委員会（The Trilateral Commission）
　　..........132
サンクトペテルブルク・サミット..........161
3次元地震探査技術..........68, 69
参照（基本）シナリオ..........293

し

シーレーン..........119
ジェームス　マディソン..........228
ジェット燃料..........21
ジェファソン（Thomas Jefferson）..........201
色彩革命（color revolution）..........147
自警団召集権（Posse Comitatus）..........213
資源インフレ..........246
資源外交..........139
資源獲得競争..........13, 351

資源獲得戦争……………………289, 315
資源枯渇傾向………………………………58
資源争奪戦………………………………13, 116
自助………………………………233, 273, 352
指数関数的成長…………………………285
システムダイナミックス法……………293
自然エネルギー……………………16, 51
自然エネルギー開発……………………314
自然エネルギー利用……………246, 352
慈善信託法（the Statute of Charitable Uses）
　……………………………………………236
持続可能性（Sustainability）……231, 317
持続可能な発展（Sustainable Development）
　……………………………………231, 317
失業者再雇用……………………………275
失業阻止…………………………………275
失業保険…………………………………248
湿性ガス（wet gas）……………………30
実地職業訓練（On the Job Training：OJT）
　……………………………………………266
シビルミニマム…………………………238
死亡率革命（mortality revolution）……289
市民教育……………………………6, 261
市民ネットワーク………………………236
シモンズ（Matthew Simmons）……78, 300
シャー（Shah：パーレビ国王）………127
シャーマン反トラスト法…………………24
社会資本：ソーシャルキャピタル………255
若年者雇用問題…………………………276
上海協力機構（SCO）……………151, 159
宗教戦争…………………………………201
集団安全保障条約機構…………………157
自由貿易協定（Free Trade Agreement: FTA）
　……………………………………107, 215
自由放任（laissez faire）………………241
重油…………………………………………21
省エネルギー社会への転換……………314
生涯学習……………………………263, 265
証券取引委員会……………………61, 193
照射済みウラン燃料の再処理…180, 187
情報検索…………………………………255

職業訓練…………………………………269
食糧・石油交換計画
　（UN Oil-for-Food Program）………182
食糧飢饉…………………………………304
食糧生産…………………………………318
食糧石油交換基金………………………184
初等中等教育……………………………265
新エネルギー開発政策…………………204
新規埋蔵量発見率…………………………62
人権問題…………………………………177
人工の国家群……………………………122
人口のピーク……………………………294
人工物……………………………………337
人口扶養力（carrying capacity）………290
人口容量…………………………………290
真珠湾攻撃………………………………131
人道主義（humanism）…………………254
人文教育…………………………………347
新保守主義者（neoconservertives：ネオコン）
　……………………………………138, 178, 182
信用バブル………………………………195

す

水素経済……………………………………51
水素燃料……………………………………41
水素利用……………………………………41
推定回収可能量
　（Estimated Future Recovery：EFR）……88
推定究極回収可能量（Estimated Ultimate
　Recovery：EUR）………………………88
推定生産量
　（Estimated Production：EP）…………88
随伴ガス（flare gas）……………………40
水溶性天然ガス
　（natural gas dissolved in water）………31
水力発電……………………………………11
スコット（Peter Dale Scott）…………198

せ

正義カザフ（For a Just Kazakhstan）党‥‥146
生産・供給施設基盤
　（インフラストラクチャー）‥‥‥‥97
"生産主役"の交代‥‥‥‥‥‥‥‥‥73
生産人口‥‥‥‥‥‥‥‥‥‥‥‥‥250
成長の限界‥‥‥‥‥‥‥‥‥280, 292
生物由来説‥‥‥‥‥‥‥‥‥‥‥‥22
生命科学‥‥‥‥‥‥‥‥‥‥‥‥340
世界エネルギー統計年報‥‥‥‥‥‥103
世界政府樹立構想‥‥‥‥‥‥‥‥132
世界政府‥‥‥‥‥‥‥‥‥‥‥‥216
世界石油輸出市場‥‥‥‥‥‥‥‥‥77
世界貿易センタービル攻撃‥‥‥‥‥131
世界モデル‥‥‥‥‥‥‥‥‥‥‥279
石炭火力‥‥‥‥‥‥‥‥‥‥‥‥101
石炭人口（Coal Population）‥‥‥290
石炭代替‥‥‥‥‥‥‥‥‥‥‥‥101
石油・天然ガスの単位換算‥‥‥‥‥19
石油危機‥‥‥‥‥‥‥‥‥55, 56, 87
石油供給不足‥‥‥‥‥‥‥‥‥‥‥51
石油禁輸出（embargo）‥‥‥‥26, 187
石油需給‥‥‥‥‥‥‥‥‥‥‥‥‥43
石油需要‥‥‥‥‥‥‥‥‥‥‥‥‥56
石油消費国‥‥‥‥‥‥‥‥‥54, 351
石油人口（Oil Population）‥‥‥‥290
石油戦争（Oil War）‥‥‥‥‥‥‥125
石油代替液体燃料‥‥‥‥‥‥‥‥‥42
石油代替品‥‥‥‥‥‥‥‥‥‥‥‥‥3
石油等価バレル‥‥‥‥‥‥‥‥‥‥19
石油取引通貨‥‥‥‥‥‥‥‥‥‥180
石油に依存する経済‥‥‥‥‥‥‥‥58
石油の高騰‥‥‥‥‥‥‥‥‥‥‥279
石油文明‥‥‥‥‥‥‥‥‥2, 277, 280
石油文明の終焉‥‥‥‥‥‥‥2, 5, 6, 7
石油メジャー‥‥‥‥‥‥‥‥‥‥‥25
石油輸出国機構（OPEC）‥‥25, 26, 52
石油余剰外貨基金
　（名称：Forex Reserve Fund）‥‥185
世代間格差‥‥‥‥‥‥‥‥‥‥‥232

石器時代‥‥‥‥‥‥‥‥‥‥‥‥338
全形態支配（full spectrum dominance）
　‥‥‥‥‥‥‥‥‥‥‥‥‥‥‥213
全生涯学習（LLL）‥‥‥262, 265, 352
戦争計画（War Plans）‥‥‥‥‥‥129

そ

相互扶助‥‥‥‥‥‥‥‥‥‥‥‥233
壮大なチェス盤‥‥‥‥‥‥‥‥‥133
壮大なるゲーム‥‥‥‥‥‥‥‥4, 121
ソーラーエネルギー‥‥‥‥‥‥‥‥51
ソーラー電池‥‥‥‥‥‥‥‥‥‥‥14
ソーラー発電‥‥‥‥‥‥‥‥‥‥‥16
ソーラー文明‥‥‥‥‥‥‥‥‥‥‥46
ゾーン・セクター分析‥‥‥‥‥‥331
袖ヶ浦火力発電所‥‥‥‥‥‥‥‥‥35
ソフトパワー‥‥‥‥‥‥‥‥‥‥257

た

対イスラム原理主義戦争‥‥‥‥‥131
第一次オイルショック‥‥‥‥‥‥‥26
第一次湾岸戦争‥‥‥‥‥‥‥‥‥126
第三次オイルショック‥‥‥‥‥‥‥26
体制変更（regime change）‥‥‥‥185
代替エネルギー開発‥‥‥‥‥50, 352
代替燃料‥‥‥‥‥‥‥‥‥‥‥‥‥13
タイタスヴィル（Titusvill, PA.）‥‥23
対テロ戦争‥‥‥4, 119, 124, 129, 137, 202
第二次オイルショック‥‥‥‥‥‥‥26
第二次世界大戦（WWII）
　‥‥‥‥‥‥‥‥‥24, 204, 326, 338
第二社会‥‥‥‥‥‥‥‥‥‥‥‥239
第二次湾岸戦争‥‥‥‥‥‥‥‥‥126
太陽エネルギー‥‥‥‥‥‥‥‥‥‥16
太陽光発電‥‥‥‥‥‥‥‥‥‥‥‥14
第四次石油危機‥‥‥‥‥‥‥‥‥‥81
第四次中東戦争‥‥‥‥‥‥‥‥‥‥25
代理戦争‥‥‥‥‥‥‥‥‥‥‥‥164
大量破壊兵器（WMD）‥‥‥‥‥‥177

多極化社会·····5
多国間主義·····204
多国籍軍·····178
タジキスタン·····130, 136, 153
ダブルスタンダード（二重基準）·····160
タリバン·····177
タンカー船·····12
タンカー輸送·····32
ダンカン（Richard, C. Duncan）
·····23, 55, 84, 115, 175
ダンカンOTシナリオ·····297
ダンカン予測法·····71
タンクローリー·····12
男女間格差·····232
男女共同参画社会·····250
炭層メタン·····98
炭田ガス（coal fielf gas）·····31

ち

地域間格差·····232
小さい政府·····262
チェイニー（Dick Cheney）·····53, 133, 159
地殻変動·····116
地球温暖化·····35, 289
地球温暖化対策·····313, 314
地球温暖化物質·····41
地球温暖化防止·····41
地球環境問題·····118
地球深層ガス（deep earth gas）·····31
地球生態系·····337
地産地消·····246, 328
知識価値半減期·····264
知識発見的原油生産予測法
　（ヒューリスティック予測法）·····71
地質学者·····3
地政学·····134, 194
地政学的リスク·····80
地熱エネルギー·····16
地方分散·····246
チャーチル（Winston Churchill）·····127

チャベス（Hugo Chavez）·····190, 191, 224
中央アジア·····130, 135, 138
中央アジア6カ国·····153
中央銀行·····184
中心場配置理論
　（Central Place Theory）·····319, 320
中東／非中東の交代·····75
「チューリップ」革命·····147, 155
中国·····152, 153, 154, 163, 279
中国〜カザフ〜ロシア枢軸·····143
超軽量ハイブリッド自動車·····44
超高齢化社会システム·····273, 352
調整ディーゼル油（reformulated diesel oil）
·····42
朝鮮戦争·····163

つ

通貨危機·····184, 193, 194
ツヤクバイ（Zharmakhan Tuyakbai）·····146

て

ディーゼル車·····33
低温液化·····38
提携（パートナーシップ）·····275
帝国主義·····198
停電·····280, 282, 284, 301
テクノキャピタリズム·····339
デフレ·····208
テロ·····118
テロ攻撃·····115, 118, 240
テロリズム·····4, 164, 278
テロリズム世界誕生·····116
テロリズム世界の誕生·····175
田園都市·····331
電気分解·····41
電算機交換（Computerized swaps）·····190
電子会議·····255
天然ガス液化プラント·····40
天然ガス火力発電所·····44, 102

天然ガス経済················46
天然ガス需給················43
天然ガス需要················90
天然ガス消費················38
天然ガス人口
　（Natural Gas Population）········290
天然ガス生産···········90, 290
天然ガス版OPEC············96
天然ガス不足···············109
天然ガス輸出国フォーラム（Gas Exporting Countries Forum：GECF）········110
電力危機··················109
電力系統··················284
電力システム··············283

と

投機マネー·················1
ドゥシャンベ（Dushanbe）····156
道徳的価値（moral values）····215
灯油······················21
ドーナツ化現象············322
トーマス・ジェファソン
　（Thomas Jefferson）······179, 220
独立国家共同体（CIS）·····154
取引通貨·················183
トルーマン大統領（Harry S. Truman）················127
トルクメニスタン······130, 136
ドル信認·················208
ドル対ユーロ通貨問題······124
ドル建て·················181
ドル建て資産·············193
ドルの覇権···············197
ドル暴落··············184, 204
ドル本位制··········181, 199, 205
ドレーク（Edwin L. Drake）····23
トレンド曲線···············62
トンプソン（Paul Thompson）··302
トンプソン（Bruce Thompson）··307

な

ナイク（Naik）············125
内燃機関··················24
ナザルバイエフ（Nursultan Nazarbayev）············144, 156
ナジャルデイ（Jose Nayardi）···191
ならず者超大国············199
南北問題·················232

に

ニート················261, 325
二極化···················251
二国間交換経済···········225
二次エネルギー·············17
二重通貨本位制···········208
ニューエコノミー（New Economy）················199, 239
人間中心主義（Anthropocentricism）············117, 324

ぬ

ヌナン（Coilín Nunan）···202, 221

ね

根ざすべき倫理基盤·······254
熱電併給（コージェネレション）····44
年金制度·················261
燃料電池··················43

の

ノヴォロシースク（Novorossiysk）····145
農耕······················327
ノーススロープ············58

索引　363

は

バイオエタノール車⋯⋯⋯⋯⋯⋯⋯⋯43
バイオマス⋯⋯⋯⋯⋯⋯⋯⋯⋯15, 290
バイオマス人口（Biomass Population）
　⋯⋯⋯⋯⋯⋯⋯⋯⋯⋯⋯⋯290, 296
ハイデガー（M. Heidegger）⋯342, 344, 347
ハイテク医療システム⋯⋯⋯⋯⋯252
ハイパーカー⋯⋯⋯⋯⋯⋯⋯⋯⋯44
パイプライン⋯⋯⋯38, 87, 136, 142, 143
パイプライン輸送⋯⋯⋯⋯⋯⋯⋯32
ハインバーグ（Richard Heinberg）
　⋯⋯⋯⋯⋯⋯⋯⋯⋯⋯78, 124, 295
バキエフ（Kurmanbek Bakiev）⋯⋯156
バクー⋯⋯⋯⋯⋯⋯⋯⋯⋯⋯⋯⋯23
派生物⋯⋯⋯⋯⋯⋯⋯⋯⋯⋯⋯337
バーター（交換）取引⋯⋯192, 224, 225
パックス・アメリカーナ（Pax Americana）
　⋯⋯⋯⋯⋯⋯⋯⋯⋯⋯⋯⋯⋯213
発見的手法による原油生産予測（Heuristic Oil Forecasting Method）⋯50
バブル経済⋯⋯⋯⋯⋯⋯⋯⋯⋯⋯1
パーマカルチャー
　⋯⋯⋯⋯313, 315, 316, 319, 322, 331
パラダイム（枠組み）⋯⋯⋯⋯⋯326
パレスチナ⋯⋯⋯⋯⋯⋯⋯⋯⋯188
反政府デモ鎮圧事件⋯⋯⋯⋯⋯154
パンドラの箱⋯⋯⋯⋯⋯⋯341, 346
反米主義⋯⋯⋯⋯⋯⋯⋯⋯⋯⋯188

ひ

非営利組織（Non ProfitOrganization=NPO）
　⋯⋯⋯⋯⋯⋯⋯⋯⋯⋯⋯⋯⋯235
東エルサレム帰属問題⋯⋯⋯⋯⋯79
ピークオイル
　⋯⋯13, 123, 200, 203, 204, 303, 315, 322
非公的社会化⋯⋯⋯⋯⋯⋯⋯⋯257
非政府組織活動（NGO）⋯⋯⋯⋯147
ビッグファイブ Big Five⋯⋯⋯⋯54
ビバリッジ計画（Beveridge Plan）⋯242
ピメンテル夫妻（D. & M. Pimentel）
　⋯⋯⋯⋯⋯⋯⋯⋯⋯⋯⋯295, 304
ヒューバート（M. King Hubbert）
　⋯⋯⋯⋯⋯⋯⋯⋯⋯⋯⋯63, 64, 65
ヒューバート仮説（Hubbert Model）
　⋯⋯⋯⋯⋯⋯⋯⋯⋯⋯⋯⋯65, 88
ヒューバート曲線⋯⋯⋯⋯63, 64, 65
ヒューバート経験則⋯⋯⋯⋯63, 67
ヒューマンタッチ⋯⋯⋯⋯⋯⋯253
病院国家⋯⋯⋯⋯⋯⋯⋯⋯⋯⋯254
ビルダーバーガー会合（Bilderbergar group）
　⋯⋯⋯⋯⋯⋯⋯⋯⋯⋯⋯⋯⋯132
ピルトン・アストフスコエ鉱区
　（Piltun-Astokhokoye）⋯⋯⋯⋯40
貧富の格差⋯⋯⋯⋯⋯⋯⋯⋯⋯232
ビンラディン（Bin Laden）⋯125, 210

ふ

ファウスト⋯⋯⋯⋯⋯⋯⋯339, 340
不安定の弧⋯⋯⋯⋯⋯⋯⋯⋯⋯165
フィッシャー・トロプシュ
　（Fischer-Tropsch）合成法⋯⋯42
風水⋯⋯⋯⋯⋯⋯⋯⋯⋯⋯⋯317
プーチン・ロシア大統領⋯⋯⋯⋯151
風力発電⋯⋯⋯⋯⋯⋯⋯⋯⋯⋯14
福祉国家（Welfare State）⋯234, 237
福祉国家の危機⋯⋯⋯⋯⋯⋯⋯231
福祉国家病⋯⋯⋯⋯⋯⋯⋯⋯⋯246
福祉代替社会システム⋯⋯⋯⋯258
フセイン（Sadam Hussein）
　⋯⋯⋯⋯⋯⋯123, 179, 182, 183, 186
双子の赤字⋯⋯⋯⋯⋯⋯⋯⋯⋯192
ブッシュ（George W. Bush）
　⋯⋯⋯⋯⋯⋯⋯⋯83, 120, 198, 199
ブッシュ軍事政権⋯⋯⋯⋯⋯⋯120
物流⋯⋯⋯⋯⋯⋯⋯⋯⋯⋯⋯317
フランクス大将（General Tommy Franks）
　⋯⋯⋯⋯⋯⋯⋯⋯⋯⋯⋯⋯⋯125
フランクリン（Ben Franklin）⋯⋯220
フリーター⋯⋯⋯⋯⋯⋯⋯261, 325

ブリックス（Hans Blix）……………197
フルシチョフ（Kruschev）…………168
ブレア（Tony Blair）………………124
ブレジンスキー（Zbigniew Brzezinski）
　　………………………………………129
ブレトンウッズ会議………………194, 200

へ

米国エネルギー省・エネルギー情報局
　（EIA）……………………………55, 81
米国国勢調査局（USCB）…………287
米国第一主義…………………………188
米国地質調査所………………………103
米国のエネルギー外交…………………83
米国の実験……………………………205
米国の挑戦……………………………227
米国の覇権……………………………221
閉塞感…………………………………251
ベネズエラ………………………………30
ベビーブーム世代（Baby Boomers）……209
ベラルーシ……………………………147
ベル形曲線………………………………63

ほ

貿易赤字………………………………197
放射性廃棄物……………………………13
法定不換紙幣………………………194, 195
ポスト資本主義………………………166
ポスト石油文明………………………233
北海油田…………………………29, 54
ホッブス（Thomas Hobbes）………117
ボランティア活動……………………254
ホルムグレン（David Holmgren）……315
ホワイト（White, L. A.）……………299

ま

マスメディア…………………………201
マーハー（Bill Maher）………………219

マネタリズム…………………………242
マルサス（Thomas Malthus）………289
マルチサイクリック・ヒューバート・
　モデル…………………………………88

み

ミエレス―ロペス（Francisco Mieres-Lopez）
　………………………………………191
水資源…………………………………318
未発見可採埋蔵量………………………59
民主主義……………………………118, 214
ミンスク………………………………157

む

6日戦争（Six-Day War）……………217
ムーア（Michael Moore）………179, 218
無機成因説………………………………23
ムシャラフ大統領……………………159

め

メガコンペティション………………232
メタン……………………………………35
メタンハイドレード………………31, 32
メドウスLTGシナリオ………………297

も

モサデク（Mohammed Mossadegh）……127
モッタキ外相…………………………160
モリソン（Bill Mollison）……………315

や

ヤダバラン（Yadavaran）……………150
ヤングキスト（Walter Youngquist）
　………………………………………277, 295

索引　365

ゆ

有機統合的（ホリスティック）……326
ユーラシア……134, 136, 164
ユーラシア経済共同体……158
ユーロ移行……183, 187
ユーロ建て資産……120
ユーロ建て……181
ユーロへの移行……184, 186, 189, 215
輸出割当量……60
油田ガス（oil field gas）……31
揺りかごから墓場まで……242

よ

四輪駆動車……318

ら

ライス（Condoleezza Rice）……145
ラエレール（Jean H. Laherrere）……49
ラムズフェルド（Donald Rumsfeld）……213

り

リバイアサン（Leviathan）……117
旅行……317

る

累積生産量……59, 64, 92
ルカシェンコ（Yuri Lukashenko）……147

れ

レクリエーション……318
レプケ（Wilhelm Röpke）……240, 241
連邦準備制度理事会：FRB
　（Federal Reserve Board）……180

ろ

労働環境……251
ローズ（David J. Rose）……167
6者協議（the Six-party Talks）……163, 250
ロシア……135, 151, 153, 154, 161
ロックフェラー（John D. Rockefeller）……24
ロドリケス（Ali Rodriquez）……82

わ

ワーキングプア……245
ワークシェアリング……245, 251
若林EPシナリオ……297
ワッハーブ派（Whabbism）……210
湾岸戦争……26, 59

A

Act Locally……324, 353

B

BRICS……116, 351
BTC（Baku-Tbilisi-Ceyhan）……143, 152
BTCパイプライン……53
BTCルート……157

C

C^3……101
CIA……131, 177, 191

E

EPR（Energy Profit Ratio）……14
eーラーニングシステム……264
EU……184, 186, 196, 203

F

FBI ·· 177
FLEX車 ··· 43
FRB ··180, 195, 207

G

G7 ·· 199
G8 ·· 190
Gbo ·· 57
GUUAM ·· 158

I

IEA ································· 137, 221, 284, 307
IMF ··· 206
IPCC（Intergovernmental Panel on Climate Change）··· 313
IT ··· 5, 216, 255, 274
IT革命 ·· 239
IT技術格差解消 ·· 271
IT需要 ·· 110

J

JPS世界 ·· 169

L

LNG ··································· 32, 35, 102
LNGタンカー ·· 33
LNGチェーン ·· 35
LNG船 ··································· 34, 35
LTG基準シナリオ ······································· 294

M

MCHモデル ·· 88
MIT（Massachusetts Institute of Technology：マサチューセッツ工科大学）··· 170, 293

N

NATO（北大西洋条約機構）·········· 160, 188
NGLコンデンセート ····································· 20

O

Oil and Gas Journal誌 ···························· 59, 61
OPEC ······························ 26, 52, 54, 56, 60, 81

P

P10推定値 ··· 60, 61
P50推定時 ··· 61, 103
P90推定値 ······································ 60, 61, 103
PNAC ··································· 138, 200, 201

S

SCOエネルギークラブ ······························· 161
SUV（Sports Utility Vehicle）車 ············· 209

T

TAPI（Turkmenistan-Afghanistan-Pakistan-India）··· 162
Think Globally ·· 324

U

UN決議 ·· 126
UN準備基金 ·· 184

W

WMD ·· 179
World Oil誌 ·· 59, 61
WTI（West Texas Intermediate）先物価格 ··· 79

Y

Y2K……………………………………307

数　字

1601年エリザベス救貧法
　　（the 1601 Elizabethan Poor Law）……236
1990年排出規制基準
　　（Zero Emission Vehicle=ZEV）…………33
9.11………………………4, 115, 129, 164, 175, 188

著者略歴

若 林 宏 明（わかばやし　ひろあき）
昭和14年（1939）生まれ、兵庫県姫路市出身
本　　籍：富山県富山市辰巳町
学　　歴：東京大学工学系大学院博士課程修了
　　　　　（原子力工学専攻・工学博士）
職　　歴：東京大学工学部原子力工学研究施設助手、助教授、金沢工業大学工学部経営工学科教授、ならびに環境システム工学科教授をへて、現在（平成19年）、流通経済大学流通情報学部教授、この間、米国ニューメキシコ大学化学工学・原子力工学科客員助教授、米国マサチューセッツ工科大学原子力工学科客員教授、経済開発協力機構（OECD、パリ）客員専門研究員、米国イースト・ウエスト・センター資源システム研究所（ホノルル）客員フェロー、米国オークリッジ、エネルギー分析研究所客員研究員、西ドイツユーリッヒ、エネルギー研究所客員研究員を歴任
研 究 歴：原子炉の設計・維持・管理ならびに、原子力安全工学に関する基礎研究、環境保全型社会の設計・開発に関する研究、UAEおよびオマーン国における水資源システムの設計、環境保全型社会システム開発に関する基礎研究に従事、エネルギー・環境・社会問題に関する論文・著書多数、昭和51年4月　日本原子力学会賞　技術賞受賞［汎用高速中性子源炉の開発研究、代表者　安成弘］

安価な石油に依存する文明の終焉
―蘇る文明と社会―

発行日　2007年10月2日　初版発行
著　者　若　林　宏　明
発行者　佐　伯　弘　治
発行所　流通経済大学出版会
　　　　〒301-8555　茨城県龍ケ崎市120
　　　　電話　0297-64-0001　FAX　0297-64-0011

©H.Wakabayashi 2007　　　　　　　Printed in Japan／アベル社
ISBN978-4-947553-44-7 C1036 ¥3400E